国家自然科学基金项目(71503143)
浙江省社科规划课题成果

海洋资源流失与产业创新发展研究

董楠楠 著

科学出版社
北京

内容简介

本书在中国开发利用海洋资源实践的基础上，基于海洋产业创新和海洋产业可持续发展的理念，结合资源经济学、生态经济学、产业经济学和制度经济学等相关理论，以开放经济为大背景，分析海洋资源流失规律，推论出海洋资源可持续利用的两大战略：培育海洋产业创新集群和创新海洋资源管理制度。本书从产业演化视角逻辑论证了海洋产业创新集群的培育机理，借鉴世界上海洋经济发达国家采取的海洋资源管理措施和经验，从国家利益出发，构建中国海洋资源利用的制度创新体系。

本书适合高校海洋资源与产业经济学相关专业学生和从事相关研究的科研人员学习参考。

图书在版编目(CIP)数据

海洋资源流失与产业创新发展研究 / 董楠楠著. —北京:科学出版社,
2018.12
　ISBN 978-7-03-060056-1

Ⅰ.①海… Ⅱ.①董… Ⅲ.①海洋资源-资源管理-研究-中国　Ⅳ.①P74

中国版本图书馆 CIP 数据核字 (2018) 第 283304 号

责任编辑：冯　铂　唐　梅 / 责任校对：韩雨舟
责任印制：罗　科 / 封面设计：墨创文化

科学出版社 出版
北京东黄城根北街16号
邮政编码：100717
http://www.sciencep.com

成都锦瑞印刷有限责任公司 印刷
科学出版社发行　各地新华书店经销

*

2018 年 12 月第 一 版　开本：B5 (720×1000)
2018 年 12 月第一次印刷　印张：13 1/4
字数：260 000
定价：106.00 元
（如有印装质量问题，我社负责调换）

序

在世界经济发展历史过程中，近一百年中 GDP 增长连续两年超过两位数的情况只有五次，除一次是在日本外，其余四次均是在中国。可以说，中国经济发展创造了世界经济的奇迹。其显著特征之一就是制造业的迅猛发展。全球制造业的高速发展表现出两大特点：一是在空间上存在巨大差异，全球沿海地区普遍经济发展较快，我国非常明显。沿海地区利用海洋所具有的海洋资源和产品进出口的便利，无论在吸引外资，还是在产业集聚甚至技术进步等诸多方面，都可以充分发挥自身巨大的地域优势。二是以传统制造产业集群形式存在。资源利用率低、环保水平低和劳动生产率低成为传统制造产业的主要特征，而这恰恰也是阻碍经济可持续发展的主要因素。海洋产业集聚在沿海地区，同样也具有传统产业特征。人类对陆域资源开发利用的种种后果时刻提醒我们，在对海洋资源开发、利用和保护的过程中，必须寻找海洋资源流失的规律，走集约和创新发展海洋产业的道路，坚持海洋经济发展的科学性和可持续性。

近年来，中国海洋产业的创新已经取得了一些可喜的成绩，海洋经济的发展获得了长足的进步，这些与国家的重视是分不开的。但是中国海洋产业发展初期，对海洋资源的粗放式开发和利用造成了一系列不良后果，海洋环境污染状况和海洋资源开发水平不尽人意。必须看到，当今是追求生态文明的时代，2017 年 10 月习近平总书记在党的第十九次全国代表大会上的报告中强调"坚持陆海统筹，加快建设海洋强国"。海洋资源的可持续性和海洋生态环境的有效保护成为中国长期坚持的一项基本政策。因此，集约利用海洋资源和转型升级海洋传统产业迫在眉睫、刻不容缓。

本书作者正是观察到这一现实，在开展浙江省哲学社会科学项目研究的基础上，对其成果加以修改、补充和完善，最终完成《海洋资源流失与产业创新发展研究》一书。该书以探寻海洋资源流失规律和保护战略为主线，着重从海洋产业创新和海洋资源保护制度构建的角度，提出海洋资源可持续利用战略。该书具有以下特色。

(1) 实现了跨学科研究。资源开发与产业创新属于经济活动范畴，都是以人为运作主体，具有社会性，受政治、心理和环境等因素影响，因此对紧密联系现实世界的海洋经济出现的问题和现象，开展跨学科的综合性研究，可以更加全面地揭示它们的全貌、规律和本质，从而更加科学地探究所产生的影响和提出应对策略。该书将人类对海洋资源开发的利用行为作为主线,将海洋资源作为一个由若干相关资源系统构成的大系统,来研究人类各种海洋资源开发行为的内在相关性以及流失连带性,为由连带作用所引起的资源流失研究提供支持,进而提出保护海洋资源综合战略——培育海洋产业创新集群和设立海洋资源保护制度。

(2)结构体系比较完整。该书共9章,分为资源流失篇、产业创新篇和制度创新篇。

在资源流失篇,首先对海洋资源流失的概念、特征和影响因素做了清晰而准确的阐述。接着,把环境经济损失计量方法综合运用到海洋产业资源的流失统计中,探索性地建立海洋产业资源流失的统计范围、影响因素、流失特点、实物量和价值量的核算体系。在此基础上,水到渠成地提出中国海洋产业资源的流失规律,进而确定海洋创新集群培育和海洋资源保护制度构建的综合解决方案。

在产业创新篇,以"自下而上"的方式和思想方法为指导,利用系统分析和系统综合方法,对海洋产业创新集群的技术创新与扩散模式的要素、层次和各子系统的关系进行分析,梳理确定海洋产业创新集群培育的外部条件和内部创新环境,揭示海洋产业创新集群的培育机理。

在制度创新篇,主要针对海洋资源的综合管理及其法律制度问题,进行比较系统的探索。该书先后从国内外海洋资源管理制度入手,对当前协调人类海洋产业发展和解决海洋资源流失体制机制存在的问题展开深入分析,提出中国海洋资源可持续利用的制度创新体系。总之,全书立论正确、体系完整、逻辑严密,通过深入阐述,构筑了一个内容翔实、结构合理的框架体系。

(3)研究方法科学。该书根据研究内容的需要,综合利用经济研究领域和海洋科学领域的各种研究方法,例如,利用环境经济损失计量方法、经济计量的因素分析方法和典型案例剖析方法,探索性地提出海洋产业资源资产流失规律;利用"元胞自动机"这一工具,"自下而上"地对海洋产业创新集群的培育过程进行建模和仿真,分析主体培育和创新环境培育中的要素条件及演化过程,对海洋产业创新集的培育机理进行深入探索,并以宁波市海洋生物产业创新集群培育为例,对海洋产业创新集群的培育机理进行实证分析;利用比较经济学的研究方法,对比分析澳大利亚、新西兰和中国在海洋资源保护制度方面的异同,构筑中国海洋资源可持续利用的制度创新体系。总之,这些方法的综合利用使研究做到点面结合,具有综合性和系统性。

董楠楠博士是我的爱徒,对书稿的评价难免存在偏爱,但中国作为一个海洋大国,此类课题无疑值得关注,希望更多的学者关注并提出好的意见,也期待董楠楠在海洋资源和产业创新的研究领域取得更进一步的成果,获得更多优异成绩。

钟昌标

2018年8月

目　录

第0章　绪论 ……………………………………………………………… 1
0.1　研究背景及意义 …………………………………………………… 1
0.1.1　研究背景 ……………………………………………………… 1
0.1.2　研究意义 ……………………………………………………… 2
0.2　相关研究评述 ……………………………………………………… 3
0.2.1　海洋资源流失研究评述 ……………………………………… 3
0.2.2　海洋产业创新研究综述 ……………………………………… 5
0.2.3　海洋产业创新和资源可持续利用关系研究综述 …………… 6
0.3　研究内容与方法 …………………………………………………… 8
0.3.1　研究内容 ……………………………………………………… 8
0.3.2　技术路线 ……………………………………………………… 9
0.3.3　研究方法 ……………………………………………………… 11

第一篇　资源流失篇

第1章　海洋资源流失的理论研究 …………………………………… 15
1.1　海洋资源流失的理论内涵 ………………………………………… 15
1.1.1　海洋资源的内涵与经济特性 ………………………………… 15
1.1.2　海洋产业资源的内涵与特点 ………………………………… 16
1.1.3　海洋资源转化为海洋产业资源的条件 ……………………… 18
1.1.4　海洋产业资源流失的内涵与特征 …………………………… 19
1.2　开放经济视角下的海洋产业资源流失 …………………………… 21
1.2.1　外商直接投资影响——以海洋湿地资源为例 ……………… 22
1.2.2　国际贸易的影响——以海洋湿地资源为例 ………………… 24
1.2.3　外商直接投资影响——以海水利用为例 …………………… 26
1.3　产权理论视角下的海洋产业资源流失 …………………………… 27
1.3.1　产权制度特征 ………………………………………………… 28
1.3.2　委托代理特征 ………………………………………………… 29

1.3.3 经济博弈特征 ·· 30
 1.4 不可抗力因素下的海洋产业资源流失 ··· 31
   1.4.1 不可抗力对产业影响的理论 ··· 31
   1.4.2 不可抗力对比较优势的影响 ··· 33
   1.4.3 不可抗力对资源性产业的影响 ··· 35

第2章 我国海洋三次产业资源现状分析 ··· 38
 2.1 海洋第一产业资源现状分析 ··· 38
   2.1.1 资源现状 ·· 38
   2.1.2 原因分析 ·· 41
 2.2 海洋第二产业资源现状分析 ··· 45
   2.2.1 资源现状 ·· 45
   2.2.2 原因分析 ·· 49
 2.3 海洋第三产业资源现状分析 ··· 52
   2.3.1 资源现状 ·· 53
   2.3.2 原因分析 ·· 55

第3章 海洋产业资源流失规律与保护战略 ··· 58
 3.1 海洋产业资源流失规律特征 ··· 58
   3.1.1 产权制度缺陷产生海洋产业资源流失 ······································· 59
   3.1.2 产业创新不足产生海洋产业资源流失 ······································· 61
   3.1.3 系统整体观缺乏导致海洋产业资源流失 ····································· 62
 3.2 海洋产业资源保护的战略方向 ··· 64
   3.2.1 海洋产业资源保护的总体战略方向 ··· 64
   3.2.2 方向一——培育海洋产业创新集群 ··· 65
   3.2.3 方向二——海洋产业资源管理制度创新 ····································· 66

第二篇 产业创新篇

第4章 培育海洋产业创新集群的理论基础 ··· 69
 4.1 海洋产业理论基础 ··· 69
   4.1.1 海洋产业理论 ·· 69
   4.1.2 产业发展理论 ·· 70
   4.1.3 产业组织理论 ·· 71
   4.1.4 产业关联理论 ·· 72
 4.2 复杂系统技术扩散理论 ··· 73
   4.2.1 复杂系统相关理论 ·· 73
   4.2.2 技术扩散相关理论 ·· 74

  4.2.3 产业集群的技术扩散理论 ·· 76
 4.3 海洋产业创新集群培育理论 ·· 77
  4.3.1 产业集群相关理论 ·· 77
  4.3.2 产业创新集群理论 ·· 78
  4.3.3 产业创新集群培育理论 ·· 80
  4.3.4 海洋产业创新集群培育理论 ·· 81

第5章 培育我国海洋产业创新集群的经济学分析 ·································· 84
 5.1 海洋产业创新集群机理的理论模型 ·· 84
  5.1.1 海洋产业创新集群的特征描述 ·· 84
  5.1.2 海洋产业创新集群的行为主体 ·· 89
  5.1.3 海洋产业创新集群的内外环境 ·· 91
  5.1.4 海洋产业创新集群的系统结构 ·· 93
 5.2 海洋产业创新集群机理的模型仿真 ·· 98
  5.2.1 创新环境模型构建 ·· 98
  5.2.2 创新主体培育模型构建 ·· 110
 5.3 我国海洋产业创新集群培育机理 ·· 142
  5.3.1 海洋产业创新集群主体培育机理 ·· 142
  5.3.2 海洋产业创新集群创新环境培育机理 ·································· 146
  5.3.3 不同阶段性促进海洋产业创新集群机理 ······························ 148

第6章 培育我国海洋产业创新集群的实证分析 ·································· 152
 6.1 实证研究 ·· 152
  6.1.1 研究对象与样本 ·· 152
  6.1.2 问卷的设计和资料收集 ·· 153
  6.1.3 样本分析 ·· 153
  6.1.4 结果判定 ·· 155
 6.2 实证结果分析 ·· 156
  6.2.1 基础条件判定 ·· 156
  6.2.2 过程分析 ·· 157
  6.2.3 实证结果讨论 ·· 159
  6.2.4 培育路径的确定 ·· 159
 6.3 结论与建议 ·· 161
  6.3.1 政府的指导与协调 ·· 161
  6.3.2 基础设施与设备 ·· 162
  6.3.3 投资渠道与资金来源 ·· 162
  6.3.4 人力资源培养与激励 ·· 163
  6.3.5 知识产权与成果转化 ·· 163

6.3.6 "官、产、学、研"一体化 …………………………………………… 164

第三篇 制度创新篇

第7章 制度创新的理论基础 …………………………………………… 167
7.1 制度的概念 …………………………………………………………… 167
7.1.1 概念和起源 …………………………………………………… 167
7.1.2 主要内容 ……………………………………………………… 167
7.2 非正式制度 …………………………………………………………… 168
7.2.1 非正式制度的概念和起源 …………………………………… 168
7.2.2 非正式制度的理论 …………………………………………… 168
7.3 正式制度与实施机制 ………………………………………………… 169
7.3.1 正式制度的概念和理论基础 ………………………………… 169
7.3.2 实施机制的作用 ……………………………………………… 170

第8章 世界各国海洋资源保护制度的经验借鉴 ……………………… 171
8.1 澳大利亚海洋资源保护制度 ………………………………………… 171
8.1.1 正式规则 ……………………………………………………… 172
8.1.2 非正式规则 …………………………………………………… 173
8.2 新西兰海洋资源保护制度 …………………………………………… 175
8.2.1 正式规则 ……………………………………………………… 175
8.2.3 非正式规则 …………………………………………………… 179
8.3 经验借鉴 ……………………………………………………………… 180
8.3.1 正式制度的经验借鉴 ………………………………………… 180
8.3.2 非正式制度的经验借鉴 ……………………………………… 182

第9章 中国海洋资源可持续利用的制度创新体系 …………………… 183
9.1 正式制度 ……………………………………………………………… 183
9.1.1 从宏观管理层面看 …………………………………………… 184
9.1.2 从微观监督层面看 …………………………………………… 185
9.2 非正式制度 …………………………………………………………… 186
9.2.1 提升海洋科技水平 …………………………………………… 186
9.2.2 强化海洋保护意识 …………………………………………… 188
9.3 实施机制 ……………………………………………………………… 189
9.3.1 政府主导机制 ………………………………………………… 189
9.3.2 市场运行机制 ………………………………………………… 191

附录 宁波海洋生物产业创新集群部分问卷调查表 …………………… 192
参考文献 …………………………………………………………………… 194

第 0 章　绪　　论

0.1　研究背景及意义

0.1.1　研究背景

21世纪可供人类利用的陆地资源随着世界人口的不断膨胀而日益枯竭，寻求世界经济的可持续发展已成为未来世界的主流。于是人类开始更多地走向海洋、开发海洋以及利用海洋。海洋里蕴藏的资源比陆地上的资源丰富得多，海洋生物资源、海洋矿产资源、海水化学资源等已日益成为人类的天然宝库，与人类生产、生活息息相关。人口增长、消费者需求的不断提高和世界的技术进步将会促进海洋资源的进一步开发，同时，威胁着海洋资源的有限性和生态系统的脆弱性。资源利用的压力已经使生物多样性受到威胁，区域生态环境进一步恶化，这已经损害了海洋为人类可持续发展提供商品和服务的功能。虽然人们已经广泛认同，海洋的管理应该既要考虑到人类的开发利用，同时也应考虑到海洋生物链不被破坏，但目前人类对如何平衡海洋开发与资源保护仍然模糊不清。平衡海洋产业发展与海洋资源保护是海洋产业科学发展的重要基础，海洋产业的持续有序发展，关系到整个国民经济与社会发展的水平与质量。

2017年10月，习近平总书记在中国共产党第十九次全国代表大会上的报告中强调，"坚持陆海统筹，加快建设海洋强国"，建设海洋强国是新时代中国特色社会主义事业的重要组成部分。因此，开发海洋资源、发展海洋经济、建设"海上中国"将成为我国新的经济增长点和经济转型升级的重要载体。基于此，本书以海洋产业资源流失规律和海洋产业创新集群培育两个方面研究为基础(两者关系见图0-1)，论证我国海洋产业科学发展的理论体系和制度体系，并将世界海洋经济发达国家——澳大利亚和新西兰所经历的发展阶段及碰到的问题进行对比，借鉴其采取的管理措施和积累的经验，尝试解决中国海洋产业发展所面临的棘手问题。

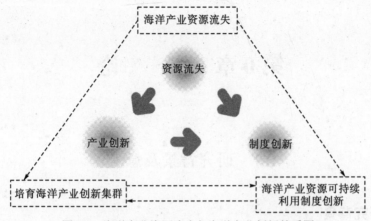

图 0-1　海洋产业资源流失与海洋产业创新关系图

0.1.2　研究意义

从我国海洋产业资源开发和海洋产业创新发展实践来看，自 20 世纪 80 年代对外开放政策实施以来，我国沿海省份海洋经济发展迅速，很多城市都提出海洋强省、海洋强市的发展方针，但是目前我国海洋经济整体水平与发达国家相比仍然存在着巨大的差距。虽然我国很多地方已经开始大力保护海洋环境和提出集约利用海洋产业资源，但是由于我国的海洋产业普遍技术含量较低、技术水平不高，海洋高新技术产业发展水平较低，其创新能力尤其是自主创新能力还是非常薄弱。海洋产业资源利用效率亟待提高，外部环境巨变已经使海洋经济进入转型与变革期，仅仅依靠单个涉海企业的转轨已不能解决加快发展问题。

面临海洋经济发展的大好时机，如何减少走过去陆域经济发展所经历的"村村点火、户户冒烟"分散工业化的许多弯路。本书提出要统筹我国各城市的原有基础和现实优势，拟以海洋产业创新集群模式推进，海洋产业各项创新要素全方位优化，促进海洋经济的转型和转轨，提高海洋产业资源利用效率，保护海洋环境。在海洋经济的转型与变革期，发现海洋产业资源流失规律，探索海洋产业创新集群发展道路，利用海洋产业创新技术的不断涌现，平衡海洋产业资源与海洋产业发展关系，促进海洋经济走上良性循环与可持续发展之路。理论上，有利于我们探索完善海洋经济产业发展的机理，了解海洋产业资源和海洋产业发展之间内在关系；实践上，早期分析各地基础和优势，提出相应的对策以更好地避免各地海洋产业资源"公共地悲剧"现象，更好地落实十九大报告中习近平主席提出的"坚持陆海统筹，加快建设海洋强国"的海洋经济可持续发展目标；学科上，可以通过课题研究进一步丰富海洋经济学的内容，推动海洋经济学科发展。

本书从理论层面上进一步明确海洋资源流失和海洋产业创新集群的概念，研究海洋资源性资产流失规律和海洋产业创新集群的培育方法，对丰富海洋资源与海洋产业的理论有重要意义；为保护涉及未来可持续性资源的产权（如矿产、海洋、江河湖泊等产业性资源）提供参考；对于拥有海洋资源的发展中国家，在海洋资源大开发和海洋产业大发展之际，探讨海洋资源的流失规律，寻找可能的流失源，通过促进海洋产业创新集群发展，平衡海洋产业发展与海洋资源保护的关系有重要的实践意义。因此，探讨以海洋产业创新集群这一新型产业组织形式为载体，实现集群的创新绩效和产业升级，充分提高我国各类海洋产业资源利用效率，减少海洋产业资源流失，大力促进海洋产业可持续发展，对推动我国从传统海洋经济向多元化现代海洋经济的转变，拓宽我国海洋经济的发展空间，具有重要的理论意义、现实价值和广阔的应用前景。

0.2 相关研究评述

0.2.1 海洋资源流失研究评述

《中华人民共和国国民经济和社会发展第十三个五年规划纲要》明确提出，坚持以节约优先、保护优先、自然恢复为主方针，加大海洋环境保护与生态修复力度，推进海洋资源集约节约利用与产业低碳发展，提高海洋防灾减灾能力，建设海洋生态文明。党的十九大报告进一步提出，"富强、民主、文明、和谐、美丽"是社会主义现代化强国目标，正式提出了"绿水青山就是金山银山"理念，并将建设海洋强国从生态文明建设移至现代化经济体系部分，这意味着在环境保护受到前所未有重视的情况下，"不会掠夺海洋，并持续加大对海洋的保护力度"。海洋的重要性促进了国内外学者的研究和关注，概括起来大致有以下几个方面。

1. *海洋资源价值识别和评估*

Costanza 等（1998）、Soresen 等（1990）提出了保护有限且非常宝贵的海岸带资源以及研究海岸带资源价值的主张，认为海洋作为一个大的生态系统，从海洋生态服务功能价值角度研究海洋资源性资产的价值，并提出全球海洋资源价值包括气体调节、干扰调节、营养盐循环、废物处理、生物控制、生境、食物产量、原材料、娱乐和文化形态等类别。美国、加拿大、日本、瑞典、挪威、法国、德国等国家政府、国际组织或研究机构开展了自然资源（包括海洋资源在内）的价值评估及其保值增值理论、方法及实施方案的研究和探索。

2. *海洋资源产权方面*

Arthur（1920）、Coase（1960b）和 Hardin（1968）等分别从自然资源过度利用和公共资源衰竭等角度提出资源性资产的产权明晰，认为通过明确界定和有效实施产权制度，建立和实施资源开发的准入制度才能有效避免"公地悲剧"。国内学者紧跟国际研究步伐，其中具代表性的成果有：徐质斌(1998)、于英卓等(2002)和戴桂林等(2005)从海洋资源产权的管理角度进行了研究，认为海洋资源资产化管理的核心就是资源产权问题，明晰海洋资源的产权关系，建立相应的国有产权管理组织体系，完善国有产权的代理制度来确保国家所有权利益的实现。徐质斌(2001)、朱晓东等(2005)和陈艳等(2006)对海洋资源与海洋管理体制进行了研究，认为根据海洋资源的特殊性，海洋资源资产化管理的总体目标是海洋资源资产所有权实心化、经济效益评价真实化、海洋资源产权权能流动化和资源再生产循环良性化，并提出建立海洋综合协调管理系统。

3. 海洋资源保护方面

不少学者提出了有见地的理论和模型。Pejovich(1994)、Barzel 等(1997)和 Anderson 等(1998)从产权的角度提出的资源性资产保护理论，如资源产权的界定和资源产权的保护模式等。我国学者肖国兴(2000)、柯武刚等(2001)和郭国荣等(2006)分别从资源环境产权、资源环境成本和资源性资产产权等角度对我国资源性资产的问题进行了分析，提出环境产权的产权分割(property right partitioned)理论、资源环境成本的外化理论和我国资源产权制度的问题等。

国内外成果为本书的研究奠定了重要基础。通过对已有成果的分析和梳理，大致可以得到以下结论：①已有研究在固体资源的资产流失与治理方面取得了一定的成果，但对流动性资源(如海洋资源性等)资产流失的规律研究则较少。由于海洋资源包括的类型多，如海洋水体资源、海洋生物资源、海洋能源资源、海洋矿产资源、海洋旅游资源等，各种资源之间存在明显的关联性和复杂性，已有的研究可以为单一海洋资源流失提供理论依据，却不能将海洋资源作为一个由若干相关资源系统构成的大系统，来研究各种资源间的内在相关性以及流失连带性，不能为由于连带关系所引起的资源流失研究提供支持。②已有研究在环境经济损失计量方法方面取得了一定进展，但鉴于海洋资源性资产的流失不局限于海洋环境的破坏，而是多种流失源的综合，因此，其评价的理论方法更具复杂性。③已有研究在国有资源流失治理(如国有企业资产)，自然资源的价值、产权和资产化管理等方面有比较多的研究成果，但由于海洋资源性资产具有许多特殊性，如海洋水体资源和生物资源具有流动性，使得流失的计量理论与方法更加复杂，流失规律更难把握，因此，政府控制的针对性、可操作性差，政策力度显得苍白。综上，本书试图在比较客观地把握海洋资源性资产流失规律的基础上，增强政府控制的针对性，提升理论内涵。

0.2.2 海洋产业创新研究综述

有关产业创新以及创新集群培育理论的研究最早开始于 20 世纪 20 年代的美籍奥地利经济学家 Schumperter。20 世纪末至今，随着对产业集群与创新理论研究的深入，直接针对产业创新集群的培育基础和培育条件的研究逐渐开展。代表人物主要有 Voyer(1998)、经济合作与发展组织(OECD，2004)、Torger(2009) 等学者和研究机构。随着我国各种产业集群的不断出现和对产业创新需求的不断增加，以北京大学教授王缉慈等(2001)为代表的我国学者也纷纷对产业创新集群进行了理论与实践的探索，得出了关于创新集群培育机理的相关理论。

Schumpeter 在 1912 年出版的《经济发展理论》认为，创新在整个经济系统中往往会在某些部门或者相关部门趋于集中(Schumpeter，1912b)。1962 年，Enos(1962)在其《石油加工业中的发明与创新》一文中从"行为集合"的角度来解释创新。20 世纪 80 年代末期以后，创新理论与方法大大系统化，很多经济学家开始关注国家创新能力的提升，并将其作为创新集群培育的动机机制。著名管理学家 Cooke 等(1996)和 Asheim 等(2006)提出，国家角度上的技术赶超是技术经济范式的转变和赶超，其依赖于国家创新系统的培育，对技术创新资源的集成能力、集聚效率和适应性效率的培育。20 世纪 90 年代，以 Rothwell(1992)和 Freeman(1995)为代表的经济学家在 Schumpeter 的创新理论的基础上拓展了创新理论，研究了知识经济条件下知识、学习与创新的区域特征，为信息技术高度发达、全球化条件下的创新集群的形成提出了新的解释。Braczyk 等在主编的《区域创新系统：全球化背景下区域政府管理的作用》提出区域创新体系的概念，对区域创新环境、创新支持体系、企业创新行为等方面进行了深入的研究(Braczyk et al., 1996)。Asheim 等(2002)进一步将区域创新体系分为区域性创新体系和空间一体化的创新体系两种，前者指生产结构与制度环境是区域性的，而作用方式是国家主导的表现为"自上而下"的线性创新模式，如德国的巴登—符腾堡洲地区；后者指生产结构和创新环境与区域融为一体，创新表现为"自下而上"的互动的非线性模式，如意大利的艾米利亚—罗马涅地区。这些创新体系的构建作为重要基础培育了所在国或地区的产业集群，使其产业的发展具有了产业创新集群功能。Voyer(1998)对近百个大城市的技术中心或较为著名的知识性地区及其边缘区域进行了调研，总结出了产业集群的 3 个主要特征和创新性产业集群形成的因素。

综合国外众多学者对创新集群培育机理的相关研究，大部分学者的研究对象都是已经形成的具有创新功能的产业集群，并以此为基础对创新集群的概念、特征以及培育创新集群所需要素等方面进行了总结，国外海洋产业创新集群培育机理的相关研究主要集中在两个角度：①海洋产业科技创新的角度；②以国家发展海洋创新体系为基础所进行的理论探索。21 世纪以来，国外研究海洋和海岸利用的专家学者从不同角度提出了海洋产业科技创新的模式,挪威学者 Torger 是最早提出建设全球海洋知识枢纽的。从 Torger(2009)提出的研究报告中可以看出,挪威在建设全球海洋知识枢纽时非常重视产业链的整合。当前,主要围绕 4 个产业展开研究:航空、能源、海洋开采、食品。同时,Torger 认为全球知识枢纽由公共研究机构、研发基础设施、风险资本、海洋知识企业、海洋产业公司、专业支持服务、海洋和环境政策组成,其中公共研究机构是整个枢纽的核心。全球海洋知识枢纽主要有以下特征:①以海洋技术创新和研发的集群,在集群内部具有良好的沟通网络,外部是一个开放的组织,在集群中既有竞争又能互相合作;②以知识为核心,集中全球最先进的教育、研究人员,并具有功能良好的大学、研究机构、实验室等知识基础设施;③集中了大量的风险投资,产学研一体化,新技术易于商业化;④具有浓厚的创业文化。

王缉慈等(2001)的著作《创新的空间——企业集群与区域发展》是较早对与创新集群培育相关的系统论述。随后,王缉慈(2004)在《关于发展创新型产业集群的政策建议》的文章中以在欧洲成功的产业区和具有创新功能的高新技术产业集群(high-road, innovation-based)为典型案例进行了分析。除此之外,很多学者对具有创新性的产业集群的研究给予了高度重视。叶建亮(2001)、关士续(2002)和宁钟等(2003)众多学者都认为,技术扩散和技术网络是培育创新集群中的重要因素。部分学者把侧重点放在创新上,从不同的角度分析了创新集群的生成动力及形成要素。骆静(2003)、黄鲁成(2004)、姚杭永等(2004)和许继琴(2006)认为,地理位置的集中、产业的网格结构和企业间的技术关联为创新集群企业进行合作提供了优越的环境。目前,部分学者尝试利用新的方法去研究创新集群形成及培育机理。田红云等(2006)运用复杂性理论,从系统科学的角度对产业集群的演化、产业集群的动力机制、竞争优势以及现代集群的本质和形态进行了动态分析,提出无论是现代产业集群,还是高科技产业集群都以创新为核心,为创新集群培育机理研究提供了新的视角。

0.2.3 海洋产业创新和资源可持续利用关系研究综述

从政府的角度,随着全球各国对海洋资源的不断开发和利用,世界主要沿海大国纷纷把维护国家海洋资源权益、发展海洋高科技和海洋经济可持续发展列为本国的重大发展战略。因而对于海洋资源集约利用技术、海洋知识枢纽及海洋创新体系的相关研究成果也在最近几年集中出现。国外海洋产业创新和可持续发展,在物理形态上以海洋科技园、产业园的形式出现,国际上比较著名的海洋园区和海洋技术主要出现在美国夏威夷海洋科技园(HOST)、日本海洋科技中心(JAMSTEC)。各国都陆续将海洋资源保护与国家海洋创新体系建设相结合,提高海洋产业生产过程中的资源利用效率,利用海洋产业集群的模式,促进海洋产业转型升级。加拿大在建设国家创新体系的同时，对海洋创新体系概念做出进一步的解释。挪威在2006年提出了建设海洋领域的国家创新体系，挪威皇家科学学会和挪威技术科学院(DKNVS and NTVA)的研究报告《海洋生物资源开发：挪威专业技能的全球机遇》也提出了海洋创新体系的概念，提出海洋创新系统的各个主体需要充分认识到自然资本与自然环境知识和信息的重要价值，并建立起多元协调机制，以协调不同产业和管辖部门对海洋资源和环境的利用与保护。

国内海洋产业创新和资源可持续利用的相关研究主要集中在以下两种方面。

(1) 以具体发展增加海洋高新技术产业竞争力为基础所进行的理论探索。促进海洋高新技术产业的发展，加大投入创新要素，提高我国海洋产业科技含量，促进海洋产业资源可持续利用。研究学者主要有徐志良等(2005)、郑贵斌(2006)和路敦海(2009)等。徐志良等(2005)分析了我国"十一五"规划，提出我国海洋已经作为一个单独的领域设置立项，设置了海洋安全环境监测保障技术、海底资源的开发技术、海洋生物技术三大板块，其目的是保护海洋环境、提高海底资源和海洋生物资源的利用效率。郑贵斌(2006)认为在海洋科技发展的推动下，我国的海洋生物产业呈现出产业化、规模化、高效化的发展特征：①增长率高，成为新的经济增长点；②产业链条拉长，产业前景广阔；③海洋生物资源高效利用，其功能价值逐渐放大，经济社会效益显著。路敦海(2009)对我国海洋生物产业的发展进行了分析，认为21世纪是海洋的世纪，海洋生物产业是海洋产业中独具特色的领域，是目前和未来最前沿的高新技术产业之一。刘曙光等(2008)和徐锭明等(2010)学者针对海洋能源产业的开发及发展进行了研究。刘曙光等(2008)对目前现有的全球海洋技术进行了分析，将可预见技术的开发与海洋科技创新联系起来，提出可以通过发展海洋技术，提升海洋资源利用效率。徐锭明等(2010)对我国目前的海洋能源开发现状进行了分析，提出要大力加强我国海洋能源的开发利用。

(2) 将海洋经济与陆域中的整体创新思想结合起来。代表学者有国内研究人员鹿守本(1996)、郑贵斌(1999)和徐质斌(1998)等。他们提出了海洋产业集成创新的概念和理论，在研究海洋产业的发展中更多地应用到了创新和集成思想。其中，徐质斌(1998)提出，有效做好集成创新才能更好地发挥海洋科技优势，集约利用海洋资源，提高海洋产业资源利用效率。郑贵斌(1999)认为，发展好海洋新兴产业需要实现人才、技术、资金等多要素的集成创新，并同时实现技术创新和管理创新，促进海洋产业可持续发展。郑贵斌(2004)在研究海洋环境开发中首先提出了海洋经济集成创新的概念，他认为海洋经济集成创新就是在海洋经济的发展中，在创新思维的指导下，整合技术创新和制度创新等要素，形成匹配、整合、协同的有机创新系统，进行海洋产业技术进步和产业升级，提升海洋经济系统整体功能和竞争力。

综上，西方学者对海洋产业创新和资源可持续利用的研究为我国开展相关研究提供了有益的参考和借鉴。但是我们也看到，西方的学术界对海洋产业创新和资源可持续利用的研究主要集中在国家创新系统和资源集约利用的角度,研究背景是西方国家的高水平的工业化水平和高技术的海洋产业,海洋资源和环境、社会环境和海洋产业发展水平都已经进入了相当高的阶段。然而,目前我国处在经济发展方式转变和经济结构调整的时期。虽然西方国家经过了国际金融危机,但我国的整体工业发展水平与西方发达国家差距仍然很大,特别是海洋产业的竞争力与美国、澳大利亚和日本等海洋经济发达国家的距离就更大;同时,我国的国家体制、社会文化和经济机制与西方国家也差距很大,也就是说,海洋产业创新和资源可持续利用的基础不同。即尽管西方国家的创新集群研究有一定基础,但研究背景和研究基础与我国都有一定差异,所以在对我国海洋产业创新和资源可持续利用的相关研究上,不能照搬国外的理论与战略。在实践中直接应用西方国家的海洋产业创新和资源可持续利用的理论也一定会产生诸多问题,往往会造成国外的理论和政策在中国不适宜的结果。因此,本书在进行海洋产业创新和资源可持续利用的机理和应用的研究中,除了要消化、吸收西方理论外,还要结合我国的现实情况对海洋产业创新和资源可持续利用的理论进行创新和改造。

0.3 研究内容与方法

0.3.1 研究内容

科学家预测,继信息社会之后的未来时期,海洋经济将成为新兴产业而影响社会未来。世界上各个国家及地区纷纷抢占这一技术产业高地,借此提高海洋资源利用效率,平衡海洋产业发展与资源保护的关系。由此可见,海洋科技技术是海洋经济竞争的制高点。目前,世界绝大多数临海国家将开发海洋技术产业作为新的产业革命突破口之一,竞相制定海洋科技开发规划或发展计划,将发展海洋科技摆在保护海洋环境和集约利用海洋资源的重要位置,把海洋产业创新作为海洋经济可持续发展最重要的内容。海洋产业创新发展应依靠集成化体系,其包含了管理海洋资源和海洋产业的各个方面,并需要多种学科的研究方法,才能构建我国海洋产业科学发展的理论体系和制度体系,增强海洋产业发展实践的创新性与实践性。本书具体研究内容包括以下几点。

(1)绪论。提出本书的研究背景及研究意义,对本书的研究思路与方法做总体概述。通过对海洋产业资源流失规律和海洋产业创新集群发展前人研究的评述,分析目前我国海洋产业资源流失和海洋产业创新发展研究的不足,提出本书的研究内容和研究方法。

(2)资源流失篇。本篇包括相关基础研究,重点分析海洋产业资源流失的相关理论;海洋产业资源流失的经济学原理,主要研究海洋产业资源开发过程中群体的经济行为；各种海洋产业资源流失的相互作用关系；造成海洋资源性资产流失的关键要素；针对我国具体情况，对我国海洋产业资源流失和保护现状的进行分析；最后提出我国海洋产业资源流失的规律和利用海洋产业创新集群保护资源的长期战略。

(3) 产业创新篇。本篇通过对海洋产业的概述，产业经济相关理论、复杂系统技术扩散理论和产业创新集群相关理论等进行分析、总结、提炼、思考，形成自己的观点的基础上，进一步界定海洋产业创新集群的相关概念及相关理论。在大量调研和系统论证的基础上，紧密结合海洋产业结构发展的现状特点，研究海洋产业创新集群培育机理，利用元胞自动机等工具来建模与仿真，在利用仿真的结果全面调研论证的基础上，系统分析影响海洋产业创新集群培育各种制约因素，有针对性地提出海洋产业创新集群培育的机理和演化过程。最后以宁波海洋生物产业集群为例，设计和规划宁波海洋生物产业集群培育和发展的具体实施方案和实施步骤。通过比较分析和系统论证，找出海洋产业创新集群培育中的规律性的共性特征，为我国今后海洋产业创新集群的培育和发展提供有益的借鉴。

(4) 制度创新篇。本篇主要分为制度创新的理论基础、世界各国海洋资源保护制度的经济借鉴和中国海洋产业资源可持续利用的制度创新三个部分。通过对制度概念、正式制度、非正式制度和实施机制的理论分析，对世界主要海洋经济发达国家的海洋产业资源的保护战略的制定与实施的现状和问题进行辨识研究，探索衡量其创新程度和水平的客观标准和价值取向，并借鉴其海洋产业资源流失的控制制度，提出我国海洋产业资源可持续利用的制度体系。

0.3.2 技术路线

本书研究框架见图 0-2。

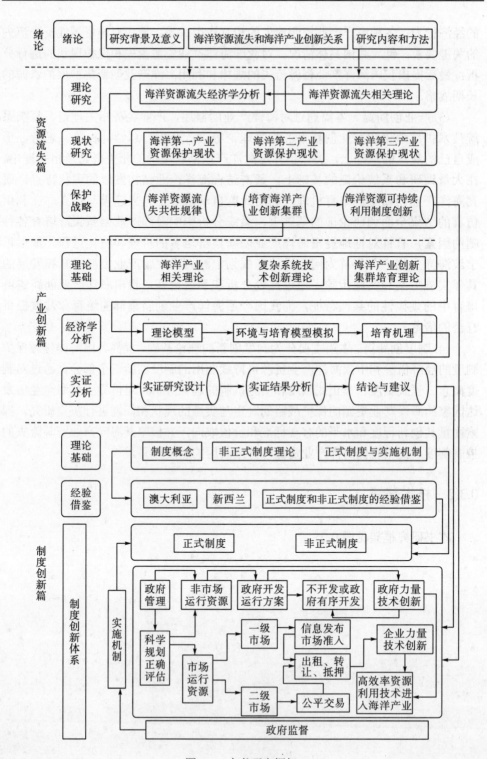

图 0-2　本书研究框架

0.3.3 研究方法

本书拟采用定性推理与定量分析相结合和面向对象的方法进行研究,具体研究方法如下。

(1) 系统分析与综合方法。主要以系统学的观点和思想为指导,利用系统分析和系统综合方法,将海洋资源作为一个由若干相关资源系统构成的大系统来研究各种资源的内在相关性以及流失连带性,为由连带关系引起的资源流失研究提供支持。同时,对海洋产业创新集群的技术创新与扩散模式的要素、层次和各子系统的关系进行分析、梳理,对海洋产业创新集群战略制定与实施运行进行总体规划与设计。

(2) 实证研究方法。①实地考察,考查相关地区海洋产业资源的现状和问题,并在此基础上应用数理统计方法对所获数据资料进行系统分析和处理,探讨我国海洋产业资源性流失的基本规律;②专家调查,实地前往澳大利亚和新西兰考察,征询了国内外专家对海洋产业资源流失控制方法和海洋产业创新集群战略实施的意见,并进行归纳整理;③实地试验,以宁波海洋生物产业创新集群发育机理和成长规律为研究背景进行实证研究,探讨平衡海洋产业资源和海洋产业创新集群成长和发展演化的基本规律,最后提出我国海洋产业资源可持续利用的制度创新总体思路和实施方案。

(3) 模型研究与仿真方法。综合运用元胞自动机理论、技术扩散理论、计算机仿真理论,建立我国海洋产业创新集群发育机理和技术扩散的元胞自动机模型,并进行仿真实验及分析。

第一篇　资源流失篇

第一篇　設備火災論

第1章 海洋资源流失的理论研究

1.1 海洋资源流失的理论内涵

1.1.1 海洋资源的内涵与经济特性

物理学上对海洋的描述为：海洋是由作为主体的海水水体、生活于其中的海洋生物、邻近海面上空的大气和围绕海洋周缘的海岸等组成的多维结构体。然而，这一描述不足以说明海洋与人类的关系。从经济学的角度来看，海洋是人类赖以生存和发展的资源宝库，所以，在经济学上，海洋与海洋资源是联系在一起的，提到海洋就是指海洋资源。目前，关于海洋资源的定义多种多样，下面是两种比较典型的定义：①海洋资源是泛指海洋空间中存在的、在海洋自然力作用下形成并分布在海洋区域内可供人类开发利用的自然资源；②海洋资源是指存在于海洋及海底地壳中，人类必须付出代价才能够得到的物质与能量的总和。

根据对海洋资源研究的不同角度可以有多种分类方法。

(1) 参考《中国自然资源丛书海洋卷》的分类(中国自然资源丛书编撰委员会，1995)，可以将海洋资源按照自然属性分为海洋水体资源、海洋生物资源(主要为海洋渔业资源)、海底矿产油气资源、港湾资源、海洋滩涂资源、海洋旅游资源、海洋新能源(潮汐能、波浪能、海流能、盐差能、温差能、海上风能)等。

(2) 海洋资源按形式分为可再生资源和非再生资源。海洋可再生资源是指可以用自然力保持或增加蕴藏量的海洋资源。这些资源在合理使用的前提下，可以自己生产自己。这类资源包括海洋生物资源、海洋旅游资源、海洋新能源、港湾资源、海水资源等。海洋非再生资源是指不能用自然力增加蕴藏量的海洋资源。海洋非再生资源不具备自我繁殖能力，非再生资源的初始禀性是固定的，用一点少一点，某一时点的任何使用，都会减少以后时点可供使用的资源。这类资源主要指海底矿产油气资源。同时，我们应该看到，在海洋资源的利用中，不可能没有人类影响的因素。因此，不应该把海洋资源的可再生性简单地理解为一种纯自然的过程。很明显，人类对海洋资源的利用可以改变海洋资源的再生速率。众所周知，海洋渔业资源是可以再生的，但是人类对海洋渔业资源的过度利用会使海洋渔业资源超过其自然再生的极值，使其失去再生能力，甚至造成海洋生物物种的灭绝，由可再生资源变为非可再生的资源。

海洋资源还可以从不同的角度分为不同的类别。按利用方式分为可提取资源、不可提取资源、固定资源、流动资源等；按空间位置分为海岸带资源、海岛资源、港湾资源、近海资源、大洋资源等；按市场机制分为可交易资源、不可交易资源等多种类别。

海洋资源的经济特性是建立在海洋资源的自然特性基础之上的，是人类在开发利用海洋中产生的。海洋资源的经济特性有以下几个。

(1)海洋资源的有限性。当今人类大规模开发利用海洋，对海洋资源的需求不断扩大，因而产生了海洋资源的有限性，即供给的稀缺性。由于人类的科学技术还没有达到将海洋全部利用的程度，因此这种稀缺性主要表现在某些海洋资源和作为某种用途的资源的稀缺上。但是，依靠科学技术的进步，可以使以前未知的或不可利用的自然要素转入资源行列，扩大资源基础，使有限的资源获得更大的生产潜力。

(2)海洋资源的多宜性和利用方向变更的困难性。海洋资源具有满足多种需要的多宜性特点，如在一定海域可以捕捞，也可以开采矿物等。但当其一经用于某项用途之后，要改变其利用方向，一般说是比较困难的。并且有的项目一旦变更利用方向，并不能将其在海中的遗留物全部清除，这会对海区造成影响，甚至导致整个海区的荒废。

(3)海洋资源利用方式的兼容性。海洋资源的利用方式可分为：①直接消费，如鲜鱼可直接食用；②中间生产过程的消费利用，比如原料投入并未使资源消失，只是形态或某些性质发生变化；③原位利用，如对海岛风光的就地观赏。

(4)海洋资源的关联性。由于海洋构成的一体性和其流动的形态，某一海洋区域的开发利用，不仅影响本区域内的自然生态环境和经济效益，而且必然影响到邻近海域甚至更大范围内的生态环境和经济效益。当然这种影响可能是正面的，也可能是负面的。

1.1.2 海洋产业资源的内涵与特点

海洋产业资源的概念是在海洋资源的基础上产生的。海洋产业资源是指海洋产业运作所拥有的各种海洋资源要素。一般来说，海洋产业资源从范围来看，包括海洋产业内所有企业应用的海洋资源。

海洋产业资源的价值形态表现是海洋资源在海洋产业中的资产属性。海洋产业资源所涉及的海洋资源，只是整个海洋资源的一部分。或者说，并非所有的海洋资源都是海洋产业资源，例如，海洋资源可以是一种景观资源，具有景观效益，但是如果海洋的景观并没有给海洋产业带来产值，也就是说没有给海洋景观的所有者或经营主体带来效益，就不能成为海洋产业资源。海洋资源的功能与价值是构成海洋产业资源重要条件。与其他自然资源相同，海洋资源也分为一般性海洋资源和海洋产业资源。一般性海洋资源是指没有明确所有者，属于全人类共有，且没有经过开发利用或没有计入产业经济价值的海洋资源。海洋产业资源是指具有明确的所有者，且经过开发和利用以后能够为所有人带来产值的海洋资源。

海洋产业资源和一般性海洋资源的区别如下。

(1) 在法律上是否明确了海洋资源的经营主体或开发主体，只有明确了海洋资源的经营主体或开发主体的海洋资源才有可能成为海洋产业资源。

(2) 是否能够给经营主体或开发主体带来产值或经济效益，只有能给海洋资源经营主体或开发主体带来经济效益和产值的海洋资源才有可能成为海洋产业资源。

显然，没有明确经营主体或开发主体的海洋资源在本书中不属于海洋产业资源，没有给经营主体或开发主体带来经济价值的海洋资源也不属于海洋产业资源。由此可见，海洋产业资源只是海洋资源的一部分。

目前，国内学术界对有关海洋产业资源概念的讨论并不多见。比较有代表性的有以下几种。

(1) 海洋资源性资产。以王淼等(2006c)为代表的学者认为，海洋资源性资产是指海洋范围内和沿海地带具有明确的所有者、能够产生效益的稀缺性海洋资源。

(2) 海洋资源资产。有学者认为海洋资源资产是由某一组织或个人所控制或拥有的，在一定的认识和经济技术水平条件下，能够进行开发利用，并能给其所有者带来一定效益的稀缺海洋资源。

根据对其概念的分析，本书认为对海洋产业资源与海洋资源性资产或海洋资源资产的区别在于是否拥有明确的产权主体。海洋产业资源只要拥有明确的经营主体或开发主体即可，也就是说属于全人类共有。虽然主权不明确，但已经被某些开发主体开发且产生经济效益计入产值的那部分海洋资源，虽然不属于海洋资源资产，但属于海洋产业资源。

海洋产业资源除了具有一般资源的特征之外，还有自己的特点。

(1) 具有区位集聚性。一切海洋产业资源均与海洋密不可分，且均存在于海洋中或海洋附近。由于海洋资源共同依赖于海洋区域，具有相互影响但又相互制约的特点，因此本书认为海洋产业和海洋资源都具有区域集聚性、综合性和生态性，即海洋产业资源具有复杂系统的特点。

(2) 具有结构多样性。例如，海洋产业资源资产既包括可再生的海洋生物资源，也包括海洋矿产资源这一类的不可再生资源；既包括有形的海洋生物资源、海洋矿产资源，还包括具有无形的海洋景观资源。同时，海洋产业资源与其他产业资源不同的是，它具有流动性。例如海洋生物资源具有可再生性而海洋矿产资源具有不可再生性，但是如果过度利用海洋生物资源也可以从可再生性变成不可再生性。

(3) 产值具有多样性。海洋产业资源既能提供物化产品，也能提供精神产品。例如，海洋第一产业资源和海洋第二产业资源，可以为人类提供食物、衣服或矿产等产品，但也可以提供海洋旅游业等精神产品。

因此，海洋产业资源具有一般产业资源特征的同时，还具有社会功能和生态功能，彼此之间联系的紧密程度远远大于其他产业资源。

根据以上定义，本书将海洋产业资源分为海洋第一产业资源、海洋第二产业资源和海洋第三产业资源。海洋第一产业资源是指海洋第一产业(即海洋产品直接取自自然界的部门包括海洋渔业、海涂种植业等)内企业或个人生产运作所应用的海洋资源；海洋第二产业资源是指海洋第二产业(对海洋初级产品进行再加工的部门，包括海洋石油工业、海盐业、海盐化工业、海洋化工业、海滨采矿业、海水淡化业、海水直接利用业、海洋生物制药业等)内企业或个人生产运作所应用的海洋资源；海洋第三产业资源是指海洋第三产业(与海洋服务业相关的部门，包括海洋交通运输业、滨海旅游业、海洋科学研究教育管理服务业等)内企业或个人生产运作所应用的海洋资源[①]。

1.1.3　海洋资源转化为海洋产业资源的条件

海洋资源和海洋产业资源之间既有密切的联系，又有一定的区别。海洋资源是海洋产业资源的源泉，把资源变为产业资源是人类经营资源活动的经济目标。而海洋资源要成为海洋产业资源需具备稀有性，具有明晰的产权、产生效益，以价值管理为核心三个基本条件。

(1) 稀有性。任何海洋产业，包括海洋产业内的企业，如果拥有竞争对手缺乏的海洋资源，就必定是企业之间竞争的核心资源。如果这种海洋产业资源不稀缺，可以取之不尽、用之不竭，那就不能作为该产业内企业的核心竞争资源，也就不能称为海洋产业资产。例如，海洋渔业、海洋制造业和海洋服务业都是依靠独特的气候和独特地理位置参与竞争。在海洋产业中，哪个企业掌握了得天独厚的海洋产业核心资源，其他海洋产业企业如果无法拥有原料来源或气候与地理环境，即使投入再多资金，生产设备再先进，其他无形资源再丰富，也无法在竞争中形成优势。

(2) 海洋资源转化为海洋产业资源必须要有明确的经营主体或者明晰的产权。根据相关法律规定，我国海洋资源为国家所有，即国家享有所有权。因此，本书将海洋产业资源的产权定义为：在企业行为过程中，对所使用的海洋资源具有合法经营和利用的权利，能够合法控制和享有该海洋资源所产生的经济利益。

从我国的具体情况看，海洋产业资源的产权主要有以下特性：①我国的海洋产业资源的所有者是国家，国家行使海洋产业资源所有权；②我国的海洋产业资源的管理权是由国家委托的有关管理部门，由国家宪法和法律赋予国家行政机关

---

① 本书海洋产业分类是根据《国民经济行业分类》(GB/T 4754—2002)和《海洋经济统计分类与代码》(HY/T 052—1999)的规定划分的。

执行法律，实施行政管理活动的权利，是国家权力的组成部分。

(3)我国的海洋产业资源的经营主体为海洋产业内企业，经营活动是以价值管理为核心，由国家相关管理部门赋予海洋产业资源经营权，对海洋产业资源拥有占有、使用、部分收益和部分处分权。

1.1.4 海洋产业资源流失的内涵与特征

海洋产业资源流失是自然资源开发利用过程中存在的重要问题，其妥善解决对保护海洋资源和海洋生态环境，保证海洋产业的可持续发展，协调人类与自然的和平共处，保持海洋资产的持续供给和海洋经济的持续稳定发展具有重要意义。

海洋产业资源流失，是指海洋资源的所有者或经营主体的海洋产业资源的收益权没有得到充分体现，它具有三个方面的表现形式：①部分或全部的海洋产业资源的所有权或经营权被其他单位或个人所取得的现象；②海洋产业资源在海洋产业生产过程中，由于资源的错配而造成了闲置或浪费现象；③海洋产业资源的使用，只注重物质产品的服务，忽视了其环境服务价值，即由于环境污染所代表的资源浪费的现象。

本书将海洋产业资源流失的概念界定为三种情况：①源于所有者或经营主体占有的海洋资源的所有权与经营权受其他自然人侵害而导致的资源价值的贬值或减少；②所有者或经营主体占有的海洋资源被错配而产生的闲置和浪费；③所有者或经营主体占有的海洋资源由于环境污染而减少的环境服务价值。

(1)海洋产业资源的所有者或经营主体占有的海洋资源的所有权与经营权受其他自然人侵害而导致的资源价值的贬值或减少。海洋资源是全人类所共有的资源，但仍然有部分海洋资源具有明确的所有权，每个国家所能控制的海洋资源也有相对明确的界限。就整个人类社会的角度来看，海洋产业资源流失的仅是发生了产权与经营权主体的变更，资源及其权益并没有消失，也就是说该海洋资源并没有流失，仅仅是一种财富的转移，分为两种情况：①国与国之间海洋资源所有权与经营权的侵害；②国内各个地区或地方之间的海洋资源所有权与经营权的侵害。无论哪种情况，都会造成国与国或地方与地方之间的矛盾与争端，或企业之间产权与经营权的不清晰，而产生公地悲剧，进而造成人类整体资源量的减少。

(2)所有者或经营主体占有的海洋资源被错配而产生的闲置和浪费。产业资源的有效配置是产业高效发展的重要条件，是提高资源生产率的重要途径。海洋产业资源的错配既可以发生在国家内部地区间或产业间，也可能发生在产业内不同企业或企业内不同部门之间。总之，无论哪种情况，都会降低海洋产业企业的资源生产率，进而降低海洋产业企业的核心竞争力。

(3)所有者或经营主体占有的海洋资源由于环境污染而减少的环境服务价值。

自 2000 年以来，世界资源和能源价格一直呈现下降趋势，虽然人类社会对海洋产业资源的需求一直在增加，但海洋产业资源价格却一直在降低。对于企业而言，海洋产业资源的价格降低，意味着更高的利润；对于政府而言，低廉的价格是当届政府的政治竞争力。海洋资源"是上帝赐给世人的礼物，没有人需要为此买单"(Henry et al., 2008)。海洋产业资源价格的长期持续下降，主要有几方面原因：①是海洋资源勘探开采、加工和运输等方面技术不断进步的直接结果；②由海洋资源勘探开采、加工和运输等行为破坏的环境对社会和个人的服务价值未被计算。可以预见，在很长一段时间内，资源的市场价格仍将保持在一个相对较低的水平，这也意味着无法避免资源的过度利用。这种局面将导致环境的进一步破坏，同时也会带来后期价格的疯涨，在价格波动过程中，又势必会导致灾难性的后果或者资源战争。

从理论上看，海洋产业资源流失与其他资源的流失相比主要有以下特征。

(1) 海洋产业资源流失与其他资源的流失相比更具有隐蔽性。①海洋资源具有明显的区域性和流动性等特征，因不合理利用(例如，对海洋生物资源过度开发造成的破坏，由于技术低下而对海洋矿物资源的低水平开发，或者海洋风能、潮汐能和生物能等资源的闲置)而造成的海洋产业资源流失。虽然这种资源的流失并不是由于所有权和经营权被侵犯造成的，也没有其他自然人从中获益。但是从整个社会来看，海洋产业资源产值的总和在减少，国家的海洋产业资源也同样在流失。②我国海洋产业资源的所有者或代理所有权的经营主体众多，以所有权、经营权和管理权为代表的海洋产业资源的权属不清，各个利益主体之间的经济关系缺乏统一口径并缺乏协调，导致以整个国家为代表的海洋产业资源的权益被转换为某些部门或区域的收益，进而造成国家海洋产业资源的流失。以上两种情况都非常具有隐蔽性，而最终损害了以国家为所有权的海洋产业资源的收益。

(2) 海洋产业资源流失与其他资源的流失相比更具有复杂性和系统性。其复杂性和系统性是由海洋资源的广泛性所决定的。海洋资源的种类众多，包括生物资源、旅游资源、再生能源、空间资源、矿产资源等，这些海洋资源都以海洋水体为依托，形成了众多的海洋产业，例如海洋渔业、海洋工业和海洋服务业等。任何一种海洋产业资源的流失，都有可能带来整个海洋产业资源的变化或者损耗。同时也会涉及众多的海洋产业资源的管理部门、所有者或经营主体。因此，海洋产业资源流失具有复杂性。同时也应该看到，虽然海洋产业资源的广泛性带来了资源流失的复杂性，但某一种海洋产业技术的创新或者海洋资源管理能力的提升所带来的某一种海洋产业资源生产率的提高，也会对海洋产业资源整个系统带来影响。因此，对海洋产业资源流失问题的研究也必须在海洋产业系统内部来分析。

(3) 海洋产业资源流失与其他资源的流失相比更具有时空性。海洋资源对于海洋水体的依赖，造成海洋产业资源具有明显的区域性，海洋产业具有明显的区域集聚性。由于区域特点的不同，不同区域的海洋产业资源流失程度、流失渠道和流失原因也会不同。海洋资源在不同时期具有明显的差异(例如,海洋渔业资源、海洋景观资源和海洋风能潮汐能资源等),因此,不同时期的海洋产业资源流失程度、流失渠道和流失原因也会不同,使其更具时空性。

1.2 开放经济视角下的海洋产业资源流失

早在两千年前,人们就深刻地意识到海洋产业资源的重要性。在春秋战国时期,沿海的齐、吴、越国就一致认为渔业与盐是富国的根本,而将其称为"国之宝"。20世纪50年代以来,海洋产业资源的开发利用,由开始时单一的开发逐渐发展为多种经营的综合开发利用模式,包括农、林、渔、副、盐等。在改革开放以后,沿海省市根据地方的具体情况大力发展海洋经济,把各自海洋产业资源优势都很好地发挥出来。海洋产业资源的开发利用,为沿海省市的经济繁荣作出巨大的贡献,同时对沿海省市的可持续发展战略具有举足轻重的作用。

沿海地区的人口比较多,密集度大,经济也比较发达,国际贸易和对外投资也较活跃。自1978年改革开放以来,随着经济全球化的逐步发展,我国在国际贸易和对外投资方面的步伐越来越快。早在2003年,我国就成为世界第三大外商资金的流入国;随后在2005年,我国实际吸收的外商直接投资金额便达到720亿美元,占当年全球总外商直接投资(FDI)的5.1%左右;截至2017年,实际使用外资金额8775.6亿元人民币,同比增长7.9%,我国11个沿海地区在吸引外商直接投资上发挥巨大的作用[1]。在中国加入WTO后,国际贸易也发展快速,进出口规模持续增长,目前中国已经成为世界制造业大国。我国的11个沿海地区,包括长江三角洲地区的浙江省、上海市和江苏省,泛珠江三角地区的广东省、广西壮族自治区、福建省及海南省,和环渤海地区的辽宁省、河北省、天津省和山东省,是我国经济发展比较快速的地区,也是外商直接投资和进出口贸易最为聚集的区域。到2017年,我国沿海地区以仅占我国14%的地域面积,集中了全国42.2%的人口,创造了全国62.8%的国内生产总值。其中,外商直接投资和进出口企业发挥了比较重要的作用。

现在很多学者认为,对外直接投资和国际贸易确实给东道国带来了外商的资金,弥补了其在各个产业中的资金短板和产品市场,也为很多经济活动的产生提供了可能,增加了资本积累,提高了国内的企业生产效率,促进了资金引入地对自然资源的利用强度和效率,加快了经济发展。但是也有不少学者认为,FDI和国际贸易带来资金、促进经济发展的同时,带来的还有资源压力和环境污染的转移。随着FDI和国际贸易进入东道国的领域越来越宽泛,我国沿海地区逐渐凸显

---

[1] 商务部投资司.商务部数据中心"2017年利用外资统计简报".http://data.mofcom.gov.cn/lywz/inmr.shtml【2018-6-30】

出的海洋产业资源枯竭和海洋环境污染问题也越来越严重，以对外直接投资和国际贸易为主要内容的开放经济环境对海洋产业资源的影响不容小觑。本部分将以我国沿海地区海洋湿地资源和海水资源为例，具体分析开放经济环境对海洋产业资源的流失的影响。

1.2.1 外商直接投资影响——以海洋湿地资源为例

海洋湿地资源作为"蓝色经济"开发中的一部分，在海洋资源中具有巨大的开发潜力。该资源的开发利用是具有重大意义的，将在未来的海洋经济开发领域占据至关重要的位置。随着经济全球化的发展，全球陆地资源日渐枯竭，而中华人民共和国沿海地区人口密度快速增加，耕作土地不断减少的问题尤为突出，自新中国成立以来，珠江三角洲、江苏北海湾地区、环渤海地带、杭州湾地区和辽河口地区等都采取了大面积的围垦，其总面积达一千万亩以上。由此可见，提高海洋湿地资源的利用效率问题对我国特别是沿海省(市)"蓝色经济"的可持续发展具有长远的意义。目前，我国海洋湿地资源的利用效率还比较低，不合理地开发海洋湿地资源最终会阻碍海洋经济，甚至影响我国总体经济的良好发展。因此，研究海洋湿地的利用效率对于我国现在以及将来的海洋经济发展是十分重要的。因为海洋湿地所处的地理位置往往会与外商投资相联系，而且通过以往的相关数据显示，FDI 在一定程度上会影响我国海洋资源的开发利用。

从海洋湿地资源来看，我国的海域十分辽阔，从北到南跨越了 3 个气候带，分别为：温带、亚热带和热带。其所处的地理位置使得我国的海洋分布很自然出现了南北地域性。同时我国的海洋湿地资源十分丰富，海洋湿地分布广阔。海洋湿地主要分布在我国有淤泥的海岸地区、一些河口的三角洲地区和一些海湾区域。据粗略统计，我国的海洋湿地总面积约为 5941700 公顷，其中，82800 公顷为红木林面积，仅仅海岸带的滩涂湿地面积就达到了 315900 公顷。显然，我国是拥有海洋湿地资源的大国。如今我国沿海湿地资源更是发展成了农林业、农副业、养殖业和制盐业等多种经营的综合体的依附体。我国的海洋湿地种类多样、数量繁多，是我国利用资源发展经济的优势。但是，我国人口众多，对海洋湿地资源的不合理开发使得湿地环境污染加剧，海洋湿地资源在开发利用中长时间消耗，许多功能都受到了深深的伤害。据统计，一些沿海地区的省(市)因为使用人工填海等方式，被迫害的海滨、滩涂等湿地资源面积累计约 119 万公顷，城市和乡村的工矿用地约 100 万公顷，这两项合计超过了 200 万公顷，约为滨海湿地资源总面积的 50%。从表 1-1 可以看出，全国海洋湿地资源的利用效率呈现出逐年增长的趋势，从 2012 年的 2.361%增长到 2017 年的 5.946%，海洋湿地资源的利用效率翻了一倍。且在 2015 年以后，海洋湿地资源的利用效率的增长速度明显提升。在沿海地区中，天津市对于海洋湿地资源的利用效率是最高的，超过全国海洋湿地资源利用效率的 4 倍,且远远地超过了其他 10 个省(市),约为海洋湿地资源利用效率最低的海南省的 13 倍。其中,天津、上海、江苏、浙江、福建这 5 个省(市)的海洋湿地资源利用效率超过了我国的平均水平 5.946%,处于全国领先地位。

表 1-1　2012～2017 年我国海洋湿地资源利用效率　　　　　　　(单位:%)

省份/城市	2012 年	2013 年	2014 年	2015 年	2016 年	2017 年
天津	11.21	12.89	16.57	19.99	20.82	26.03
河北	—	—	2.19	2.74	3.55	4.71
辽宁	1.76	2.27	3.08	3.79	4.49	5.48
上海	6.11	7.22	—	8.02	10.75	11.39
江苏	2.79	3.55	4.04	4.96	6.17	7.35
浙江	3.21	3.93	4.46	5.01	6.38	7.77
福建	3.19	3.82	4.02	4.37	5.25	6.15
山东	1.45	1.82	2.17	2.72	3.26	3.89
广东	2.37	2.75	2.97	3.38	4.28	5.36
广西	1.36	1.59	2.03	2.59	3.22	4.22
海南	0.88	1.04	1.14	1.28	1.54	1.91
全国	2.361	2.876	3.012	3.998	4.941	5.964

数据来源:国家海洋局计算所得①

自从我国加入 WTO 后,FDI 的投资方向主要都面向我国东部地区的沿海省(市),特别集中于环渤海地区的经济圈、珠江三角洲地区以及长江三角洲地区等我国经济相对发达的地区。东部沿海地区的省(市)自始至终都吸引着我国绝大多数的外商直接投资,远远超过了中部地区和西部地区,占据着绝对意义上的优势。本书选取东部沿海地区的 11 个省(市),从 2012～2017 年 6 年的数据,利用面板数据分析 FDI 对我国海洋湿地资源效率的影响。采用面板数据,初步建立计量模型来分析 FDI 对我国海洋湿地资源利用效率的影响②。从计量模型可以分析出,海洋湿地资源的利用效率与 FDI 正相关,随着 FDI 的增加,海洋湿地资源的利用效率也随之提高,在其他因素不变的情况下,本期外商直接投资每变化 10%,当期海洋湿地资源的利用效率增长变化 31.4%,也就是说,FDI 对海洋湿地资源的利

---

① 海洋湿地资源利用效率的公式:$e=G/E$,其中 E 为海洋湿地资源总量,G 为利用海洋湿地资源行业的生产总值。本书定义 E 为海洋湿地总面积,在 2012～2017 年不变。G 采用水养殖总产值、海盐总产值、海洋船舶工业总产值和海洋旅游业总产值 4 个行业的数据来表示。通过公式计算,可得到利用海洋湿地资源的效率。

② $e = C + \beta_1 \text{FDI}_{it} + \beta_2 \text{GDP}_{it} + \beta_3 \text{ORE}_{it} + \beta_4 \text{MRP}_{it} + \lambda_{it}$,本书拟用的被解释变量为 e,是沿海 11 个省(市)的海洋湿地资源利用效率。由于对海洋湿地资源利用效率的影响,除了外商直接投资(FDI)以外还有许多因素,比如各个沿海城市的经济发展情况、科技水平等。本书除了关键解释变量 FDI 以外,还引入 3 个控制变量:第一个 GDP 是我国沿海地区的海洋生产总值,用来衡量各个省份的海洋经济水平;第二个 ORE 是涉海就业人员数量;第三个 MRP 是我国海洋科研从业人员情况,用来衡量我国海洋科技水平。β_1、β_2、β_3、β_4 分别是海洋湿地资源利用效率对外商直接投资、海洋生产总值、涉海就业人数情况和海洋科研从业人员的系数。经过修正模型估计后得出解释变量 β_1 为 0.314,这说明 FDI 每变化 1%,当期海洋湿地资源利用效率增加 3.14%。

用效率具有促进作用,其原因是外商直接投资带来了丰富的管理经验和先进的科学技术,因而提升我国的海洋湿地资源的利用效率。

但是不同省份的优势海洋资源有很大的不同,因而 FDI 对海洋资源利用效率影响也会不同。①各省(市)本身对于海洋湿地资源的开发利用程度不同①。比如,在 11 个省(市)中,辽宁、福建、广东的油气资源相对比较丰富,则该海洋资源的 FDI、科研以及就业就会相应增加,这 3 个省份 FDI 对海洋湿地资源的利用效率的影响就会相对低于其他的沿海省(市)。②沿海各省(市)由于市场经济下产业结构上的差异,不同行业吸引 FDI 的能力不同。比如,浙江和江苏都是民营经济很发达的省份,其优势行业是旅游业和水产养殖业,而吸引 FDI 的行业主要是加工制造业,因此,这两个省份的 FDI 对海洋湿地资源的利用效率的影响也是相对比较低的。不同的省(市),经济水平不一,开发海洋湿地资源的科技水平也就不一。从计量模型中可以看到,海洋生产总值和从事海洋科研人员情况可以直接影响我国海洋湿地资源的利用效率,所以各地区的计量模型中的常数项也会受其影响而不同。

总之,为了让 FDI 带来的先进技术和设备能与我国海洋湿地资源开发技术和设备顺利匹配,我国各沿海地区应大力支持涉海科研机构的研究,提高涉海人员的科研水平。只有自身的科技水平提升了,改善了 FDI 在我国海洋湿地资源开发的环境,才能更好地利用 FDI,提高 FDI 流入后的海洋湿地资源的利用效率。不同沿海省(市)可以采用不同的 FDI 引入政策,以提高海洋湿地资源的利用效率。根据固体效应的分析结果来看,浙江、江苏、山东等海洋旅游业比较发达的地区,政府可以提供一些鼓励性的政策,以加强海洋旅游业对 FDI 的吸收,从而提高当地海洋湿地资源的利用效率;辽宁、福建、上海和广东等海洋湿地资源利用相对较低的地区,首先要提高本地开发商对海洋湿地的关注,从而带动 FDI 对当地海洋湿地资源的关注;天津、河北、广西、海南等本身较依靠海洋湿地资源的地区,可以适当增加涉海科研投入,提高海洋湿地资源开发的科技水平。

1.2.2 国际贸易的影响——以海洋湿地资源为例

国际贸易对各个省市的经济发展的突出贡献,一般都体现在它对地区的长期经济发展的影响上。国际贸易一般会从资源配置、规模经济和知识进展这三个部分来对当地经济的发展产生影响。对于中国这样的发展中国家来说,进口部分国

---

① 利用修正模型 $\ln e(-1)_{it} = c + \beta_1 \ln \text{FDI}(-1)_{it} + \beta_2 \ln \text{GDP}_{it} + \beta_3 \ln \text{ORE}(-1)_{it} + \beta_4 \ln \text{MRP}_{it}$ 估计后得出沿海 11 个省(市)的个体固定效应模型,各省(市)利用 FDI 对海洋湿地资源效率的提高所产生的影响也不是完全相同的,模型的常数项除了大小上不同以外,还出现了正负不同的现象,广东和山东为负且影响较大(分别为-4.7 和-3.3),天津、河北、广西和海南为正且影响较大(分别为 3.0、3.9、3.5 和 2.3),辽宁、江苏、浙江和福建为负,上海为正(分别为-0.81、-1.3、-1.4、-1.5 和 1.5)。

内稀缺的自然资源和先进机器设备，是我国经济得以繁荣发展的一大关键。由于2008年金融危机的影响，我国的国际贸易量受到了严重的打击，在2008年之前一直保持稳定上升趋势，2009年进出口总额突然下降两万多亿元。2009年以后由于金融危机的影响基本淡去，我国进出口总额持续上升，经过2008年的下跌后呈稳定上升状态，但出口总额总是大于进口总额，所以我国对外贸易一直处于顺差的状态。

本书采用面板数据进行分析，选用全国11个沿海省份2012~2017年的进口额和出口额作为研究对象。利用已经求得的我国沿海11个省(市)的海洋湿地资源利用效率，设立面板数据模型[①]。通过实证分析的模型研究可得：从计量方差可以得出，海洋湿地资源的利用效率随着国际贸易量增加而提高，即两者呈正相关关系。本期国际贸易中进口额每变化1%，当期海洋湿地资源的利用效率增长变化为0.01%[②]，也就是说，国际贸易进口额对海洋湿地资源的利用效率具有促进作用，其原因可能是国际贸易带来了丰富的管理经验和先进的科学技术，其本身就可以提升我国海洋湿地资源的利用效率。因此，我国的沿海地区要积极开展国际贸易，利用沿海优势，船舶运输之便，科学地利用国际贸易来提升海洋湿地资源的利用效率，从而促进我国海洋经济的可持续发现。

分析可得，沿海各省(市)政府要提高海洋经济的发展，促进当地国际贸易的交易额，必须提高沿海湿地资源利用的效率。由上面的数据分析可知，积极开展国际贸易有利于提高我国沿海湿地资源利用效率，但与此同时在整个过程中，需要以严肃严格态度对待海洋湿地资源的开发，可以建立相关的法律法规体系来提高沿海湿地资源的管理开发，建立相关的执法监督机制。沿海省市水上运输比较经济方便，各地要积极利用此优势，大力促进国际贸易，通过国际贸易来推动我国沿海湿地资源的开发技术，从而大幅度提高我国沿海湿地资源的利用效率。随着国际贸易的发展，先进的设备与技术也会随之被引入国内，为了更好地学习与利用这些技术、设备，沿海各省应当加大资金投入，支持我国涉海科研机构的研究，提高我国涉海的整体科研水平。所谓技术才是第一生产力，只有当我们掌握了真正先进的技术，才能更好地利用国际贸易，改善我国沿海湿地资源的开发环境，提高我国沿海湿地资源的利用效率。在开发利用沿海湿地资源的同时，当然也要注意对湿地资源进行保护，使之实现可持续性利用。政府要出台相关的规定，

---

① $e = C + \beta_1 EX_{it} + \beta_2 IX_{it} + \beta_3 GDP_{it} + \beta_4 ORE_{it} + \beta_5 MRP_{it} + \lambda_{it}$，本书拟用的被解释变量为 e 是沿海11个省(市)的海洋湿地资源利用效率。由于对海洋湿地资源利用效率的影响，除了进口额和出口额以外，还有许多因素，比如各个沿海城市的经济发展情况、科技水平等。本书除了关键解释变量 EX 和 IX 以外，还引入3个控制变量：第一个 GDP 是我国沿海地区的海洋生产总值，用来衡量各个省份的海洋经济水平；第二个 ORE 是涉海就业人员数量；第三个 MRP 是我国海洋科研从业人员情况，用来衡量我国海洋科技水平。β_i 分别是海洋湿地资源利用效率进口额、出口额、海洋生产总值、涉海就业人数情况和海洋科研从业人员的系数。

② 经过修正模型估计后得出解释变量 β_1 不显著，没有通过检验，β_2 通过检验，值为0.01，这说明出口额每变化1%，当期海洋湿地资源利用效率增加0.01%。

来解决围垦沿海滩涂、捕捞过度和工业废水排放等问题；建立自然湿地保护制度，严厉禁止带有任何私利目的地围垦自然湿地，严格把关湿地开发的许可认证，尽量减少自然湿地区域的减少；对捕捞实行捕鱼期与休渔期，并且设定捕捞限额、捕捞种类，适时放养鱼苗，使之持续繁殖；加强工业废水排放的管理，严禁污水未经净化而直接排放。

1.2.3 外商直接投资影响——以海水利用为例

我国海水资源丰富，资源利用率不高造成我国海水资源闲置。海水是取之不尽的水资源。开发利用海水代替淡水直接作冷却水，是缓解沿海城市淡水资源紧缺的重要途径，具有巨大的经济效益、社会效益和环境效益。但是随着人类开发规模的日益扩大，海水资源已受到人类活动的影响而逐渐被污染。海水水质(sea water quality)，作为衡量海洋环境污染程度的一个重要因素，是提升我国海水利用产业效率的重要基础。《海水水质标准》(GB 3097—1997)将海水水质分成了4大类：①一类，主要适用于源头水、国家自然保护区；②二类，主要适用于集中式生活饮用水地表水源地一级保护区、珍稀水生生物栖息地、鱼虾类产场、仔稚幼鱼的索饵场等；③三类，主要适用于集中式生活饮用水地表水源地二级保护区、鱼虾类越冬场、洄游通道、水产养殖区等渔业水域及游泳区；④四类，主要适用于一般工业用水区及人体非直接接触的娱乐用水区。很多学者认为，FDI在给发展中国家提供外商资金的同时，也带去了先进的技术、高效的生产率、一流的环境管理经验以及重视环境保护的理念。这样一来，开放的经济体制可以呈现出更为专业的分工，可以使人们在提高生产率的同时，使污染的治理也呈现规模效益递增。但是也有学者提出"污染产业迁移理论"或"污染产业雁行理论"，因为他们认为，FDI虽然会刺激经济的增长，但是也不可避免地会带来更多的工业污染和环境的退化，这在增加了企业生产成本的同时，也促进了更多污染型企业向发展中国家或者欠发达国家转移，使其成为污染天堂。与此同时，其他经济条件相似的国家为了保持自己的优势，也相应地降低自己环境管制方面的标准和底线，最终结果必然是全球的环境质量普遍下降。本书基于以上现象，对我国沿海省市的FDI与海水水质之间的关系进行实证分析。由于本书研究的是历年来我国沿海省市的FDI对海水水质的影响，因此本书选定的模型为时间序列模型[①]。实证分析发现，第四类和劣四类的近岸水域水质所占总水域水质的比例与历年我国沿海城市FDI总和互为因素关系，即我国沿海省市FDI引入量会对海水水质产生影响，

---

① 本书在探究我国沿海省市FDI对海水水质的影响时，将第四类和劣四类的近岸水域水质类别两种水质标准所占总水域水质的比例设为被解释变量Y，将历年我国沿海省市的FDI总和设为解释变量X。在时间序列数据基础上进行的实证分析具体步骤如下：a. 考虑到时间序列的异方差性，采取对方程两边取对数的方法进行回归；b. 运用格兰杰检验探讨FDI与我国沿海地区水质是否互为影响；c. 利用最小二乘原理对方程进行回归分析，以及进行显著性、拟合优度、序列相关性等检验，最终得出结论。

而海水水质的情况也反过来会影响沿海地区 FDI 的引入量。通过本书的研究结论可得出[①]，当沿海地区 FDI 增加 1%，沿海地区海水水质将恶化 0.57%；当沿海地区近岸海域的海水水质恶化 1%，我国沿海地区的 FDI 将减少 1.426%，即我国沿海地区水质每改善 1%将促进我国 FDI 增加 1.426%，说明水质的改善也能促进 FDI 的增长。从本书的实证分析和经济计量检验结果来看，我国沿海省市引入的 FDI 与我国的海水水质之间存在着相互影响的关系。基于此，在引入 FDI 时应考虑 FDI 除了带来经济利益之外，还会对我国的海水水质等资源环境产生什么样的影响，适当提高 FDI 的准入门槛。我国在引进外商资金时，要加大对外商筛选的力度。不能盲目地引进能提高我国 GDP 却对环境造成严重污染的 FDI，而应该引进较环保的、起点比较高的 FDI。与此同时，我国也应该加强对海水水质等环境方面的管制，减少自身的环境污染，提高污染排放标准，不至于将一些清洁、高效的外资企业拒之门外。只有这样，我国才可以既享受 FDI 对我国带来的经济效益，也可以保护当地的资源环境。在提升我国综合国力的同时，得到更高的国际地位。此外，我国应提高外商对我国环境保护与治理方面的投入，提高外资企业员工的环保意识，将污染控制在摇篮里。一方面，政府的管制在当前的形势下，应既不影响企业发展，又能在一定程度上保护环境。政府加大把关力度，适当提高 FDI 引入的标准，从而提高对污染严重的产业的准入门槛。另一方面，政府应加强对环境的管制，提高污染排放的标准，制定更高的规章制度，使污染排放得到更有效的控制。

1.3 产权理论视角下的海洋产业资源流失

财产权是一种经济个体对特定经济资源或物品拥有排他的支配使用权、自由出售和转让权以及收益的享用权。Demsetz(1967)认为，财产权是有形的商品或服务均附着的一种权利(a bundle of rights)，这些权利将决定资产的价值，当一笔交易在市场上议定时，就发生两束权利的交换。Becker 等在 1980 年和 1986 年的文献中提出了财产权构成的 11 种要素(Watson et al.，1980；Becker et al.，1986)[②]，因此，海洋产业资源的财产权也应该有相应的权利，并可以在市场上有所体现，本部分主要通过产权制度特征、委托代理视角和博弈方法视角三方面来进行产

[①] 最终模型结论为 $\ln SWQ=8.716627-0.566912\ln FDI$，即 FDI 增加 1%，我国沿海地区海水水质将恶化 0.57%；$\ln FDI=14.22898-1.426376\ln SWQ$，即 SWQ 恶化 1%，我国 FDI 将减少 1.426%，即我国沿海地区水质每改善 1%将促进我国 FDI 增加 1.426%，说明水质的改善也能促进 FDI 的增长。

[②] 其中包括对某物的占有权(the right to possess)、使用权(the right to use)、处置权(the right to manage)、收益权(the right to the income)、资本权(the right to the capital)、安全权(the right to security)、传承权(the power of transmission)、期间不定的所有权(the absence of term)、禁止有害使用权(the prohibition of harmful use)、执行债务权(liability to execution)、剩余财产权(residuary character)。

权理论分析。

1.3.1 产权制度特征

《中华人民共和国宪法》[①]规定,矿藏、水流、森林、山岭、草原、荒地、滩涂等自然资源,都属于国家所有,即全民所有。《中华人民共和国海域使用管理法》[②]规定,属于集体所有的森林和山岭、草原、荒地、滩涂除外,海域属于国家所有,国务院代表国家行使海域所有权。《中华人民共和国物权法》[③]规定,任何单位或者个人不得侵占、买卖或者以其他形式非法转让海域。三项法律均明确了海洋产业资源的所有权所有者为中华人民共和国,海洋产业资源实行的是国有化管理,国家是国有资产的产权主体。海洋产业资源的产权主体主要有国家,国家作为虚拟、名义上的主体,相应的部门作为国家的代理人代表国家享有初始的完整产权。当前,我国主要涉及海洋产业资源的行业管理部门包括渔业、交通、旅游、矿产、水利、土地、建设、环保等,各海洋产业资源管理部门具体职责见图1-1。

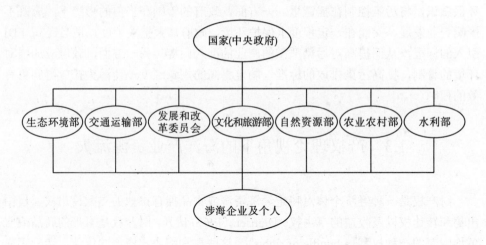

图1-1 国家现行主管海洋产业资源主体关系图

按照现行的以行业部门管理为主的管理模式,我国主要涉及海洋产业资源的部门约有十几个。部分海洋产业资源管理部门(中央级别)及职责如下。

[①]《中华人民共和国宪法》是中华人民共和国的根本大法,拥有最高法律效力。中华人民共和国成立后,曾于1954年9月20日、1975年1月17日、1978年3月5日和1982年12月4日通过4个宪法,现行宪法为1982年宪法,并历经1988年、1993年、1999年、2004年、2018年五次修订。

[②]《中华人民共和国海域使用管理法》由中华人民共和国第九届全国人民代表大会常务委员会第二十四次会议于2001年10月27日通过,自2002年1月1日起施行。

[③]《中华人民共和国物权法》是为了维护国家基本经济制度,维护社会主义市场经济秩序,明确物的归属,发挥物的效用,保护权利人的物权,根据宪法制定的法规。2007年3月16日,第十届全国人民代表大会第五次会议通过,中华人民共和国主席令第六十二号公布,自2007年10月1日起施行。

①自然资源部(国家海洋局),国家海洋产业资源所有权的主要代理人,对海洋产业资源进行勘查、管理和服务,同时也主管海洋环境的相关保护工作和海洋工程建设项目和海洋倾废工作;②交通运输部,主要对海上物流资源产权进行管理,具体包括海上交通、港口管理和综合运输体系规划协调等相关工作,例如船检、港监、海上交通安全、海事及商务海事处理,航道设施、救助打捞、安全指挥、海运环保等;③农业农村部,主要对渔业产业资源的相关产权进行管理,具体包括渔港、渔场监管,渔船海事查处,渔港环境及渔业资源保护等;④生态环境部,负责海洋环境保护;⑤文化和旅游部,负责组织海洋旅游资源的普查工作,指导重点旅游区域的规划开发建设等。

由于我国从中央到地方并未建立海洋产业资源综合协调管理机制,各个部门和行业分别制定各自的海洋产业资源利用计划和工作方案,相互之间会造成多种不协调甚至冲突。在我国的产权制度构建中,中央政府更多关注资源保护以及海洋资源利用在社会经济中的宏观调控作用;而地方政府、海洋产业资源的经营企业等则集中精力关注地方利益和企业自身利益。各利益主体越成熟,利益差异越明显,对产权需求的目标差异性越大,各自都希望海洋资源资产的产权制度能尽可能降低自己的成本,这样必然导致产权制度制定与实施的交易成本的增加,从而增加产权制度总成本。因此,在海洋产业资源的开发中,既有渔业部门,又有港口部门,还有旅游部门,甚至还有工矿企业、市政建设等参与。总的来说,由于海洋产业资源管理仍是以部门管理为主,不同的部门有着不同的资源开发利用价值取向(王淼等,2007a)。因此,人们就得出"公有公用"的概念和逻辑。而既然是公用,理性的经济人必然选择最大限度"损人利己"地利用资源,导致对海洋空间资源性资产的过度利用,提高资源损耗和环境污染的风险,"公地悲剧"必然发生。这就造成了现实海洋产业资源管理往往"一手软、一手硬"——重资源利用、轻环境保护;重短期利益,轻长期利益的局面(王茂军等,2001)。

1.3.2 委托代理特征

从委托代理理论来看,海洋产业资源管理体现出利益冲突、信息不对称和责任风险的特征。首先,委托代理下的利益冲突明显。海洋资源长期以来被人类使用,具有很高的使用价值,但其价值一直被海洋产业资源所有者忽视。海洋产业资源所有者是国家,其委托者为中央政府和地方政府,他们都不是能够代表出资者独立经济利益的单一委托人。委托代理理论下海洋产业资源流失的主要表现形式为海洋产业资源的价值流失。而国家在将资源进行转让时,忽视了资源补偿价值。虽然近几年国家逐渐将海域使用权、捕捞权、养殖权、矿产开采权、石油开采权的转让费用作为补偿费用,但其价值远未达到实际需要的价值量。海洋产业资源在被使用时,未考虑资源的机会成本和资源补偿成本。因此,资源的无价和低价转让导致了流失(王淼等,2007b)。

从信息不对称视角上看,现实中企业在进行海洋资源资产利用时,是否采取适度开采所带来的先期成本投入(环境治理、科技投入、设备引进等)的行为,国家往往采用设置部门进行监督。可是由于种种原因的限制(例如政治腐败、人类认知的局限性、能力水平的差异性等),并不能全部监督到位。因此,从国家(委托人)角度并不能掌握所有信息,因此,有可能会导致各部门为了获得自己的利益,就出现了低价转让的短期行为或涉海企业的过度开采,造成海洋产业资源的流失。

1.3.3 经济博弈特征

从经济博弈论的角度可以分析海洋产业资源不同民事主体的行为与海洋产业资源的关系。经济博弈分析方法的重要前提是假设理性经济具有不确定性和信息不对称性,其对海洋产业流失现象的解释能力才更有说服力。经济博弈分析的核心问题是博弈均衡,强调决策个体之间的相互作用和影响,分析决策个体(个体决策与集体决策)相互间的行动和选择行动策略,而使经济活动达到相对均衡的稳定(孔庆燕等,2006)。

我国海洋产业资源流失的过程也是一个博弈的过程。我国海洋产业资源属于国有资产,其权利方主要有产权主体国家、行业管理部门(自然资源部、交通运输部、农业农村部、生态环境部和文化和旅游部等)、地方政府、涉海企业和个人。围绕着海洋产业资源的所有权、经营权、收益权和管理权等,所有的民事主体都希望从海洋产业资源的改革中获取一定的利益。因此,政府各级监管机构、海洋产业资源的管理方、海洋资源企业经营者(包括职工)都为各自的利益进行了激烈的博弈,这种博弈也是市场经济环境下资源优化配置不可或缺的经济过程,见表 1-2。

表 1-2 海洋产业资源博弈分析

	行为选择模式一	行为选择模式二
国家(委托人)	$A-B$	A
涉海管理部门、企业和个人(代理人)	a	$a-b$
合计	$A+a-B$	$A+a-b$

资料来源:根据博弈矩阵分析程序所得[①]

[①] 行为选择模式一:对企业行为不加限制进行的海洋产业资源利用;行为选择模式二:对企业进行限制的海洋产业资源利用行为。A 为承包费用,具体表现为海域使用权、捕捞权、养殖权、矿产开采权、石油开采权的转让费用;B 为破坏环境,过度开采资源带来的未来生产力的破坏;a 为过度开采下收益;b 为适度开采所带来的的先期投入成本(海洋环境治理、海洋产业科技投入、大型设备引进等)。

假设企业的适度开采能够补偿资源开采所带来的生产力的破坏。从社会福利上看，两种选择的国家福利为 $A+a-B$ 和 $A+a-b$。如果 $B>b$，则第二种选择更好。但是具体选择哪种方案往往是由国家决定，显而易见，委托人(国家)希望采取第二种方案，而代理人(企业)愿意采取第一种方案。这样就产生了利益冲突。按照海洋产业资源的所有者(国家)所采取的第二种方案，国家收益为 A，企业收益为 $a-b$。从责任与风险上来看，海洋产业资源利用行为主要是国家和企业两方在现有的承包制度下所进行的。从资源利用角度来说，风险的表现形式为，资源的过度开发与利用破坏了未来的生产力，且这种风险全由委托人(国家)来承担，代理人(企业)并不承担。这就意味着，代理人在进行行为选择时，并不会考虑资源开采所带来的风险，而这是国家作为委托人(海洋资源资产的所有者)所必须考虑的问题。

1.4 不可抗力因素下的海洋产业资源流失

不可抗力原因导致海洋产业资源流失是指自然灾害、重大流行疾病、气候变化等不可抗力事件对海洋产业资源造成的损失。气候变化等不可抗力是不可避免的情况，因此，保护海洋产业资源，防止海洋产业资源的流失在很大程度上需要设计一套政策，使经济的弹性变化能够适应气候的改变。近期，国际上很多学者开始针对不可抗力因素对资源经济的影响，希望能设计适应气候变化的政策目标框架，以应对不可避免的气候改变。分析不可抗力因素对资源的影响，制定"适应性战略"是非常必要的(Buddelmeyer et al., 2008)。"适应性战略"有很强的经济特征，隶属于经济层面。因此，迫切需要开发诊断模型作为分析工具，用以评估气候变化给资源性产业带来的经济后果。

本小节利用经济理论，将国际贸易模型的比较优势理论中的理论模型和实证模型进行整合和测度，来分析气候改变对资源性产业的潜在影响和经济后果。

1.4.1 不可抗力对产业影响的理论

应用经济学家在利用比较优势理论分析各国的国际竞争力时提出，比较优势是不能直接观察的，且现实世界中很难衡量(Dummore, 1986)，因此，国际贸易理论研究总是在试图寻找比较优势的决定性因素，借此来确定比较优势。在众多分析比较优势的模型中，针对不同国家的研究，学者们采用的决定性因素不同，因此比较优势也有很大差异，其中将气候变化纳入比较优势的决定影响因素最为合适，这也将是本书重点关注的问题。这些理论包含新古典理论和后新古典理论。新古典理论包括李嘉图模型和赫克歇尔-俄林(HO)模型，反映了生产率的差异，一方面是由于不同的生产要素相对禀赋的差异，另一方便是由比较优势的决定因素的差异所带来的(Feenstra，2015)。另外，本书也参考了后新古典模型对气候变化影响的分析。后新古典模型来自于新古典模型，其基本假设在新古典模型基础上更加严格，例如采用特定因素或混合新古典模型。

最早的贸易模型来自于李嘉图，他提出单一要素决定比较优势，即在收益不变的情况下，不同国家的生产函数之间的差异产生了比较优势。Bhagwati 在 1964 年针对这个模型提出，当生产超过两种产品且数量都在增加的情况下，李嘉图所提出的"一国出口商品的生产要素生产率高于其进口商品的生产要素生产率"观点对现实的解释力不足，很难测度商品投入要素的量和出口成功的其他要素(Bhagwati，1964)。近期，对新古典理论主要应用的是 HO 模型，它以两个国家、两种商品和两个生产要素为主要框架，以两个国家要素禀赋不同和现有技术的规模回报率相同为假设条件。这很明显区别于李嘉图模型，HO 重点强调了在确定的贸易模型条件下要素禀赋差异的重要作用。HO 理论有两个主要模型，一个是 HOS 理论，即 Heckscher-Ohlin-Samuelson 模型，该模型假设每个国家都应该尽力出口那些使用密集且相对丰裕的产品；另一个是 Vanek(1968)提出的 HOV 理论，即 Heckscher-Ohlin-Vanek 模型，他将 HO 模型扩展为多个国家、多个产品和多种要素。Leamer 在 1980 年进一步扩展了 HOS 模型，他认为每个国家都尽力出口他们相对丰裕要素的服务，该理论提出，一个特定要素丰富的国家(例如劳动力)，其在消费某种产品和服务领域中的资本劳动力的比例大于生产某种产品和服务领域中的资本劳动力的比例，即该国将会进口资本与劳动力比率相对较大的产品，而出口劳动力与资本比率相对较大的产品(Leamer，1980)。

这些新古典模型和 HO 扩展模型对贸易模式的解释已经被很多学者研究，例如 Bhagwati(1964)、Deardorff(1984)、Baldwin(2008)、Kemp(2008)等。值得关注的是，两个 HO 扩展模型都与自然气候改变紧密相关，学者们从贸易模式的改变和要素回报率的影响的相关问题开始研究。首先是 Stolper 等在 1941 年提出的 Stolper-Samuelson 理论(Stolper et al.，1941)。该理论认为，一种商品相对价格的增加，将会成比例地提高该商品密集使用要素的实际收益，减少商品其他要素的实际收益。其次是 Rybczynski 提出，一种要素禀赋的增加将促进密集使用该要素的产业产出增长，并超过禀赋要素本身的增长，同时降低其他产业的产出(Rybczynski，1955)。Minabe 在 1967 年证明了 Stolper-Samuelson 和 Rybczynski 的理论在 $N(N>3)$ 种商品和 $N(N>3)$ 种要素的模型中的解释力度减弱(Minable，1967)。Ethier(1984)进一步扩展了这个假设，他提出在 $N\times N$ 的案例中，每一种商品中的要素组合都由一种丰裕要素"friend"和多种非丰裕要素"enemy"组成。在 N 种商品和 M 种要素的案例中，当 $N>M$ 时，HO 理论会一直有效，但是当 $M>N$ 时，HO 理论的解释力度会减弱很多。

从新古典理论的完美要素流动假说开始，Samuelson(1971)详细阐述了特定要素模型(specific-factors model)，该模型认为有些要素在使用它们的部门之外是不动的，而另一些则在各个部门之间保持完美的流动性。一些研究者［例如Mayer(1974)和 Mussa(1974)等］将这个发现定义为短期 HO 模型。Jones(1975)提出，一个 N 种商品和 $N+1$ 种要素模型，在 N 种商品中，每一个商品的生产要素中都包含一种专门生产这种产品的特定要素，其余要素在所有部门之间都是完全流动的。在这个概念框架下，Stolper 和 Rybczynski 的理论的解释力度薄弱，其主要原因是对于流动要素而言，Rybczynski 的理论是无效的(Feenstra, 2004)。通过特定要素方法，Abbott(1987)构建了农业比较优势模型，从短期来看的不可流动要素(例如土地)，在长期背景下通过投资也可以变成可流动要素。

大量模型利用的方法是将李嘉图模型和 HO 模型两种要素混合，学者们能够通过技术和禀赋的差异来解释贸易模式。Findlay 等(1959)最先尝试将生产率和丰富要素的影响整合在 $2\times2\times2$ 模型当中。Raa 等(1991)混合了 Heckscher-Ohlin-Ricardian(HOR)贸易模型，用来解释欧洲和印度之间的比较优势模式。还有很多学者在使用 HO 模型时，采取放松了特定生产技术的假设条件，例如，Trefler(1993)认为，生产要素增大时，允许生产率存在差异。在此基础上，Trefler(1995)消费偏好和国际技术差异被考虑到比较优势的研究中。Chatterjee 等(2006)提出了随机动态 HO 模型，该模型将随机因素建模为要素生产率模型，该模型是一个独立的同分布随机变量形式。

以上这些模型的应用都存在一种条件，就是对封闭条件下的价格模型的判断，即生产函数或要素相对丰裕决定了机会成本，而机会成本又进一步决定了产品的价格。然而，在实证检验以后发现，这些理论的解释力度不足。Leamer(2007)在这方面做了补救，他提出，理论是从现实中抽离出来的结构，我们不应该把实证检验看作理论有效或无效的标准，而应该把这些应用看作理论模型与现实逐步相符的一个过程。

总之，理论工作呈现出几个可以相互替代的不同贸易模式，可以用来描述现存的资源性产业比较优势的一些显著特点和影响因素。这些理论的重要性在于它们的可塑性，这表明可以通过增加或减少因素，整合比较优势模型或调整这些模型，以更明确地确定资源性产业比较优势的一些显著特点和影响因素。在资源性产业比较优势模型中，融合环境和气候改变的影响，构建自然气候影响资源性产业比较优势模型，同时也可以作为一种方法的理论，被用来处理与气候变化有关的问题。

1.4.2 不可抗力对比较优势的影响

针对自然气候对资源性产业比较优势的影响，本部分主要考察了环境在产业比较优势模型中的位置和作用。Pethig(1976)将李嘉图的比较优势模型应用到分析地区的环境政策差异的影响中。Siebert(1977)通过实证检验，验证一个国家生产一种污染环境的商品对贸易的影响。Grubel(1976)使用 HO 模型检验了贸易与环境之间的关系，他认为由于相对丰裕要素的减排活动密集，促使使用该类生产要素的污染活动减少，那么出口也会减少。

在这些理论基础上，McGuire(1982)做了进一步的扩展，他利用 Rybczynski 和 Stolper 理论，分析了国家间不同环境监管制度的福利影响。进一步，Copeland 等(2013)补充了 HO 模型，将允许污染成为第三投入要素，这意味着要素禀赋和环境政策也会影响产业的比较优势。从一般意义上来说，环境损害对福利有负面影响，也就是说，污染是典型的不利因素。为了进一步分析自然气候对产业比较优势的影响，最重要的工作是检验环境对要素禀赋、生产要素和生产率的损害，因为我们需要检验这些因素是如何影响比较优势的。在这个思想脉络里面，很多文献都试图将气候变化纳入一个理论框架，其中主要分为两大定量方法：①根据农作物反应模型分析气候变化给资源性产业中生产产量带来的变化；②将气候变化看作一个过程，气候变化的过程改变了生产要素，例如土地资源(耕地资源)、水资源(灌溉用水)和海洋矿物等可以作为特定区域的资源性产业的资源禀赋。

以农业资源性产业为例，Adams 等(1998)提出农作物反应模型(crop response models)，该模型可以作为分析气候变化对经济影响的有效工具。因为在一个区域的资源性产业中，产量是很容易被评估的，所带来的后果对市场的影响也就很容易被确认了，这就造成了气候变化影响资源性产业的产量，进而形成该产业的市场的气候影响经济的途径。早期，Adams 等(1990)利用气候变化影响二氧化碳浓度对美国农业的影响来分析其对经济的影响。Kane 等(1992)将世界农业生产区分成 13 个区域，通过将气候改变作为对产量有增加或减少作用的外生变量，来分析这 13 个区域的气候改变的福利效应。类似的方法也被 Reilly 和 Hohmann 所采用，他假设全球资源性产业产出的不同情况，来分析气候改变对经济的影响(Reilly et al., 1994)。

全球气候变暖对于不同区域会产生不同后果，从区域性的农作物反应模型的结果能够看出，气候改变对国际贸易中的一般均衡模型产生了影响，进而影响了资源性产业的比较优势(Rosenzweig et al., 1993, 1994)。Reilly 等(1994)利用农作物反应模型的一般均衡模型，建立全球食品市场的气候改变的全球福利效应。Gunasekera 等(2007)关注了澳大利亚的农产品贸易，通过农业差异化模型，分析气候改变对不同地区农业产量的影响。Heyhoe 等(2007)将气候改变的观察时间延长到 2030 年，通过对比两个具有可比性的澳大利亚广亩农业区的产品变化得出气候改变对资源性产业的全要素生产率的冲击。以上研究将气候改变纳入到了资源性产业的发展模型中，但忽视了资源性产业发展过程中资源供给的变化和重要性。

此外，大量研究使用广义的经验研究方法更多地关注气候改变对资源禀赋的影响，例如土地、水和气候条件等能够对资源性产业产生持续影响。Juana 等(2008)研究认为，气候改变作为外生变量对淡水资源有负向影响。Antle(1996)利用农业分层决策模型得出，气候变化对气候条件禀赋的影响是一个非平稳的随机过程。Tol(2002)的模型将气候变化对产业的影响设定为函数关系，该函数反映出资源性产业的生产因为偏离某一地区的最佳温度而发生变化。Leamer(1984)利用气候改变模型发现，由于资源性产业所处气候带不同，所产生的禀赋差异也会有很大的不同，因此带来了不同的贸易效应。Darwin 等(1995)将平均气温、降水量和生长季节作为划分土地类型的主要依据，据此模拟气候的变化，用以观察气候变化所带来的资源变化，及其对资源性产业生产、贸易和消费的格局影响。Julia 等(2007)扩展了 Darwin 等(2007)的结果，揭示了土地资源禀赋对贸易流量的影响。结合这两方面的内容，Stern(2006)认为气候改变对资源性产业产生影响主要有两个途径：①影响资源性产业的产量；②影响该产业的资源禀赋(例如土地资源等)。通过高纬度可耕土地的扩张，同时低纬度可耕土地由于海平面上升而减少，土地资源是可以改变的。根据资源性产业对资源依靠的特点，Garnaut(2008)认为，澳大利亚可利用的水资源(例如灌溉用水)存在减少的风险。

总之，目前的研究通过多种有关环境资源的方法，将气候改变纳入经济研究的框架中，但是在气候改变对产业产量和资源禀赋的影响研究中忽视了劳动力(例如农民、渔民和工人等)的作用，并在一定程度上夸大了气候改变的作用(Mendelsohn et al., 1999)。对于资源性产业产品的贸易、农作物反应模型和资源禀赋改变模型，类似于源自新古典贸易理论中的要素禀赋，劳动力也应该被考虑到这些经济分析的框架模型中。

1.4.3 不可抗力对资源性产业的影响

目前，有很多方法已经将气候改变、国际贸易和产业比较优势联系起来，并将其纳入统一分析框架。我们可以通过分析气候改变导致资源性产业的生产成本结构要素的改变开始。例如，在其他条件不变的情况下，气候的改变能够带来大规模农业生产率的降低，这将导致农产品生产成本的提高和国际竞争力的下降(Heyhoe et al., 2007)。考虑到竞争力和绝对优势具有相似性(Neary, 2003)，如果由于气候变化的影响，造成该地区资源性产业的生产成本提高，并高于其他国家，那么该地区的资源性产业的绝对比较优势在降低。比较优势的大小取决于该资源性产业拥有资源的相对量的大小。从这个角度上来说，一个地区在尽可能维持资源性产业的绝对优势时，损失了该产业的比较优势。因此，比较优势的减少等同于该资源性产业机会成本的增加，机会成本的改变能直接导致比较优势模式的改变。但这是一个理想的模式，因为机会成本是不可观察的，因此，必须去求助于可观察的因素来描述资源性产业的比较优势。

由于李嘉图模型很容易通过技术全要素生产率而得出，所以其结果经常用于表示技术上的差异(Echevarria, 2008)。气候变化也带来资源性产业生产技术的改变，因此全要素生产率的变化也可以被认为是气候变化的结果(Muller，2007)。这就意味着农作物反应模型很容易被纳入李嘉图模型框架。Bhagwati(1964)提出在李嘉图模型中，可以认为一个国家应该出口全要素生产率高于其他国家的产品。因此，资源性产业的比较优势主要依赖于保持该产业的全要素生产率和其他国家相比处于较高的水平。以农业为例，一个国家的比较优势依赖于农业生产率的变化和其他产业生产率变化的比值，如果一国的农业生产率虽然提高，但是提高的比率慢，那么这个国家的农业的比较优势其实在降低，且降低得很快(Anderson，1983)。从这个意义上来说，如果一个国家的农业具有比较优势，那么气候变化对农业的全要素生产率的负向冲击应该小于对其他产业全要素生产率的冲击。

在 HO 理论的框架中，本书利用 Rybczynski 和 Stolper 理论中气候改变会带来的潜在结果的预测。例如，Rybczynski 理论认为，资源性产业密集使用的要素禀赋(例如农业的可耕土地资源)的变化将会影响该产业产出的比例构成，这就意味着气候变化对资源性产业贸易格局的影响比生产要素禀赋的影响还要大。这个观点适用于特定产业特定要素的变化。例如，假设可耕土地作为农业产业的特定要素，其禀赋的减少将会导致可流动要素向其他部门流动，其他部门就会扩大生产。从前文提到的 HOV 模型的理论的推演过程中发现，所考虑的产品和要素的数量决定了该理论的应用性。当产品的数量大于或等于要素的数量时，HOV 理论对现实更具有解释力。在这个框架模型中，每一种产品都可以被描述成拥有"友好"要素和"不友好"要素，反之亦然，它随之产生了相对价格变化或要素禀赋改变的效果。这意味着，当考虑到比例条件时，这些理论可以被用来预测气候改变出现时带来的产出或者要素的回报率。

最后应用的方法是 HOR 模型，该模型综合了李嘉图和 HO 模型研究要素扩展情况下生产率的变化(Findlay et al.，1959；Trefler，1993，1995)。当这个方法应用于资源性产业的比较优势时，我们综合使用了李嘉图和 HO 模型的要素理论，构建资源性产业要素禀赋或生产变化模型。客观来讲，这两方面都可以用来描述"资源性产业的比较优势模型中的气候变化"。以农业为例，第一个角度是假设某类农业用地的单位产量是固定的，但是这些要素的禀赋是可变化的；第二个角度是利用农业反应模型，土地生产率的变化将会影响其基础生产要素的扩张。因此，使用 HOR 方法的优点在于，它为结合气候改变所带来的影响研究提供了可行性。

本小节对自然气候改变和资源性产业比较优势的理论文献作了梳理。在相关比较优势理论文献中，现存文献对贸易的决定因素存在过度解释。然而实证研究结果却发现，比较优势的理论对现实的解释是存在偏差的，充其量是部分解释了现实。本书的理论框架揭示了比较优势的决定要素和这些要素的存在意义。自然气候作为比较优势模型中重要的影响要素，它的有效性来自于自然气候的改变对于比较优势的影响。

考虑到资源性产业对自然资源禀赋需求的特殊性,自然气候对资源性产业的影响比其他产业更加明显。因此,中国海洋资源性产业的特点和问题也表现出了与文献调查区域的一致性。从相关的理论和实证研究可以看出,研究海洋资源性产业的自然气候影响的途径具有可实现性。由此可见,对此做进一步的研究是非常有价值的。

第 2 章 我国海洋三次产业资源现状分析

2.1 海洋第一产业资源现状分析

海洋第一产业资源主要有海洋渔业资源，包括海洋生物资源、海洋捕捞的渔场资源和海洋养殖海域资源。海洋生物资源具有明显的流动性，以获得海洋生物为基础的海洋第一产业资源与其他海洋产业资源相比更具有流动性，极易造成产权不清晰，造成海洋生物资源的过度开发，进而产生海洋物质资源的流失、海洋渔业工具的过度损坏、海洋渔场和海洋养殖海域的环境污染等使产生的资源价值减少的问题。因此，本书将从渔业物种资源、海洋渔业空间资源和海洋生态环境三个方面来说明我国现有海洋第一产业资源流失的现状。

2.1.1 资源现状

从海洋渔业物种资源上看，20 世纪 60 年代至今，我国近海捕捞对象从低层生物逐渐变为近海面生物。随着资源开发力度的盲目加大，我国大型底层经济价值较高的海洋生物逐渐减少。目前，中国海洋中最占优势的生物类群，从种数来看以大型的甲壳动物、软体动物和鱼类为主，分别有 4320、3914 和 3213 种；刺胞动物、多毛类环节动物以及单细胞的孔虫、硅藻类各有 1000 多种；棘皮动物、苔藓动物各不到 1000 种。但作为人类的主要海产食品和海洋资源量上来说，以鱼类最占优势。2007 年我国海鱼类捕捞量 822 万吨，约占全国海洋捕捞总产量 1243 万吨的 66.1%。其中，冷水鱼类曾有相当高的资源量和产量，1972 年黄海太平洋鲱产量高达 17 万吨，1960 年太平洋鳕产量 5 万吨。

2015 年的海洋生物普查发现，海洋濒危物种明显增多。在胶州湾沧口潮间带，各潮区生物群落生物种数锐减，数百种海洋生物已消失，许多海洋物种资源已严重衰退，有的重要经济资源枯竭严重，突出表现在大黄鱼、中国对虾、中国龙虾等物种上。大黄鱼，20 世纪高峰时年产量曾达到 18 万吨，产量连年减少，最新的调查显示，2015 年整个东海一年只能捕到 160 多条大黄鱼。中国对虾作为渤海湾的重要海产品，1979 年，年产量为 4 万多吨，2015 年，年产量却只有几百吨[①]。

---

① 中国生物技术信息网. 中国海洋生物物种多样性现状. http://www.oceanol.com/zhuanti/hyst1/wrwly1/2015-05-18/44973.html 【2018-07-06】

从养殖海域看，我国海洋养殖区域呈现过度开发与闲置并存的现象，海洋养殖资源生产效率低，养殖海域开发利用不平衡，主要有以下两方面：①发达沿海地区海域资源超负荷开发，网箱养殖等养殖量严重超出当地的最大养殖量；②发达沿海地区发展急需土地，填海造地增加海洋旅游区，扩大工业占用海域规模等都在增加发达地区的海域需求。因此，发达地区海洋养殖空间的需求矛盾越来越突出。目前，我国沿海海水养殖发展较快的山东、浙江、广东等地区的滩涂利用率已达60%，港湾利用率高达90%以上。而欠发达地区海域（例如广西）整体海水可养面积利用率仅15%。从我国沿海海域整体上看，海洋养殖海域大部分都集中在10~30米的近海区域，30米以上海域发展不足，而国外海洋经济发达国家，例如澳大利亚、新西兰等国家，海洋农牧场已开发至200米水深。因此，从我国海洋养殖海域看，呈现出两大特点：①内湾海域的密集利用与外部深海域开发不足；②发达地区海域的过度开发和欠发达地区海域的闲置。

从海洋捕捞海域看，我国海洋捕捞所使用的工具以拖网和张网为主。拖网，特别是底拖网，渔获选择性能最差，兼捕幼鱼情况严重，作业过程中还严重破坏海底地貌环境，造成渔场老化或衰退。底拖网渔船，特别是小功率拖网渔船发展过多，对沿岸浅海海区的海洋环境和渔业资源造成严重破坏。张网是以捕获游泳能力差的幼鱼幼虾为主的渔具，其破坏渔业资源的程度极大，对海洋生态系统已造成严重的损害。

从渔业水域环境污染看，海洋环境污染已成为我国海洋渔业资源衰退的重要原因之一。《中国渔业生态环境状况公报》显示，2013~2016年全国河口、海湾、滩涂湿地、珊瑚礁、红树林和海草床等海洋生态系统中，受环境污染、人为破坏、资源的不合理开发等影响，处于亚健康和不健康状态的海洋生态系统分别占66%~76%和10%左右，见表2-1。亚健康地区是指虽然生态系统基本能维持其自然属性，但是生物多样性和生态系统机构发生一定程度的改变；虽然生态系统主要服务功能尚能发挥，但是环境污染、人为破坏、资源的不合理开发等生态压力超出生态系统的承受能力。不健康地区是指生态系统自然属性明显改变，生物多样性及生态系统结构发生较大程度变化；生态系统主要服务功能严重退化或者丧失，环境污染、人为破坏、资源的不合理开发等生态压力严重超出生态系统的承受能力。

表2-1 2013~2016年我国海洋生态系统健康状态表

中国海洋系统健康状态	2013年	2014年	2015年	2016年
健康/%	23	19	14	24
亚健康/%	67	71	76	66
不健康/%	10	10	10	10

数据来源：《中国渔业生态环境状况公报》

从各个地区具体情况上来看,河口生态系统近五年一直呈现出亚健康状态,见表2-2。河口生物体内的重金属和石油烃残留水平较高,重金属主要是镉、铅、砷等。浮游植物密度高,呈现富营养化状态,鱼卵、仔鱼密度总体偏低,大型底栖生物密度和生物量偏低。2016年检测的海湾生态系统多呈现亚健康状态,辽宁沿海经济带的锦州湾和长江三角洲经济区的杭州湾生态呈现不健康状态。滩涂湿地生态系统一直呈现亚健康状态,含有铅和砷的重金属水平较高,浮游植物密度偏高,且呈现出植被面积减少的趋势。珊瑚礁生态系统常年呈亚健康状态,广东海洋经济综合试验区的雷州半岛西南沿岸和广西北部湾经济区的广西北海珊瑚礁生态系统活珊瑚盖度呈现出增加趋势,但海南东海岸和西沙珊瑚礁生态系统活珊瑚盖度和种类仍然处于近10年来的较低水平。

表2-2 2013~2016年中国典型海洋生态系统基本情况表

生态系统类型	所属经济发展规划区	2013年	2014年	2015年	2016年
河口	辽宁沿海经济带	亚健康	亚健康	亚健康	亚健康
	北戴河新区	亚健康	亚健康	亚健康	亚健康
	黄河三角洲高效生态经济区	亚健康	亚健康	亚健康	亚健康
	长江三角洲经济区	亚健康	亚健康	亚健康	亚健康
	珠江三角洲经济区	亚健康	亚健康	亚健康	亚健康
海湾	辽宁沿海经济带	不健康	不健康	不健康	不健康
	天津滨海新区	亚健康	亚健康	亚健康	亚健康
	黄河三角洲高效生态经济区	亚健康	亚健康	亚健康	亚健康
	长江三角洲经济区浙江海洋经济发展示范区	不健康	不健康	不健康	不健康
	浙江海洋经济发展示范区	亚健康	亚健康	亚健康	亚健康
	海峡西岸经济区	亚健康	亚健康	亚健康	亚健康
	珠江三角洲经济区	亚健康	亚健康	亚健康	亚健康
滩涂湿地	江苏沿海经济区	亚健康	亚健康	亚健康	亚健康
珊瑚礁	广东海洋经济综合试验区	健康	亚健康	亚健康	健康
	广西北部湾经济区	健康	亚健康	亚健康	健康
	海南国际旅游岛(海南东海岸)	健康	健康	亚健康	亚健康
	海南国际旅游岛(西沙珊瑚礁)	亚健康	亚健康	亚健康	亚健康
红树林	广西北部湾经济区(广西北海)	健康	健康	健康	健康
	广西北部湾经济区(北仑河口)	健康	健康	健康	健康
海草床	广西北部湾经济区	亚健康	亚健康	亚健康	亚健康
	海南国际旅游岛	健康	健康	健康	健康

数据来源:《中国海洋环境状况公报》

最后，综合以上分析看，我国现有海洋渔业资源总体开发力度逐渐增强，海洋渔业产量稳步增长。据《2017年中国海洋经济统计公报》，2007~2017年海洋渔业全年实现产值从1904亿元增加到4676亿元，可以说产量、产值纪录不断刷新。但是在这背后，我国海洋渔业资源海洋濒危物种明显增多，各地区生物种数锐减，数百种海洋生物已消失；海洋养殖区域呈现过度开发与闲置并存的状态，海洋捕捞过程中底拖网渔船发展过多，海底地貌环境破坏严重，渔场老化或衰退；海洋生态系统已造成严重的损害，大部分海洋生态系统常年处于亚健康和不健康状态。

2.1.2 原因分析

海洋第一产业资源以海洋渔业资源为主。海洋渔业资源具有公共资源属性特点，且具有明显的流动性，因此以获得海洋生物为基础的海洋第一产业资源与其他海洋产业资源相比更具有流动性的特征，极易造成产权不清晰。根据海洋渔业资源复杂的公共性质，又可以将其分为具体四种情况（图2-1）：①渔民之间的共享资源；②发生在两个地方政府之间的共享资源；③地方政府与中央政府之间的共享资源；④在公海之间的共享资源。海洋捕捞所带来的海洋资源流失是由于近海渔民争相捕捞而开发过度，同时由于技术能力低下产生深海开发不足而无法和其他国家共同享有深海资源。海洋养殖产生海洋资源流失是由于浅海区渔业养殖户在养殖过程中无视环境而产生的富氧化和深海区海洋农牧场开发的不足所带来的资源的闲置造成的。截至2006年，已经消失的渔场有辽东湾渔场、莱州湾渔场、滦河口渔场、海洋岛渔场、渤海湾渔场和海州湾渔场等，而另有多个渔场如今也面临衰退的危机。无论是海洋捕捞还是海水养殖，海洋第一产业资源流失存在两个规律性特点：①渔民之间的共享资源和地方政府之间的共享资源的产权不清晰造成近海资源过度开发和环境污染；②海洋第一产业技术创新力不足而产生的资源利用率不足或闲置而造成的生产率低下。

图2-1　海洋第一产业资源经济利益主体关系图

1. 产权模糊导致经济外部性

海洋渔业资源过度捕捞和海洋养殖环境污染造成海洋渔业资源流失。由于海洋第一产业资源属于公共物品的范畴,海洋第一产业资源主要是渔业资源,其中包括洄游性鱼类资源。因此,海洋渔业资源很难建立有效的产权,且监视资源开发活动和保护渔业资源都具有相当大的难度。由此,无论是海洋捕捞的过度"一网打尽",还是海水养殖所带来的环境污染,私人对海洋资源的破坏或过度开发,后果全部由整个社会成员分担,近海资源渔民之间的共享资源和地方政府之间的共享资源皆有此特征。借鉴斯密德(1999)的观点,渔民或地方政府在谋求自己的权利时,往往使自己的需求得到满足而不会考虑别人的利益,因此会刺激其他渔民或地方政府对渔业资源的过度开发,而谋求自己利益最大化。海洋渔业资源的特点决定了为了消除或减弱过度开发和环境污染,必须建立产权。

一般渔业资源的开发都遵循渔政主管机关—渔业组织—渔民三层结构的渔业权的模式,国家是渔业产权的"所有者",地方政府是渔业产权的"经营者",产权的分配流程见图 2-2。

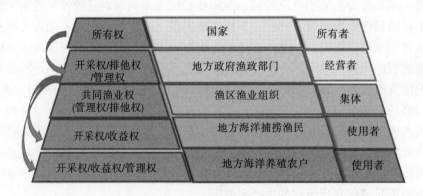

图 2-2 我国现行海洋渔业资源经济利益主体各级产权关系图

从图 2-2 可以看出,我国现行的海洋渔业资源产权关系:①国家即中央政府是渔业资源的"所有者",拥有包括所有权在内的一切权利,国家通过授权、许可等方式将开采权、排他权和管理权授权给地方政府和渔政部门,但是保留了转让权。②地方政府和渔政部门作为海洋渔业资源的经营者,将开采权和排他权进一步分配给"权利使用者",即地方海洋捕捞渔民和地方海洋养殖农户。但是按照原有产权制度,应当将地区的管理权和排他权分配给地方渔业组织的步骤忽略,因此,我国当地渔业组织作为渔区的集体组织,并没有管理海洋渔业资源的权利,也就是对关键设施的建设和资源维护的权利,这些权利仍然保留在地方政府机构手中。③一般意义上,渔民作为海洋渔业资源的使用者,拥有开采权、收益权和管理权。现实实践过程中，捕捞渔民和养殖渔民利用资源的形式有所不同。海洋捕捞渔民有权对地方政府或渔政部门授权给他的渔区进行渔业资源开采并拥有收益权；海洋养殖农户有权对地方政府或渔政部门授权给他的海区进行渔业资源管理，开发渔业资源并拥有收益权。

国家即中央政府是渔业产权的"所有者"，地方政府是渔业产权的"经营者"，中央及各地方的渔政主管机关代表中央政府和地方政府"所有者"和"经营者"的权利，渔业组织拥有"集体选择权"和渔民是最终的"权利使用者"。国家通过授权、许可等方式将部分权利转让给"经营者"，地方政府作为"经营者"在其获得权利后会将权利进一步分配给渔业组织，渔业组织拥有基础设施建设权和渔业资源维护的决策权，权利的最终使用者——渔民在进行渔业捕捞和渔业养殖时，需要遵守渔业组织的操作规则，在此基础上利用自己的技术收获资源和利用资源。但是，我国现行的海洋渔业资源产权制度中，渔业权固有的残缺性非常明显，渔业组织并没有被授予基础设施建设权和渔业资源维护的决策权，也就是说，我国现行的海洋渔业资源产权制度舍去了共同渔业权，而采取了由渔政主管部门直接将渔业权授予渔业经营者的制度，这就使渔业组织的权利被弱化。渔业产权由国家向各权利人分配，在分配过程中产权边界不清晰导致了经济外部性，产生了以下问题：

(1)海洋渔业资源共享性意味着在具体渔区内的渔业资源由多个渔民共享，产权界定不够明晰，从而使海洋渔业资源具有公共资源性质，形成公地悲剧，使资源开发中的分配性努力超过生产性努力，海洋渔业资源的持续供给被滥捕行为所伤害，最后造成所有渔民的共有的渔业资源流失。我国海洋渔业资源的具体管理者是地方政府，各地方政府对 GDP 的追求促使其更加关心眼前的渔业经济增长而忽视可持续发展，对渔民的过度捕捞和养殖户的环境污染重视不足。因此，有效管理渔业资源的制度核心是建立集体资源排他性产权，明确集体产权对渔民行为的管理和约束，形成地方渔业组织对地方渔业资源的保护。

(2)中央政府下放权力给地方政府和地方政府分配资源给渔民的过程中都存在低效率问题。我国海洋渔业资源的具体管理者是地方政府和地方渔政部门，对海洋资源的管理存在区域分割的特征，区域分割产权制度决定了资源的分配按照地域和行政区划进行划分，这样渔业资源的使用由于地域行政原因而存在局部垄断，使竞争机会不均等。与此同时，各地区资源内部分配的依据也不是以使用效率的高低为准，而是与其他外在因素有关。机会的不均等引起各利益主体之间摩擦，演变成机会的竞争带来效率配置低下，非使用效率的竞争，进一步促使资源的低效利用。

2. 技术落后造成资源闲置

我国海洋第一产业技术创新力不足是造成我国海洋第一产业资源流失的重要

原因。我国海洋第一产业创新力不足产生两个问题：①我国30米以外海域海洋渔业资源闲置；②30米内海域海洋养殖生产率低，环境污染而产生收益率低下，造成资源流失。我国目前的海水养殖技术处在传统渔业阶段，和发达国家相比，养殖技术落后，急需从传统渔业向现代渔业转变，海水产品急需向高科技含量方向转变。由于海水养殖技术的落后，海水养殖海域等海洋渔业资源没有实现其应有的价值。我国发达地区海洋养殖空间的需求矛盾越来越突出，目前，沿海海水养殖发展较快的山东、浙江、广东等地区的滩涂利用率已达60%，港湾利用率高达90%以上。而欠发达地区海域（例如广西）整体海水可养面积利用率仅有15%。从我国沿海海域整体上看，海洋养殖海域大部分都集中在10～30米的近海区域，因此，海洋养殖技术的落后导致单位海域面积的生产率和收益率都没有达到预期，产生海洋渔业资源流失现象。

海洋渔业养殖的产出率直接影响整个渔业，养殖产业科学技术包括养殖技术、饲养生产技术、病害技术和对不可抗力的预测等。我国养殖行业首先需要提高养殖育苗技术。目前，养殖技术主要问题是：①未经选育而进行累代养殖，近亲繁殖严重，品种退化严重；②需要病害防治问题的技术提升，海水养殖业的主要问题是病害问题，几乎所有的养殖品种的开发和改良最后的最大困扰是病害防治技术；③饲养生产技术直接影响海洋养殖行业的产出率，饲养生产技术的落后，导致养殖渔业生长减缓、个体小和抗逆弱等问题，直接影响养殖业的发展，直接影响我国海洋农牧化发展。目前我国沿海区域，海岸30米以外海域开发不足，而国外海洋经济发达国家（例如澳大利亚、新西兰等国家），海洋农牧场已开发至200米水深。因此，我国海洋养殖行业急需发展现代化的海洋农牧业，以解决外部深海域开发不足的问题。减少我国海洋渔业资源流失的重要途径是技术创新，本书提出要统筹我国各个地区海洋养殖与海洋捕捞的原有基础和现实优势，拟以海洋第一产业集群化模式进行管理创新和技术创新。只有走创新之路实现各项创新要素的全方位优化，促进海洋第一产业的转型，才能提高我国海洋渔业资源生产率和收益率，减少海洋第一产业资源流失现象。

总之，海洋第一产业资源流失的主要原因有：①渔民之间产权不清晰，渔民在进行捕捞时，尽可能多地捕捞以实现自身利益最大化，并且多个渔民的捕捞选择是相互影响的，一旦有一个渔民选择过度捕捞，其他渔民也都会效仿。因此，需要对渔民行为进行监督，以渔业组织为代表的集体产权能够通过建立行为守则和相互监督机制对渔民行为进行约束。②外部性的存在，地方政府为追求最大政绩，而忽视中央政府的监督惩罚制度，而且地方政府之间的非合作的行为会带来更高的渔民捕鱼水平和养殖户的排污量，不利于保护海洋渔业资源。因此，建立具有集群特点的渔业集体组织，跳出政绩锦标赛是可以尝试的途径。③海洋第一产业需要从养殖技术、捕捞技术到远洋渔业和海洋农牧业进行全面创新，提升近海资源利用率，开发远洋渔业和深海养殖，实现海洋第一产业各项要素的全方位创新，这就需要海洋第一产业的集群式创新，形成技术创新和管理方式创新的全方位形式，防止海洋第一产业资源流失。

2.2 海洋第二产业资源现状分析

本书将海洋第二产业开发利用所需的海洋资源定义为海洋第二产业资源，其中主要产业包括海盐及盐化工业、海洋油气业、滨海砂矿以及海水直接利用等行业。海洋第二产业资源包括海洋物理(能源)资源、海洋化学资源、海洋地质(矿产)资源和海洋油气资源。可以看出，海洋第二产业资源分为以下类型：①具有地质特性的海洋矿物资源，例如锰核、石油、天然气、矿砂、底砂等；②具有可再生属性的海洋能源，如海洋物理(能源)资源，例如发电、波浪发电、潮汐发电、温(盐)差发电等；③具有极大开发利用潜力的海水利用产业资源，例如利用海水提取淡水，海水冷却核电厂发电机组及其他机械，海水脱硫、冲洗、稀释等产业所用海水资源。因此，本书将从海洋物理(能源)资源、海洋矿物资源和海水利用产业资源三方面来说明我国现有海洋第二产业资源的现状。

2.2.1 资源现状

1. 海洋矿物资源

中国有面积 100 多万平方公里的水深小于 200 米的近海大陆架。其中，在辽东半岛、山东半岛、广东和台湾沿岸有丰富的海滨砂矿，主要有矿砂、底砂、金、钛铁矿、磁铁矿、锆石、锰核、独居石和金红石等。含油气远景的沉积盆地有 7 个：渤海、南黄海、东海、台湾、珠江口、莺歌海及北部湾盆地等，总面积约 70 万平方公里，并相继在渤海、北部湾、莺歌海和珠江口等盆地获得工业油流。世界上陆域经济急速发展，后备矿物资源严重不足，陆域资源勘探开发转向海洋尤其是转向深海已成必然趋势，其中，具有典型代表的是海洋矿产资源和海洋石油资源。海洋矿物资源是海滨、浅海、深海、大洋盆地和洋中脊底部的各类矿产资源的总称(李科静，2016)。随着经济的发展，在陆域矿产资源匮乏的背景下，加快海洋矿物资源开发，成为我国各地区缓解资源匮乏的重要途径。早在 1993 年我国就已成为石油净进口国，且进口的缺口逐年递增，海洋油气资源勘探开发业异军突起，已成为我国海洋经济的支柱产业。在世界范围内，海洋石油也已经成为各国争夺海洋资源的重点。随着开发程度不断加深，海洋矿产资源和海洋石油资源在开发中流失的问题最为明显，主要表现有三种情况：①海洋矿物资源具有明显的产权特征，产权不清造成的资源流失；②周边国家的违法开采和掠夺造成资源流失;③勘探开发技术落后造成资源流失。

(1)我国海洋矿产资源开发总体开发不规范,各地区频繁出现无节制开采问题。①我国对于海滨砂矿的开采,很长一段时间采用无偿使用制度,国家、集体和个人在具体的开采活动中,权属不清晰,例如一些沿海地方错误地认为与之毗邻的海域属于本地方、本企业甚至个人所有,擅自占用或者出让、转让、出租海域,无偿使用海域,国有企业在处置海洋矿物资源所代表的产业资产时,没有将国有海洋矿产资源完整体现。不仅造成国有海域资源性资产流失,也加剧了乱占海域、乱垦事件的发生,造成海域资源衰退和海洋环境恶化。②我国海洋石油资源的开发主要以国家为代表进行,但是油气资源丰富的南海和东海最近几十年成为周边国家关注的重点,海洋相互连通的自然特性使海洋油气资源具有了明显的公共物品特性,其开发利用极易产生负外部性影响,造成"公地悲剧"。虽然,当前世界范围内已经出台了不少相关的法律法规,国际组织对海洋矿物资源开发利用做出了一定的约束性规定,但实际上,各国掠夺式开发有禁无止。

(2)我国海洋矿产资源在开采过程中往往存在采富弃贫、只开采其中的几种甚至一种矿物,将其他矿物废弃的情况,导致其他的矿种被破坏等问题,例如海南省在砂矿开采工作中,作业者乱挖乱堆,不仅破坏了当地的自然生态,也出现了海砂向耕地移动,将良田掩埋的现象。就海洋矿产公司、集体企业和个体而言,大多数采用土法采选,机械化甚至半机械化生产还没有普及,如果采用浮选、磁选和电选等方法进行精选,总回收率可达 40%~50%,而我国海洋矿产资源的回收远远低于世界水平。从表 2-3 可以看出,我国海底矿产业和海洋石油业产值逐年增加,产量逐年升高,在海底矿产和海洋石油业技术还没有重大发展的前提下,其自身的运营成本较高,开发效率低下,为获得利润而不得不破坏环境来开发海洋矿产资源和海洋石油业,因而造成海洋矿产和海洋石油业资源流失。

表 2-3 我国海洋矿产业和海洋油气业全年实现增加值

海洋矿产业	2010 年	2011 年	2012 年	2013 年	2014 年	2015 年	2016 年	2017 年
年增加值/亿元	21	49	61	49	53	67	69	66
增长率/%	7.5	0.5	17.9	13.7	13	15.6	7.7	5.7
海洋油气业	2010 年	2011 年	2012 年	2013 年	2014 年	2015 年	2016 年	2017 年
年增加值/亿元	1302	1730	1570	1648	1530	939	869	1126
增长率/%	53.9	6.7	-8.7	0.1	-5.9	-2	-7.3	-2.1

数据来源:国家海洋局官方网站数据计算所得

(3)技术低下产生的流失。世界上发达国家,海洋科技进步对海洋经济的贡献率已超过 50%,而我国目前不到 30%。海洋科技的落后导致我国海洋矿产资源和海洋石油资源开发和利用的效率低下,进而造成了海洋矿产资源和海洋石油资源的相对流失。全球海洋矿产资源根据矿产的产出情况可以分为滨海砂矿资源、海底矿产资源和大洋矿产资源等。滨海砂矿资源和海底矿产资源通常分布在沿海国家的领海或者专属经济区内；大洋矿产资源则多数分布在国际公海区域内，只有少部分分布在国家专属经济区范围内。世界上发达国家在滨海砂矿开发和选矿技术上基本实现了机械化和自动化，且水上水下均可以进行开采，如日本多用抓斗式和吸扬式挖泥船，功率大、效率高、砂矿回收率高。与发达国家相比，我国海洋矿产资源的开发还处于初级阶段，科技研发水平低于世界水平，勘探深度没有达到发达国家的技术水平，由于缺乏实测图纸、数据不准确，我国滨海砂矿仍限于露天开采，水下采矿尚少。海洋矿产业的国际竞争力不足，致使我国海洋矿产资源在世界海洋矿产资源开发当中占据的比例较低。海洋油气资源开发和利用的科技水平决定资源利用空间、利用效率和经济效益。海洋浅海隐蔽油气藏勘探技术和稠油油田提高采收率综合技术，决定着我国海洋油气资源的开发程度和利用效率；深水区油气资源勘探开发已经成为中海油等企业未来的发展方向之一，海洋油气资源勘探开发技术，决定着我国新兴海洋产业的发展水平和我国海洋产业结构层次。由于技术低下，我国家专属经济区范围内的海洋矿产资源和海洋油气资源的勘探和开采出现落后或闲置现象，造成了资源流失。

2.海洋物理(能源)资源

海洋物理(能源)资源是具有可再生属性的海洋能源，例如波浪发电、潮汐发电、温(盐)差发电等。它既不同于海底所储存的煤、石油、天然气等海底能源资源，也不同于溶于水中的铀、镁、锂、重水等化学能源资源，是一种"再生性能源"，永远不会枯竭，也不会造成任何污染。它有自己独特的方式与形态。例如，可以利用潮汐、波浪、海流、温度差、盐度差等方式表达的动能、势能、热能、物理化学能等能源，这些海洋能源资源包括潮汐能、波浪能、海水温差能、海流能及盐度差能等，它们分布在中国 3.2 万千米的海岸线上，我国可开发海洋可再生能源丰富，见表 2-4。目前我国已经成为全球最大的可再生能源投资国[①]，2017年我国可再生能源投资额比 2016 年增长 31%，达到创纪录的 1266 亿美元。

但是我国海洋能源资源也存在很多问题，海洋可再生能源的流失主要有以下表现形式：①海洋能项目研发"止步不前"。2017 年我国在可持续能源投资中，风能和太阳能两大能源领域的项目投资占了投资总额的 97%，而海洋能源、地热能等仅占 3%，绿色能源的所有研发领域中，只有对海洋领域的研发投资额停滞不前[①]。《全球可再生能源投资报告》中指出，海洋领域能源开发相关公司破产的主要原因是缺乏承担海洋设备风险的能力，例如，波浪能发电具有不稳定性和巨大的技术风险，因此该领域技术研发一直停滞不前，虽然我国是利用潮汐能的领

---

① 联合国环境署.2018 年全球可再生能源投资趋势. https://max.book118.com/【2018-04-08】

先国家,早在 20 世纪 70 年代,就有超过 10 所潮汐发电厂建成。然而,由于技术落后,主电机维护不足,效益比低,造成灌溉和水运之间的运输和操作冲突等,目前大都已经停用。②海洋能项目发展缺乏系统性,我国有丰富的海洋能源,拥有巨大的潜力来发展海洋可再生能源。但是我国海洋能源的资源分布非常不均匀,研究和开发海洋能源仍处在初级阶段。海洋能的开发不仅仅需要海洋能源的直接技术,还需要关于海洋材料的海洋化工,关于海洋强度的海洋力学等有关科学的跟进。此外,还应该关注海洋可再生能源的政策,海洋可再生能源开发的相关法律、法规和海洋能源开发的各种经济条件等。因此,中国海洋可再生能源的研发需要系统性、战略性和整体性。

表 2-4　各类海洋物理资源全球总储量和我国可开发储量

类别	潮汐能	波浪能	温差能	盐差能	海流能	化学能
全球储量/亿千瓦	17	20	100	20		
我国可开发量/亿千瓦	1.1	0.23	1.5	1.1	0.3	0.18

数据来源:《2005 年全球海洋可再生能源报告》

3. 海水利用产业资源

海水利用产业极具开发潜力,海水利用产业是解决我国沿海地区水资源短缺的重要途径,同时也可以应用到海水冷却核电厂发电机组及其他机械、海水脱硫、冲洗、稀释等产业。我国有海岸线 3.2 万千米,有丰富的海水资源,海水利用产业具有极大开发利用潜力。2016 年我国海水利用产业全年实现增加值 15 亿元,比 2015 年增长 6.8%,截至 2016 年底,已建成海水淡化工程 131 个,产水规模 118.81 万吨/日,最大海水淡化工程规模为 20 万吨/日。主要采用反渗透和低温多效蒸馏海水淡化技术,产水成本 5~8 元/吨。海水直流冷却、海水循环冷却应用规模不断增长,年利用海水作为冷却水量达 1201.36 亿吨,新增用量 75.70 亿吨/年[①]。但是,我国海水利用产业也存在很多问题,海水利用资源的流失主要有以下表现形式。

(1)我国海水资源丰富,资源利用率不高造成海水资源闲置。海水是取之不尽的水资源,开发利用海水代替淡水直接作冷却水是缓解沿海城市淡水资源紧缺的重要途径,且具有巨大的经济效益、社会效益和环境效益。但是,我国海水淡化技术研发投入不足,海水淡化基础研究相对薄弱。目前,我国应用传统的海水冷却技术存在海洋生物不易控制、排污量大、海体污染明显、总体费用高的弊端。国外从 20 世纪 70 年代开始研究更为经济合理的海水循环冷却技术,并得到实际应用,而我国海水循环冷却技术目前处于起步研究阶段。在国外,许多拥有海水资源的国家,工业用水量的一半为海水,主要作工业冷却水。然而我国海水取用

---

① 国家海洋局. 2016 年全国海水利用报告. http://www.soa.gov.cn/【2017-07-19】

量很少,影响我国海水直接利用推广的原因,主要是没有成套经济系统的海水冷却技术指导实际应用。截至 2016 年底,我国沿海缺水城市和海岛积极打造海水利用产业集聚创新平台。目前天津和杭州的海水淡化产业基地已经建成投产,但与我国海水资源量相比还远远不足。

(2) 我国海水化学资源的开发和综合利用不足也造成了我国海水资源的流失。海水是化学资源的宝库,含有丰富的食盐、钾盐、溴素等。在近十年来,国外海水化学资源利用技术有了较快发展,不但在提取钾、锂的技术上有了新的发展,而且在合成开发研究新的无机吸附材料方面有了新的突破。虽然我国年产海盐居世界首位,但是晒盐后产生的苦卤弃之未用,不但造成资源的严重浪费,而且将危及近海区域的海洋生态平衡。目前,我国是一个严重缺钾的国家,除了青海盐湖的钾盐可供开发外,大部分依靠进口。因此,海洋化学资源的利用可通过钾、镁和溴等资源的开发,带动一批新的加工产业和相关产业,实现海水化学资源综合利用技术的产业化、国产化和国际化,促使我国海水资源的充分利用,减少海水化学资源的流失。

2.2.2 原因分析

海洋第二产业资源包括海洋矿砂资源和海洋能源。我国海洋资源丰富,管辖 300 万平方公里的海域,但是由于现有条件有限,可以开发并有效利用的海洋矿产资源和海洋油气资源等海洋能源非常有限。我国海洋矿产资源的开发利用,长期存在粗放型开发和低效率利用的问题,归根到底是目前执行的海洋矿产资源产权存在残缺性等问题,致使海洋矿产资源的利用效率低下。海洋油气资源等海洋能源的开发和利用面临的主要问题是开发能力有限、缺乏创新平台和系统性技术创新,因此无法充分开发我国现有的海洋能源,致使不得不面对海洋能源闲置或被周边国家掠夺的现状。海洋第二产业资源流失有以下原因。

1. 产权分散弱化产生资源流失

我国海洋矿产资源属于国家所有,国家是海洋矿产资源资产的最终所有者,国家是全体国民的代表,然而全体国民只是"虚拟所有者",对于每个国民而言是无法行使其对海洋矿产资源的所有权和控制权的,只能由国家代为行使委托人的权利,国家进一步委托给中央政府、地方政府以及各级矿产资源管理部门。目前,我国大部分的海洋矿产资源的产权主体是国有企业,例如中国石油、中国石化和中国海油等国有企业。从国家财政部和税务总局在 2003 年下发和 2006 年增补的《海上石油开采企业名单》中可以看出,大部分都是国有控股企业。对于一般海洋矿产资源的开采权利,国有企业也拥有优先开采权。虽然,海洋矿产资源的开采主体是国有企业,但是在我国目前国有管理体制下,各级政府也同样代表着国家,也可以被称为海洋矿产资源的所有者。但是具体权能被分解到各个地区的具体不同职能部门,最后的结果是国家所有的海洋矿产资源所有者权能被极度分散,同时国有企业等也会因为多头管理而产生一系列问题。我国现行海洋矿产资源管理关系见图2-3。

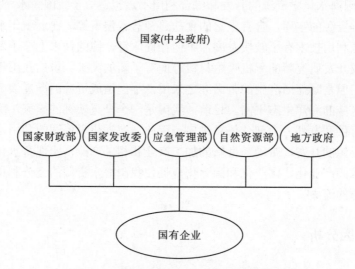

图2-3 我国现行海洋矿产资源管理关系图

(1)国家海洋矿产资源所有权被弱化。截至2017年,我国现行海洋矿产资源管理体制规定国家拥有海洋矿产资源所有权,具备海洋矿产资源的一切权利,同时,国有企业作为海洋矿产资源的开发使用者,对海洋矿产资源拥有使用权和收益权。

在国家和国有企业之间,由自然资源部、国家发改委、应急管理部、国家财政部和地方政府等代表国家具体行使所有权(包括监督、管理、收益、投资等权利)。例如,在我国的海洋矿产资源开发过程中,自然资源部负责行使海洋矿产资源管理监督权;国家财政部门通常享有收益权;国家发改委负责海洋矿产资源开发项目的立项投资权;应急管理部负责国家海洋矿产资源开采过程的安全过程。除此之外,国家其他相关部门和地方政府都可以根据一定的行政权介入到所有者权能的分割中,享有对国家海洋矿产资源资产投资、收益和处分的权力。在这个过程中,原本完整的国家海洋矿产资源资产所有权分散在各级政府的各个部门。国家所有权被各个部门极度分散而产生产权削弱。

(2)海洋矿产资源开发企业被多头管理,效率低下。我国海洋矿产资源这种所有权的多元化分散格局,不仅不能保障国家的所有者权益,而且各个部门在行使权利时,极易产生相互推诿、权利重叠以及"委托代理矛盾"等现象,在很大程度上妨碍国有企业作为海洋矿产资源的开发使用者对海洋矿产资源行使的使用权和收益权的权利,成为其组织经营管理活动的障碍。

(3)海洋矿产资源的产权管理需要区域整体性,以避免经济负外部性的产生。随着世界各国对海洋矿产资源的需求越来越大,海洋矿产资源的开采已经成为各国积极发展的新兴产业,世界各国在积极开发海洋矿产资源的同时,也非常注重保护渔业和海岸等资源。但是,我国的海洋矿产资源的开采缺乏系统性和整体性,更缺乏科学指导下的宏观管理,各个行业相互争夺资源,产生对海洋资源违法开发和无序开发的问题,造成海洋资源的整体流失。海洋矿产资源的开发必然要占用一定的海域空间,掠夺式开发势必会造成海洋渔业资源和海洋物流资源的流失。如近海建筑矿砂的开发、海洋钻井平台的建造和海洋风能、潮汐能的利用等。这些资源开发的活动必然会产生其他海域活动的矛盾。海洋矿产资源的地理位置既处于海岸附近也处于深海区,海洋矿产资源的开发既有可能影响海洋第一产业,也会影响海洋第三产业,见图2-4。

图2-4 海洋产业资源流失相互影响关系图

2. 技术水平低、资源浪费严重

我国海洋矿产资源丰富。从海洋油气资源上看,据世界石油组织统计,我国是海洋油气资源丰富国家之一,海洋油气储量和陆上油气储量大体相当;从海洋矿砂资源上看,我国海洋矿砂资源的矿种覆盖了所有矿种资源,包括黑色金属、有色金属、稀有金属和非金属等各类矿砂,其中锆石、石英砂、钛铁矿等资源最为丰富;从天然气水合物资源来看,2017年南海神狐海域天然气水合物试采成功,天然气水合物列为我国第173个矿种。但是,我国海洋矿产资源开采率低,海洋矿产资源的开发和世界发达国家相比起步较晚,由于技术的落后,占而不勘的情况比较严重,有的资源开发过度,而有的资源处于闲置。总体来看,造成这些海洋矿产资源流失的行为主要是由于我国目前海洋矿产勘探开发的装备和技术的落后。

(1)利用技术非常落后,产生高价资源低价利用现象。例如,近年来,随着我国基础设施和房地产建设的加快，河砂资源的短缺使得很多企业开始非法从海岸开采矿砂，而且还有些地方企业利用海矿砂出口到韩国和日本等国家。无论是被用来国内的基础设施和房地产建设，还是出口其他国家，这些海砂大部分都是没有经过研究进行深度利用，而是被当作低价的普通建筑材料矿砂利用或者出口。这就造成我国海洋矿砂资源作为高价值资源但是却被低价值利用或低价出口的问题，造成了海洋矿产资源的浪费，使国家利益蒙受损失。

(2) 采矿和选矿技术落后，产生生产效率低、回收能力差和综合利用程度、低高价资源低价利用等现象。世界大部分发达国家都使用机械化和自动化设备开发和选择滨海矿砂，例如日本的设备水上水下均可运行，且效率高，矿砂回收率也很高。而我国很多地方仍然采用土法采选和露天开采，还没有形成机械化，这就导致富集度高的矿产被集中开采，破坏海岸结构，且采矿过程中只能采选一种或几种矿物，而很多有用矿物被废弃，开采的矿砂不能被有效利用。虽然近年来，我国有些企业采用较为先进的浮选和电选的方法进行精选采矿，但是和其他发达国家相比，仍然生产效率不高，有价值的矿物回收率低，综合利用率低。

(3) 我国海洋石油开采技术和装备与世界其他国家相比需要创新发展。我国海洋石油开采目前只能在内海部分海域活动或者在浅海开采。但是世界跨国公司已经引发深海勘探开发的竞争。例如，世界有名的壳牌公司、美孚公司、雪佛龙公司等各大石油公司已经在安哥拉、尼日利亚等深海地区进行海洋石油的开发和开采。我国在浅海地区的石油开采局面日趋紧迫，海洋油气产业的发展亟须引进国外的先进技术和经营管理理念，也需要快速发展以应对周边国家的掠夺和抢先开发。

2.3 海洋第三产业资源现状分析

海洋第三产业是为海洋资源的开发，海洋第一产业和海洋第二产业的生产、流通和人们的生活提供社会化服务的产业。目前海洋第三产业主要包括交通运输业和滨海旅游业所代表的海洋服务业。滨海旅游是指旅游者以享受滨海旅游资源为目的而进行的旅游活动，在滨海地带对旅游者具有吸引力，能激发旅游者的旅游动机，具备一定旅游功能和旅游开发利用价值，并能产生经济效益、社会效益和环境效益的事物和因素，是开展滨海旅游的基础(许靖，2012)。海洋运输业是利用海上空间资源，使用船舶等海上交通工具，为企业及个人运送货物和旅客的海洋产业，其中包括海上运输、港口货物装卸存储、船舶物质供应和为海上运输服务的航道疏浚、海上救捞和灯塔航标管理等。

2.3.1 资源现状

从海洋物流资源看,世界一半以上的人口、生产和消费活动集中在占全球面积不到10%的海岸带地区。在我国海岸带地区是人口、工业城市比较集中的地带,是海洋运输开发的前沿阵地和依托场所。环渤海经济圈、长江三角洲和珠江三角洲经济区的出口制造业发展的同时,一大批深水港口相继兴建。海洋运输产业对沿海工业区及城市经济的带动作用更突显出海洋物流资源对我国海岸带地区经济发展的重要性,见表2-5。海洋港址资源是海洋物流资源的载体,海上运输、港口货物装卸存储、船舶物质供应和为海上运输服务的航道疏浚、海上救捞和灯塔航标管理等众多围绕海洋运输业存在的产业都与海洋港址资源相关。港址资源包括已经开发利用的港址资源和未开发利用的港址资源。

表 2-5 2002~2017 年我国历年海洋交通运输业增加值

年份	2002年	2003年	2004年	2005年	2006年	2007年	2008年	2009年
增加值/亿元	1507.4	1752.5	2030.7	2373.3	2531.4	3035.6	3499.3	3146.6
年份	2010年	2011年	2012年	2013年	2014年	2015年	2016年	2017年
增加值/亿元	3785.8	4217.5	4752.6	5111	5562	5541	6004	6312

数据来源:国家海洋局

海洋交通运输业增加值除以海洋交通运输业资源还原利率(8%)可得到我国海洋交通运输业资源的价值[①],见表2-6。

表 2-6 2002~2017 年我国海洋交通运输业资源价值

年份	2002年	2003年	2004年	2005年	2006年	2007年	2008年	2009年
价值(P)/亿元	18843	21906	25384	29666	31643	37945	43741	39333
增加率/%	14.5	16.2	15.9	16.7	6.67	19.9	15.3	10.1
年份	2010年	2011年	2012年	2013年	2014年	2015年	2016年	2017年
价值(P)/亿元	47323	52719	59408	63887.5	69525	69262.5	75050	78900
增加率/%	20.3	11.4	12.7	7.54	8.82	-0.378	8.34	5.12

数据来源:国家海洋局

---

① 对于已经开发利用的港址资源,可采用收益还原法评估。港址资源价值的评估计算公式如下: $P = A/i = (R-C)/i$。其中,P 为港址资源价值;A 为港口运营的年纯收益;R 为港口运营的年总收入;C 为港口运营的年总成本;i 为还原利率。参照《建设项目经济评价方法与参数》(第三版),港址资源开发类建设项目还原利率取 8%。

从表 2-6 可知，2002～2012 年我国海洋交通运输业资源价值为 18843 亿～59408 亿元，平均价值为 35363.65 亿元。近年来，随着我国经济发展，对海洋港址资源的开发日益增加，由于缺乏规范的开发模式和价值计量方法，法律法规欠缺等原因，导致在海洋港址资源的开发过程中资产流失严重。目前，我国海洋港址资源逐步缩减，浪费和破坏现象严重。

沿海地区居民用水、工业用水的排放以及船只燃油的泄漏都是污染近海水域的主要原因，这势必会造成沿海滩涂和湿地的生态环境恶化。目前，我国的海洋污染排放和海洋的纳污能力、自净能力已经超出平衡临界值。另外，随着海上活动船舶数量的迅速增加，船舶溢油污染的形势也日趋严峻。严重的海洋污染使得我国沿岸海域环境质量普遍下降，产生港口与旅游的矛盾，港口建设与渔民近海捕捞的矛盾等，使海洋物流资源生产效率大大降低。

从海洋旅游资源来看，近海地区是发展旅游业的好地方。我国的大陆海岸线长达 1800 千里，并拥有 1400 千里的海岛岸线及 5600 多个岛屿，不仅有中温带海景、暖带海景，而且还拥有热带与亚热带海上风光。沿海地区空气洁净，冬暖夏凉，气候宜人，目前已经形成了环渤海地区、长江三角洲地区、闽江三角地区、珠江三角洲地区和海南岛五大海洋旅游区。这五大区的沿海城市都进行了深度海洋旅游资源的开发，让海洋旅游资源开发体系成为本市新的经济增长点。因此，2002～2017 年我国滨海旅游资源增加值一直呈现快速增长趋势，见表 2-7，但滨海旅游增加值增长率却呈现下降态势，见表 2-8。具体表现为：①从管理体制上看，由于未形成合理的管理体系，使得海洋旅游资源的管理及开发相互分离，形成了行政不分、政出多门的局面。同时，由于我国的海洋旅游资源分布存在区域上的差异，而各区域间缺乏联系，使得生态极易失衡，导致了海洋旅游资源的破坏。②从海洋旅游资源的配置体系上看，也存在严重的不合理。由于总体规划与总体方针的缺失及管理意识上的缺乏，加之资金投入不足，导致资源闲置、浪费，没有真正形成有效的总体规划与方针，极大地限制了海洋旅游资源的创新与发展，使得海洋旅游资源信息薄弱，缺乏整体组织协调能力。③从法律体系上看，我国还缺乏一个综合性的海洋资源规范性法律，导致海洋旅游资源的管理法规不健全，缺乏一定的系统性与连续性，并出现了开发混乱现象，不能充分发挥海洋旅游资源的优势。④从产品开发上看，受传统开发理念的影响，导致海洋旅游产品较为单一，且大多集中于观光、沙滩活动及游泳等简单的活动，难以满足不同层次人群的旅游需求。⑤从海洋资源上看，也存在污染严重这一问题，而海洋旅游资源污染主要体现在海洋文化资源、自然旅游资源、海洋历史遗迹三大污染上，这些污染多源于农业、工业、服务业、污染遗迹生活污染方面，而究其原因，主要是由于多度开发与缺乏管理所导致。

表 2-7 2002~2017 年我国滨海旅游资源增加值

年份	2002 年	2003 年	2004 年	2005 年	2006 年	2007 年	2008 年	2009 年
增加值/亿元	1524	1106	1522	2011	2620	3226	3766	4352
年份	2010 年	2011 年	2012 年	2013 年	2014 年	2015 年	2016 年	2017 年
增加值/亿元	5303	6240	6932	7851	8882	10874	12047	14636

数据来源：国家海洋局

表 2-8 2002~2017 年我国滨海旅游增加值增长率

年份	2002 年	2003 年	2004 年	2005 年	2006 年	2007 年	2008 年	2009 年
增长率/%	42.14	−27.43	37.64	32.10	30.29	23.14	16.76	15.56
年份	2010 年	2011 年	2012 年	2013 年	2014 年	2015 年	2016 年	2017 年
增长率/%	21.85	17.67	11.09	11.7	12.1	11.4	9.9	15.5

数据来源：国家海洋局

2.3.2 原因分析

海洋第三产业主要以海洋旅游业和海洋物流业为主，这两个行业主要通过海洋旅游资源和海洋空间资源的开发和利用为主要活动。但是目前我国对海洋旅游资源和海洋物流资源的管理制度都不同程度表现出产权不完备性，产生了海洋旅游资源和海洋物流资源流失的现象。

滨海旅游在我国已经呈现大众化发展的状态，尤其是进入 21 世纪以来，我国海洋旅游产业发展迅速，各个沿海城市的海洋旅游收入都呈现出不断增长态势，年接待旅游人数都屡创新高，但是也造成了海洋旅游资源流失的问题：①地方政府和旅游企业对海洋旅游资源进行破坏性开发；②对海洋旅游资源中的文化价值、科研价值和社会价值等人文旅游项目缺少认识，因此没有进行深度开发，产生海洋旅游资源的闲置和浪费。海洋物流业主要是利用海上空间资源和海岸港址资源，近年来，随着我国经济发展，对海洋物流资源的开发和利用日益增加，这也有两方面问题：①海洋物流资源开发外部经济性造成资源浪费和环境污染；②海洋物流资源开发的广度和深度不够，造成资源浪费。其原因主要呈现以下规律。

1. 产权不完备产生资源流失

从海洋旅游资源流失的现象来看，我国海洋旅游资源的外部不经济表现产生的主要原因是我国海洋旅游资源产权管理的不完备性。在我国现行海洋旅游资源管理体制下，国家对海洋旅游资源享有所有权，国家所有权由具体管理部门行使。例如，海洋旅游资源的管理机构是具体地方旅游局和风景管理委员会，海岸资源和海洋浅海旅游空间的管理机构是海洋管理局，同时，国家发改委对海洋资源的投资开发项目也在一定程度上影响着海洋旅游资源的开发。由此可以看出,国家对海洋旅游资源资产享有所有权,虽然名义上通过独占海洋旅游资源的形式使用海洋旅游资源并享有收益权和处分权。但是在具体执行过程中,这些权利被具体管理部门所分割,就造成了各种管理部门权能缺乏有效界定。从图2-5可以看出,海洋旅游资源既属于海洋资源,也属于旅游资源,同时也隶属于地方政府管理范畴,出现"具体收益谁都管,具体问题谁又都不管"的局面,产生海洋旅游资源所有权被分割弱化的现象。

从我国现行海洋旅游资源管理制度的现状可以看出:①国有资产监督管理委员会(后文称国资委)代表国家对海洋旅游资源享有所有权,对其进行监管,并享有初始的完整产权。②国资委授权国家旅游局对海洋旅游资源行使管理权,旅游部门一方面将一般性海洋旅游资源的经营权有偿转让给旅游企业,旅游企业作为经营权人享有经营权;另一方面对国家级风景区享有经营权。③旅游企业在对海洋旅游资源开发时需要接受旅游局的管理,但是由于旅游部门职责很小,同时也需要接受地方政府等其他部门的管理和监督。按照国家对海域有偿使用的制度要求,旅游企业需要在获得自身收益的同时,将部分收益上交给国家作为对海域使用的补偿。④作为普通民众,如果想享受海洋旅游资源,一方面需要向海洋旅游企业进行购买,另一方面可以对一般性沙滩海滩享有进入权。

图2-5 我国现行海洋旅游资源产权现状

海洋旅游资源开发产生的外部不经济性主要是由海洋旅游企业在开发海洋旅游产品过程中的生活垃圾、建设垃圾、废水、废气和对旅游资源的损毁所带来的。这些问题主要是由于我国海洋旅游资源的管理存在不完备性。我国海洋旅游资源的产权涉及众多部门,旅游企业要同时对文化和旅游部、地方政府、国有资产监督管理委员会和海洋局等众多管理机构负责,海洋旅游管理的缺位和错位问题非常突出,旅游企业关注的是收益,而对建设、文物和环境的保护往往不会关注,同时文化和旅游部职权有限和地方政府对于GDP的重视和企业业绩的关注,造成海洋旅游资源的外部性问题。由于海洋旅游资源可以转让经营权,且属于公益性质,因此,完全按照市场行为开发势必对海洋自然保护区、海洋古遗迹、古建筑等海洋旅游资源资产造成无法恢复的损失,但是如果进行开发也会产生资源的闲置并无法进行有效的保护。

从我国海洋物流资源角度来看,我国沿海各地区都想开发港口,带动区域发展,都想掌握主动,不受制于人,这就容易造成不顾客观条件的重复建设、同质竞争。不少地方对岸线资源、航线资源统筹调控不够,规划刚性不足。有的新建项目选址和已建项目调整,不符合岸线规划或者岸线使用功能的要求。一些地方稀缺的优质岸线没有合理使用,业主码头占比偏高,公共码头偏少。由于国家口岸监管单位实行按行政区划设置并在计划单列市单设海关和检验检疫等机构,导致出现一个省或相同海域两套监管机构的情况,一些地方海关、检验检疫、边防检查、海事监管、引航服务等两套机构之间相互独立、各管一段。这些问题的实质是港航岸线资源被不同的行政主体、监管主体、市场主体多重多头"分割",产生海洋物流资源的浪费现象,我国在针对海洋港口资源管理时,没有形成有效的管理制度是产生海洋港口资源流失的主要原因。

2. 设备和专业化程度低产生资源流失

我国海洋物流资源和海洋旅游资源都存在开发水平低和资源利用率低的问题,主要是由于行业内技术水平低,专业化程度不高、创新能力不足等原因。

从我国海洋物流资源角度看,与发达国家相比,我国的海洋物流资源开发利用程度不高,特别是海洋港址资源开发的广度和深度不够。港口资源指符合一定规格船舶航行与停泊条件,并具有可供某类标准港口修建和使用的筑港与陆域条件以及具备一定的港口腹地条件的海岸、海湾、河岸和岛屿等,是港口建设与发展的天然资源。目前,中国有的港口岸线利用低、小、散、差,有的港区码头缺业务长年"晒太阳",产生海洋港口资源浪费现象,因此,海洋物流资源开发的广度、深度和集约利用水平需要提高,同时,我国海洋物流行业呈现专业化程度不高和自动化设备不多问题,致使我国海洋物流行业整体水平与世界先进水平的鹿特丹港、安特卫普港及新加坡港等港口相比有很大差距。大型化、专业化深水泊位数量不足,深水航道里程不够,自动化设备不多及物流设施设备标准化程度不高等问题已成为制约我国海洋港口物流发展的瓶颈。

从我国海洋旅游资源的角度看,针对海洋旅游资源缺乏深度开发的能力,没有对海洋旅游资源的社会价值、科学价值和文化价值等进行深度挖掘,没有针对具体地方特色深度挖掘自然、历史和人文特色,没有设定拥有文化底蕴的主题旅游,没有形成独特的旅游产品,我国海洋旅游资源的深度开发需要进行产品创新,提高滨海旅游产品的科技含量,促进我国海洋旅游行业的高科技和高品质的发展,提高我国海洋旅游资源的生产率和收益率。

第3章 海洋产业资源流失规律与保护战略

根据前文的海洋产业资源流失现象和经济学分析,我们知道海洋产业资源流失现象具有明显的分产业特征,同时也具有明显的共性特征。

从分产业的视角来看,海洋第一产业以海洋捕捞和海洋养殖为主,海洋捕捞所带来的海洋资源流失是由于近海开发过度和深海开发不足,海洋养殖产生海洋资源流失是由于浅海区的富氧化和深海区海洋农牧场开发的不足所带来的资源的闲置。海洋第二产业主要包括海洋能源开发、海洋矿产开发和海水资源的利用。资源开采的无序、周边国家的掠夺和已开采矿物的利益率不足所产生的资源的粗放式开发和利用率不足,造成海洋第二产业的资源生产率低下。海洋第三产业以海洋旅游产业和海洋物流业为主,海洋第三产业资源生产率低下的产生原因是资源多头管理、开发缺乏系统性和与海洋第一、第二产业资源开发相互矛盾。

从海洋产业资源的整体上看,海洋产业资源流失主要原因是海洋三次产业资源的开发相互矛盾,海洋产业资源的多部门管理和海洋产业开发整体科技水平低下。由于海洋产业资源开发缺乏系统性、整体性和科学性,海洋资源本身又具有可再生、易波动、流动性等特性,而且海洋自身环境十分复杂,海洋生态系统中食物链盘根错节,再加之海洋气候、水文条件的影响,加剧了海洋产业资源的不确定性与风险性,因此任意一个海洋产业资源的流失都会带来其他海洋产业资源的流失。

正因为海洋资源的自身特点及海洋资源流失原因的复杂性,导致现有的海洋产业资源的研究依然不能很好地解决海洋产业资源流失的问题。本质上,海洋产业资源流失既是多个主体和多个产业之间冲突的后果,也是现有海洋产业科技落后和开发战略存在缺陷的结果。只有基于海洋三次产业资源流失规律的特点,厘清各相关利益主体的行为特质,根据海洋产业资源流失的整体特征,真正弄清楚海洋产业资源流失的根源,才能提出促进海洋产业创新集群战略方向,设计出有效的制度体系。

3.1 海洋产业资源流失规律特征

海洋产业资源的特点不同所表现出的流失规律也有所不同,但是也表现出一系列共性特征。第 2 章对我国不同海洋产业资源的流失规律进行的分析和总结，为寻找海洋产业资源流失规律的共性特征打下基础。本节通过对我国海洋产业资源流失规律的共性特征的寻找和分析，对海洋产业资源流失的共性规律进行总结。

3.1.1　产权制度缺陷产生海洋产业资源流失

产权问题是造成海洋产业资源的流失的重要因素，由前文分析可知，海洋渔业资源、海洋矿产资源和海洋服务业资源的流失分别是由于产权不清、产权分散和产权制度不完备的问题所产生的。这些都反映出我国海洋资源的产权出现问题。

我国现行的海洋产业资源的产权管理制度是从 1998 年开始的。随着国家对"建设海洋强国"的重视，海洋产业资源产权管理也成为我国社会不断关注的焦点。2013 年国家成立了国家海洋委员会，同时将原来的 4 支海洋执法队伍合并成立了中国海警局。2018 年 3 月，国家将国土资源部、国家海洋局、国家测绘地理信息局进行合并，成立自然资源部，但同时保留国家海洋局牌子，对自然资源开发利用和保护进行监管，建立空间规划体系并监督实施，履行全民所有各类自然资源资产所有者职责，统一调查和确权登记，建立自然资源有偿使用制度，负责测绘和地质勘查行业管理等①。虽然经过一系列改革，我国海洋产业资源产权制度逐渐清晰，但仍然存在以下问题。

1. 所有者模糊、所有权缺失

《中华人民共和国宪法》规定，我国所有资源都归国家所有。因此，我国海洋产业资源的所有者是国家，所有权也是国家行使。我国是全民所有制，国家拥有海洋产业资源的所有权，也就是全体国民对我国海洋产业资源拥有所有权。但是全体国民无法对我国海洋产业资源的所有权行使权利，因此国家作为海洋产业资源的所有者地位模糊。目前，我国现行的制度是由国资委作为国家产权代表，监督管理国家资产，其中包括我国海洋产业资源。海洋产业资源管理权，由国资委授权国家自然资源部（国家海洋局）作为行政主管部门代理行使管理权，同时国家交通部、农村农业部、生态环境部和文化旅游部等作为行业管理部门也对海洋产业资源行使具体管理权，这就造成针对海洋产业资源所有权的管理部门众多，见图 3-1，同时代表国家行使管理权和使用权，产权结构复杂。这些部门都是海洋产业资源的所有者，但又不是完整明确的所有者，形成所有权分散、行业管理部门和行政管理部门权利分割且重叠的状态，致使国家所有权无法真正得到体现。

---

① 王勇. 关于国务院机构改革方案的说明. https://baike.baidu.com/item/【2018-3-14】

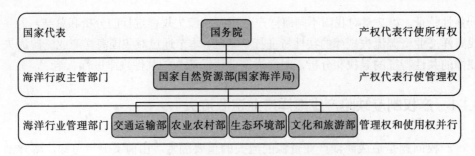

图 3-1　现行我国海洋产业资源产权行使关系图

2. 产权管理者的边界不清晰

我国现行海洋产业资源管理体制是国家自然资源部（国家海洋局）与国家交通部、农村农业部、生态环境部和文化旅游部等其他职能管理部门"共同管理"海洋的状况。目前，国家海洋局的管理职能确立为 11 项，其中包括"综合协调海洋监测、科研、倾废、开发利用""建立和完善海洋管理有关制度""担海洋经济运行监测、评估及信息发布""保护海洋环境""依法维护国家海洋权益"等。尽管海洋局的管理范畴在不断地扩大，但这些管理职能并没有涵盖所有的海洋管理职能。例如海洋交通管理依然归交通部，海洋渔业管理依然归属农（渔）业部等（王刚等，2016）。但是海洋产业资源的属性造就各个行业管理部门所管理的资源具有交叉性和重叠性，这就导致在具体行使管理权时出现管理交叉和管理冲突的现象。例如，在海岸带资源开发和利用过程中，农业农村部（渔业部）、交通运输部、文化和旅游部、地方市政建设部门、国有工矿企业等都会涉及其中。这种行为就会出现"公地悲剧"和外部不经济的现象，产生海洋产业资源的过度利用，出现问题也容易造成互相推诿的局面。

3. 使用权的转让机制不健全

海洋产业资源使用权的转让机制不健全是海洋产业资源流失的外在因素。《中华人民共和国海域使用权管理法》针对海洋功能区划、海域权属管理和海域有偿使用管理做了明确规定，但是针对具体地区和具体产业时，出现使用金收取不一、地方收费混乱、地方招标和拍卖方式违规等问题。例如，国家规定不允许各地方政府在传统赶海区进行海域使用权转让，目的是保护资源和渔民利益，但是地方政府为获得更多财政收入，往往将这些区域进行招标和拍卖放给企业。有些地方政府为获得更多房地产税收，通过大肆填海造地、人工造成黄金海岸度假区等形式，获得海区的使用权，损害了海洋养殖、海洋矿产和海洋环境，填海造地所得却归地方或企业所有，国家未获得收益，因而产生我国海洋产业资源流失。

3.1.2 产业创新不足产生海洋产业资源流失

海洋产业的创新能力不足,导致海洋产业资源在不同程度上呈现出探勘设备和专业化程度低、技术水平落后等问题,造成资源过度开发和闲置。另外,海洋产业资源的开发和利用缺乏系统性和整体性,而产生一种海洋资源的开发和利用,同时带来其他海洋资源的浪费严重,海洋产业资源的开发和利用过程中,系统整体观念还十分薄弱。

1. 勘探技术落后、专业化程度低

海洋资源是海洋产业发展的重要物质基础,海洋产业的发展主体依托于海洋资源的开发和利用。海洋资源是地球最大的资源主体,人类的生存与经济发展就是不断开发和利用资源的过程,海洋势必为人类持续不断地提供重要的资源。因此,文明的不断进步、经济的不断发展是对海洋资源开发利用种类和规模不断扩张、利用效率不断提升的过程,同时也是紧密依托海洋科技创新发展的过程。

我国无论是海洋生物资源、海洋矿产资源还是海洋空间资源都非常丰富,但是从海洋科技创新水平上看,我国和世界发达国家相比都起步较晚、勘探技术落后、专业化程度低。例如,世界大部分发达国家都使用机械化和自动化设备开发和选择滨海矿砂,而我国很多地方仍然采用土法采选和露天开采,还没有形成机械化。我国海洋石油开采目前只能在内海部分海域或者在浅海开采。但是世界跨国公司竞相开发深海盆地已经引发深海勘探开发的竞争。从我国沿海海域整体上看,海洋养殖技术落后,导致海洋养殖海域大部分都集中在 10~30 米的近海区域,而国外海洋经济发达国家(例如澳大利亚、新西兰等国家)海洋农牧场已开发至 200 米水深,我国海洋养殖行业急需发展现代化的海洋农牧业技术解决深海域开发不足的问题。

总之,从我国海洋产业资源勘探和开发来看,勘探技术的落后和装备专业化程度低是我国海洋产业资源流失的主要原因之一。海洋科技的创新和发展,直接带来海洋油气资源、海洋矿产资源、海洋能源和海洋生物资源等各种海洋产业资源的逐步规模化开发和利用。各国已经将海洋科技创新提高到具有战略意义的位置。世界海洋科技的发展已经为各国经济发展带来具有战略意义的资源,例如深海矿产、天然气水合物、海底微生物等。因此,如果我国海洋产业资源的勘探技术和专业化程度不能跟上发达国家的脚步,势必会在新一轮的海洋资源开发中落后,带来新一轮的海洋产业资源流失。

2. 产业技术落后、资源利用率低

长期以来，我国经济基础薄弱，整体科技水平落后于世界发达国家。我国海洋经济增长的模式一直都是粗放型增长为主，集约经济在近几年才开始有所显现。各地方仍有通过增加资源投入、扩大基础设施建设和扩大产业规模来实现经济增长的现象。我国海洋产业的诸多行业都是靠粗放型经营模式进行规模扩张而实现的外延式增长。例如，我国海洋渔业中，低技术的捕捞方式，浅海区的养殖模式造成了海洋渔业资源迅速减少和海洋生态环境的持续恶化。海洋港口的重复建设和大规模的填海造地的房地产项目，虽然在短期内带来了规模的增长和效益的增加，但是也造成了市场的过度竞争和海洋资源的大规模破坏。而海洋资源的破坏，也使海洋产业的长远发展受到了制约。

对我国海洋产业而言，提高资源利用率、转变经济增长方式，主要取决于海洋科技的创新与应用。我国海洋渔业需从传统海洋渔业向现代海洋渔业转变，海水产品急需向高科技含量产品转变。正是由于海洋高科技的加速创新和发展，才使新型海洋资源得以发现和利用，海洋油气业、海洋能源业和海水综合利用等新兴产业得以出现。虽然总体看，我国海洋资源丰富，但是随着经济发展，仍然会存在紧缺，这样对科技创新提出了更高要求，能够以等量的资源投入获得更多的产品组合，获得更大的经济价值。加强相关海洋科学研究和技术装备开发，提高科技体系来保障海洋资源对蓝色经济发展的持久支撑力。

3.1.3 系统整体观缺乏导致海洋产业资源流失

海洋产业资源的开发缺乏系统性管理，会产生与其他海洋开发权的矛盾。例如，海洋矿产资源的开发必然要占用一定的海域空间。近海建筑矿砂的开发、海洋钻井平台的建造和海洋风能潮汐能等的利用，必然会产生其他海域活动的矛盾。

海洋矿产资源的地理位置既处于海岸附近也处于深海区，海洋矿产资源的开发既有可能影响海洋第一产业，也会影响海洋第三产业。随着世界经济的快速发展，陆域资源已经不能满足人们的经济发展的需要，可以预计世界各国对海洋矿产资源的需求也会越来越大，海洋矿产资源的开采已经成为各国积极发展的新兴产业。世界各国在积极发展海洋矿产资源开发行业的同时，也非常注重保护渔业和海岸等资源。但是我国的海洋矿产资源的开采缺乏系统性和整体性，更缺乏科学指导下的宏观管理，各个行业相互争夺资源，产生海洋资源违法开发和无序开发的问题，产生海洋资源的整体流失。

1. 产权管理缺乏系统整体观

海洋产业资源的开发缺乏系统性管理，缺乏对海洋产业产权管理的系统整体性认识。任何一种海洋产业资源产业开发和利用都会产生与其他海洋开发的矛盾。例如，我国海南岛、浙江、福建和山东等省份沿岸的海洋建筑矿砂十分丰富，但是这些地方又都是海洋旅游资源丰富的地方，同时也是海洋捕捞和海水养殖活动频繁的地区，海洋矿产资源产权人从事开采、勘探等活动，在影响正常的旅游养殖等活动的同时，也容易排出污水、废水，改变海底结构，破坏生态环境，既影响了海洋第二产业资源的可持续性，也降低了海洋第一产业和海洋第三产业的生态价值，造成海洋资源的整体流失。这个问题在我国海岸带开发利用上表现得最为突出。由于海岸带是由多种资源组成的自然综合体，往往具有多种用途。因此，在海岸带开发中，既有渔业部门，又有港口部门，还有滨海旅游部门，甚至还有工矿企业、市政建设等参与。行业争占资源使得一些宝贵的备择性窄深水岸线常被挪作他用。例如，一些企业为追求在临海区位"黄金岸段"发展房地产业的高额利润，不经科学论证，盲目围海造地，改变了海洋水动力环境，危及一些重要港口航道的畅通和深水港预留地的保护。另外，海洋资源资产的浪费较为严重，循环经济的理念在多数海洋资源资产开发利用活动中仍十分薄弱。

目前，我国海洋产业资源的产权管理既存在行政管理部门和行业管理部门之间的交叉和重合，也存在海洋各行业管理部门之间的重叠和交互。这种情况下形成的传统海洋产业资源开发战略导致海洋产业资源被掠夺式经营和海洋产业结构的畸形发展，导致各个海洋经济发展区域的整体效应下降。要解决传统的海洋产业资源产权管理模式存在的割裂和离散的弊端，需要对其整体性、流动性和空间立体性有全面的认识，对海洋产业资源的产权制度的设计要从生态、产业和区域系统整体范围进行一体化管理，缺乏系统整体观的海洋资源产权的管理模式势必会造成海洋产业资源的流失。

2. 产业创新缺乏系统整体观

从全球视角看，我国是一个陆域资源和海域资源都丰富的国家，管辖近300万平方千米的海域，随着世界经济的快速发展，陆域资源已经不能满足人们经济发展的需要，海洋开发大潮已经到来，并有全方位深层次推进的趋势。各国海洋经济发展都以海洋产业资源的开发为基础，海洋产业资源的开发越来越依赖海洋科技创新，海洋科技创新与进步已实质性成为各国海洋产业发展的根本支撑和主导动力，一个国家或地区海洋科技创新能力的高低从根本上决定了该地区海洋经济乃至整个区域经济水平的高低。

在现实中，海洋科技创新与海洋产业经济发展的关系并不是一种直接、单向的作用关系。某个单一海洋科技的创新对其他海洋产业和整体的海洋经济都有影响，且其影响具有相互作用性、多层次非线性和相互渗透性。但是目前我国海洋产业科技创新具有分学科、分产业和分区域的特点，传统海洋产业创新集群技术往往是针对某一海洋产业或某一区域的海洋经济，缺乏系统性创新、关联技术创新和整体战略,导致资源被掠夺性开发、海洋产业结构畸形和海洋区域的整体效应下降。因此,缺乏系统整体观的海洋产业创新集群战略造成我国海洋产业资源的流失。

3.2 海洋产业资源保护的战略方向

3.2.1 海洋产业资源保护的总体战略方向

1. 培育海洋产业创新集群

由前文分析可知,海洋作为人类独特的空间地理结构,其资源的可持续利用是海洋经济可持续发展的必要条件。发展海洋经济,缓解陆域经济发展的压力和资源需求,满足我国人们不断增长的物质文化需求,都是依赖海洋产业资源的开发和利用。离开海洋产业资源,一切经济发展都无从谈起,集约型经济生产方式是我国发展海洋经济的必要条件。只有积极促进海洋产业创新和海洋战略新兴产业的发展,才能使海洋产业企业在生产中投入少、产出多,提高海洋产业资源生产率,同时在消费中形成利用多、排放少,即形成循环资源利用的模式。

海洋产业最大的特点是具涉海性,海洋产业是人类开发利用海洋、海岸带资源和空间所进行的生产和服务活动,是涉海性人类经济活动。海洋产业创新是技术创新、知识创新、产品创新、组织管理创新的集成。根据复杂系统论思想,海洋产业创新集群作为一个复杂系统,通过把技术创新内化为产业经济增长,从而促进海洋产业升级和海洋经济高质量增长。海洋产业创新集群是以海洋产业企业为主体,以利用海洋产业资源所进行的生产和服务活动,以创新活动为中心,企业之间具有广泛的生产关联度,具有较多的合作与竞争,具有持续的创新行为和较高的创新性。

因此,走创新之路,培育海洋产业创新集群,实现各项创新要素的全方位优化,促进海洋经济的转型和转轨,提高海洋经济的、系统的、综合的、有效的创新能力和竞争能力,获取更大的创新效率和效益是保护海洋产业资源的主要方法。

2. 海洋产业资源产权制度创新

由于海洋产业资源的开发和利用的主体具有"有限理性"的特点,导致某些沿海地区资源利用"无序"、某些海洋产业资源利用"无偿"和"无度"。党的十九大报告明确提出"建设海洋强国",面临海洋经济发展的大好时机,如何减少走过去陆域经济发展所经历的"村村点火、户户冒烟"的分散工业化的弯路,海洋行政管理体制改革已成为目前我国社会关注的焦点。

对海洋产业资源的开发和利用的过程进行管理和监督,是保证我国海洋产业资源产权和减少海洋产业资源流失的必要措施和手段。创新海洋产业资源管理体系,是海洋产业资源有效利用的必然选择。目前,我国海洋产业资源管理体制尚不完善,海洋产业资源管理制度存在的种种弊端,由于海洋产业资源管理体系在建设海洋强国中处于关键地位,因此海洋产业资源管理体系需要进行深层次的创新。

3.2.2　方向一——培育海洋产业创新集群

1. 培育海洋产业创新集群目标

培育海洋产业创新集群总体目标是减少海洋产业资源流失,提高海洋产业资源生产率,实现海洋经济可持续发展。从分目标看主要有以下三点。

(1) 目标一,探索完善海洋经济产业发展的机理,从学理上了解海洋产业之间内在关系和空间布局规律,提高海洋产业资源生产率。

(2) 目标二,推动我国从传统海洋产业向多元化现代海洋经济的转变,实现海洋产业资源的集约利用,减少海洋产业资源流失。

(3) 目标三,统筹海洋产业区域布局,提出相应的对策可以更好地避免各沿海地"一窝蜂"现象,更好地指导和落实"十三五"规划中海洋经济发展目标。

2. 培育海洋产业创新集群可行性

改革开放以来,我国沿海省份海洋经济发展迅速,很多城市都提出海洋强省、海洋强市的发展方针,且《全国海洋经济发展"十三五"规划》提出了优化海洋经济发展布局,按照全国海洋主体功能区规划,根据不同地区和海域的自然资源禀赋、生态环境容量、产业基础和发展潜力,进一步优化我国北部、东部和南部三个海洋经济圈,山东、浙江、广东和福建等地区被国务院正式批复为海洋经济示范区的国家发展战略,其中多次提出要大力发展海洋优势产业集群,构建现代海洋产业体系。因此,培育海洋产业创新集群有利于科学开发利用海洋资源,促进海洋经济转型升级和可持续发展;有利于完善沿海区域发展战略格局,实现海陆统筹[①]。

结合海洋产业创新特点和海洋产业资源的特征,海洋产业资源、海洋产业区位、市场需求、科技创新和制度保障这五个方面是培育海洋产业创新集群形成的必要要素,决定了海洋产业创新集群这一产业组织模式的必然性。可以看出,我国北部、东部和南部三个海洋经济圈的海洋战略新兴产业和海洋科技产业作为国家重点支持的产业,产业集群特征明显。海洋产业创新集群作为一种区域经济组

---

① 国家海洋局.全国海洋经济发展"十三五"规划.http://www.ndrc.gov.cn/【2017-5-4】

织形式与海洋产业创新的耦合具有科学性和合理性。因此,以海洋产业集群化模式推进海洋科技创新,抓好海洋经济主体功能区建设,在海洋经济的转型与变革期,探索新的经济社会环境下海洋产业创新、健康发展的整体思路、战略选择和实现模式,对海洋经济实行产业创新集群发展是减少海洋产业资源流失的有效途径,是实现"十三五"规划中海洋经济发展目标的重要抓手。

3.2.3 方向二——海洋产业资源管理制度创新

1. 海洋产业资源管理制度创新目标

海洋产业资源管理体系总体目标是减少海洋产业资源流失,培育海洋产业创新集群,实现海洋经济可持续发展。从分目标看主要有以下三点。

(1)目标一,建立健全海洋产业资源的产权制度,促进海洋产业资源可持续利用。

(2)目标二,理顺不同海洋产业资源开发利用的监督体系,解决不同海洋产业管理部门之间的矛盾关系。

(3)目标三,完善海洋产业资源综合管理体系,建立海洋产业资源使用权的政府和市场双重运行机制。

2. 海洋产业资源管理制度创新可行性

20世纪以来,世界各个国家都将海洋战略作为重要的国家发展战略之一,21世纪是海洋的世纪,大力发展海洋产业也是中国经济发展的必然选择。2017年中国海洋经济为全国贡献了约7万亿元的国内生产总值,占比约为10%。近年来,我国海洋经济已经取得了很大的进步,在产业发展、科技创新和服务人民生活等方面都取得了可喜的成绩,这些成绩的取得和国家的重视是密不可分的。

国家已经将发展海洋经济上升到前所未有的高度,从科技创新到制度创新,提出了一系列的指导文件。例如,国务院印发的《"十三五"国家科技创新规划》和《全国海洋经济发展"十三五"规划》明确提出:我国将加强海洋、极地空间拓展等关键技术突破,提升战略空间探测、开发和利用能力,为促进人类共同资源有效利用和保障国家安全提供技术支撑,优化海洋经济发展布局,按照主体功能区划,自然资源禀赋生态环境容量,产业基础和发展潜力,进一步优化海洋经济圈。财政部、国家海洋局联合印发《关于"十三五"期间中央财政支持开展海洋经济创新发展示范工作的通知》,开展海洋经济创新发展示范工作,推动海洋生物、海洋高端装备、海水淡化等重点产业创新和集聚发展。中央财政支持开展海洋经济创新发展示范工作,开展海洋经济创新发展示范工作,推动海洋生物、海洋高端装备、海水淡化等重点产业创新和集聚发展。因此,我国目前的具体要求和现实发展需要,是创新海洋产业资源管理制度的重要支撑。

第二篇 产业创新篇

第二篇 产业的政策篇

第4章 培育海洋产业创新集群的理论基础

4.1 海洋产业理论基础

4.1.1 海洋产业理论

海洋产业最大的特点是具涉海性,海洋产业是人类开发利用海洋、海岸带资源和空间所进行的生产和服务活动,是涉海性人类经济活动。从产业部门结构视角,海洋产业包括海洋渔业、交通运输、海洋盐业、土木工程、休闲旅游、能源经济、环保经济、商业经济、海洋科技教育和服务业等产业;按照社会生产分工的方式,海洋产业分为第一、第二、第三产业;按照海洋空间地理类型视角,海洋经济包括海岸带经济(近海)、海湾经济、大洋经济、海岛经济、半岛经济(如山东蓝色半岛)、河口三角洲经济、专属经济区海洋经济等区域海洋经济。

海洋产业依赖于海洋场所、海洋资源,这些都与一般经济要素一样具有稀缺性,同时海洋地理环境具有区域特征,而且海洋水体具有明显的流动性,与海洋甚至近海陆域环境联系更加密切,海洋产业的生产活动具有显著的外部特性。在经济学的分支成熟理论中,海洋产业理论主要借鉴的是产业经济理论、区域经济理论、产权制度理论、可持续发展理论等。海洋产业按照指标统计也可以相应地分为第一、第二、第三产业,而且产业经济理论的集聚、产业培育等都是海洋经济学的重要基础理论(王敏旋,2012)。因此,海洋产业理论主要借鉴产业经济学产业发展理论、产业组织理论、产业关联理论;同时需要利用微观经济学的需求理论、外部性理论、博弈论以及(主体)生产决策理论等。

海洋资源的可持续开发利用是海洋产业可持续发展最重要的内容之一。叶向东(2006)论述了海洋资源与海洋产业可持续发展的关系。他认为,提升海洋资源科技水平、培育海洋新产业、优化配置海洋资源和有计划地适度开发海洋资源,是平衡海洋资源和保护海洋产业可持续发展的重要手段。海洋产业生产活动所需的海洋场所和海洋资源禀赋的区域特性决定了海洋产业理论的区域特点、区域经济发展理论(如区域主导产业选择、区域发展战略等)。众所周知,海洋是一个生态系统,并且是一个蕴含丰富生物、矿物、能源等的一个复杂生态系统,开发和利用不当就会造成不可逆的损失,海洋产业生产活动中的可持续性是需要而且必须考虑的,这从实践上加强了海洋产业理论对可持续发展理论借鉴的需要(叶向东,2006)。

4.1.2 产业发展理论

产业发展是指产业的成长和演进过程。产业发展的过程既包括某个具体产业的成长、繁荣、转化和衰亡的过程,也包括产业总体的成长、壮大和不断现代化的过程,即产业总体结构不断由不合理走向合理、不成熟走向成熟、不协调走向协调、低级走向高级的过程,具体说就是产业结构优化、主导产业分阶段转化、产业布局合理化、产业组织合理化的过程。产业发展本质上是一个从弱到强的过程。因此,产业发展的主要任务是产业规模扩大、产业组织合理、产业发展水平和经济效益提高。

只要存在社会分工,只要是社会化大生产,就会存在由多种不同的产业构成的产业总体,因此,从总体上来讲,产业将永远存在,产业总体也就不存在由产生直至消亡的生命周期。

作为生物学概念,生命周期是指具有生命现象的有机体从出生、成长到成熟衰老直至死亡的整个过程。这一概念引入到经济学、管理学理论中首先应用于产品,以后又扩展到企业和产业。我们知道,一种产品在市场上的销售情况和获利能力会随着时间的推移发生变化。这种变化和生物的生命历程一样,也经历了投入、成长、成熟和衰亡的过程,产品生命周期反映了一个特定市场对某一特定产品的需求随时间变化的规律。这里的产品生命指的是产品的市场生命,而不是产品的物质生命。产业通常指生产同类产品的企业的组合。就单个具体产业而言,从产生到成长再到衰落的发展过程就是产业生命周期的基本概念。产品市场生命周期也反映了相关产业兴衰的演变过程。这里所讲的产业发展生命周期是指单个具体产业发展的生命周期。

产业生命周期各阶段呈现出以下特点。

(1)产业处于形成期和成长期。该时期的产业往往是朝阳产业、新兴产业、先进产业。这些产业的市场需求具有极大潜力,技术先进并引导产业的发展方向,产业关联度高,能够很强地带动关联产业的发展,推动产业升级和产业结构的优化,并发展成为主导产业。

(2)产业处于成熟期。该时期产业的收入和产出稳定且市场需求大。一个区域的主导产业和支柱产业处于成熟期并对该地的产业结构和国名经济贡献巨大,发挥着主导作用和支柱作用。因此,只有处于成熟期的产业才能对其他产业产生巨大影响并支撑整个国民经济。

(3)产业处于衰退期。该时期的产业往往是夕阳产业、传统产业和衰退产业。这些产业的市场需求逐渐萎缩,发展速度开始变为负数,在整个产业结构中的地位和作用持续下降。发达国家对这些产业一般采取两种措施：①进行产业转移，将其转移到发展中国家去，通过开辟新市场使其重新焕发生机；②对其进行高新技术改造，通过提升其技术含量来创造新的需求，再次走向发展。

4.1.3 产业组织理论

产业组织理论(industrial organization)，从其发展来看，是研究在不完全竞争条件下的市场中的企业行为的理论，是从微观经济学中分化发展出来的，是微观经济学(个体经济学)中的一个重要分支，微观经济学是其理论基础。产业组织理论是一门实用性很强的学科，同时也是一门理论化很强的学科(泰勒尔，1998)。

纵观产业组织学理论，主要分为以下几个学派。

(1) 哈佛学派的产业组织理论。该产业组织理论以实证分析的方法推出企业的市场结构、市场行为和市场绩效之间存在一种关系，即产业集中度的高低影响着对企业的市场行为方式，而企业的行为方式又决定了企业市场的绩效，这就是产业组织理论的"结构—行为—绩效"的结构模式。哈佛学派认为市场结构决定着企业行为，而企业行为决定着市场运行的经济绩效。

(2) 芝加哥学派的产业组织理论。该产业组织理论的研究涉及垄断、市场容量与劳动分工、规模经济和政府规制等诸多领域。芝加哥学派认为市场绩效和市场行为决定了市场结构，高度集中的产业会产生高利润，这是生产效率高的结果。企业在剧烈的市场竞争中能取得更高的生产率，并且取得企业规模的扩张和市场集中度的提高，形成以大企业和高度集中为特征的市场结构。

(3) 新奥地利学派的产业组织理论。该产业组织理论从人类主观主义的角度出发，把经济学基础看作是"人类行为科学"的一个领域，而非自然科学的理论。新奥地利学派的产业组织理论主张把以劳动价值论为基础的经济学理论改为以人类行为理论为基础，经济学应该变为一门行为科学。

(4) 新制度学派的产业组织理论。新制度学派对产业组织的演变规律的动因进行了分析。该理论认为交易费用是促进产业组织演变的重要动因，在产业组织中的市场竞争中，企业间的交易费用会发生变化。交易费用的产生也促进了市场和企业、产业和企业的专业化，以及专业化和一体化的相互变动。在此过程中，产业组织发生了自我繁殖、自我更新的变化，进而走向更高的序列；交易费用促进了市场竞争，在市场竞争中，企业为了得到更大的利益，不断地进行探索以减少交易费用而形成新的组织结构。

综合各经济学派可以看出，产业组织学理论主要从产业内企业与企业之间的竞争所产生的企业行为、交易费用和市场集中等角度，来分析企业的规模经济效应与市场竞争之间的关系，以及在此基础上形成的企业组织形式和产业组织形式。

4.1.4 产业关联理论

产业关联理论是产业经济学的重要理论之一。所谓产业关联是指在人类社会的经济活动中，各个产业之间存在着某种技术经济联系，这种联系是广泛、复杂和密切的。在产业经济学的研究过程中，将这种技术经济联系视为产业关联。目前，研究产业关联主要是以产业间的投入品和产出品为联结纽带来研究技术经济的数量对比关系。产业之间的关联基本有以下两种方式：①维持生产而产生的各产业间的供需关系；②在产业生产中所产生的资产投资的联系。

产业的关联关系可分为产品或劳务关联关系、生产技术关联关系、价格关联关系、劳动就业关联关系和投资关联关系。

(1) 产品或劳务关联关系。产业部门间必须相互提供产品或劳务，这种联系就是产品或劳务关联关系，它是产业间发生联系最广泛、最基本的情形。如棉花种植业向纺织业提供原材料，纺织业向服装加工业提供布料；煤炭业向电力工业提供燃料，电力工业向钢铁工业提供电力，钢铁工业向机械制造业提供钢材，而机械创造业又分别为煤炭采掘业、电力工业、钢铁工业提供各种机械设备等，都属于产品或劳务关联关系。

(2) 生产技术关联关系。每一个产业部门都依据本产业部门的生产技术特点和产品结构特性，对所有相关产业的产品和劳务提出各自产业部门对产品质量和技术性能的要求，这就构成了产业部门之间的生产技术关联关系。

(3) 价格关联关系。产业部门之间的产品和劳务联系是通过一些产业部门提供产品供给，另一些产业部门将这些产品作为生产性消耗的投入形式而发生的。在商品经济社会中，这种产业之间的"投入"与"产出"联系，表现为以货币为媒介的等价交换关系，这就造成了产业部门之间的价格关联关系。这样使不同产业部门之间不同质的产品劳务联系，用价格这种形式来进行统一度量和比较，从而为价值型投入产出模型的建立打下了基础。同时，产业之间的价格为产业联系注入了竞争的因素，也为产业结构的变动分析、产业之间的比例关系分析等提供了有效的计量手段。

(4) 劳动就业关联关系。社会化大生产使产业间的发展相互制约和相互促进。一种产业的发展依赖于另一些产业的发展同时也可能导致另一些产业的发展。相应地，该产业发展时会增加一定的劳动就业机会。该产业的发展带动了相关产业的发展，也就必然使这些相关产业增加劳动就业机会。这种各产业发展反映在就业上的"关联效应"是客观存在的，这就是产业部门间的劳动就业关联关系。

(5) 投资关联关系。一个产业和企业的发展必须依靠物质资本和人力资本。产业联系对于人力资本提出了要求，产业之间在人力资本的配置上相互作用和影响，在资本投入上也是如此。为促进某一产业的发展，必然要有一定量的投资，但由于该产业发展受到相关产业发展的制约，因而就必然增加一定的投资来保证相关产业的发展。这种产业直接投资必然导致大量的相关产业的投资，这就是产业部门间的投资关联关系。

显然，产品或劳务关联关系是产业之间最基本的一种关联关系，生产技术关联关系、价格关联关系和劳动就业关联关系等其他方面的关联关系是在产品或劳务关联关系的基础上派生出来的。各个产业部门之间协调发展集中地表现在产业之间相互提供产品或劳务数量的均衡上。同时，社会劳动生产率和经济效益的提高，最终都归结为产业之间提供的产品或劳务质量的提高和成本的节约。这些都综合反映出产品或劳务关联关系是产业间最基本的关联关系。

4.2 复杂系统技术扩散理论

4.2.1 复杂系统相关理论

系统科学按照其复杂性将系统分为简单系统、简单巨系统、复杂巨系统(许国志，2001)。最初，复杂性的概念是由 Morin、Prigogine 和 Simon 等人提出的。法国哲学家 Morin 是当代系统地提出复杂性方法的第一人，他的复杂性方法主要用"多样性统一"的概念模式来纠正经典科学的还原论的认识方法，用关于世界基本性质是有序性和无序性统一的观念来批判机械决定论(莫兰，2001)。1962 年，Simon 提出分层复杂性概念(Simon,1962)。Prigogine 首次提出的"复杂性科学"的概念指出，复杂性存在于一切层次，不同层次的复杂性既有区别又统一。复杂性是自组织的产物，在远离平衡、非线性、不可逆的条件下，通过自发形成耗散结构而产生出物理层次的复杂性，在此基础上，产生出更高形式的生命、社会等层次的复杂性(普利高津等，2010)。20 世纪 90 年代，Gell-man 提出有效复杂性概念，他认为有效复杂性是用来描述复杂适应系统的规律性。他主张把复杂性研究同复杂适应系统的研究联系起来(盖尔曼等，1998)。我国著名学者钱学森明确指出，凡是不能用还原方法论处理的问题都是复杂系统问题，都宜用新的科学方法处理。对于复杂系统的研究只有树立整体观,才能突破还原论的局限性(钱学森，1988)。

1994 年，Holland 在圣菲研究所举办的乌拉姆纪念讲座中做了名为"隐秩序"的著名演讲，而后出版了《隐秩序——适应性造就复杂性》一书，提出了复杂适应性系统(complex adaptive system)理论，简称 CAS 理论(霍兰，2000)。1998 年，霍兰在《涌现——从混沌到有序》一书中提出"受限生成过程"的涌现理论，研究复杂系统中系统运作过程中出现的涌现行为，涌现就是由简单的行动组合而产生的复杂行为，其理论的本质就是由小到大、由简入繁(霍兰，2001)。

复杂适应系统理论的基本思想是：系统中的个体被称为主体，主体是具有自身目的与主动性、有活力和适应性的个体。这种主体在与环境的交互作用中遵循一般的"刺激—反应"模型，主体可以在持续不断地与环境以及其他主体的交互中"学习"和"积累经验"，并且根据学到的"经验"改变自身的结构和行为方式。正是这种主动性、主体与环境的相互作用以及主体与其他主体的相互作用，不断改变着它们自身，同时也改变着环境，才是系统发展和进化的基本动因。整个系统的演进或进化，包括新层次的产生、分化和多样性的出现，新的聚合而成的、更大的主体的出现等，都是在这个基础上派生出来的(霍兰，2000)。

复杂适应系统理论的提出对于人们认识、理解、控制、管理复杂系统提供了新的思路。复杂适应系统理论认为系统内部的作用是系统演化的动力本质，宏观上所产生的复杂性现象来源于微观主体之间的相互作用，因此，复杂适应系统演化的思路主要在于采取"自下而上"的研究路径来研究系统的各个微观要素的相互作用，其研究的方式更注重于研究事物的生成原因和其演化的历程。复杂适应系统研究问题的方法与传统方法有所不同，是定性与定量相结合，微观与宏观相结合。复杂适应系统建模方法的核心是通过局部细节模型与全局模型间的循环反馈和校正，来研究局部细节变化如何突现出整体的全局行为，其模型组成一般是基于大量参数的适应性主体，其主要手段和思路是正反馈和适应，认为环境是演化的，主体应主动从环境中学习(陈理飞等，2007)。通过以上分析可以看出，复杂适应系统理论的主要特点有：①主体是主动的、活的实体；②个体与环境相互影响、相互作用，是系统演变和进化的主要动力；③把宏观和微观有机地联系起来；④引进了随机因素的作用，使它具有更强的表达能力。

4.2.2 技术扩散相关理论

目前，技术扩散(technology diffusion)的概念还没有形成统一的认识，不同的学者都有着不同的理解。

对于技术扩散理论的分析离不开对创新的研究。20世纪80年代，国外经济学家Stoneman、Roger和Smith对技术扩散的研究比较有影响力。美国经济学家Stoneman(1981)首先对技术创新进行了研究，他利用数量模型分析了技术创新，认为创新是在人类的经济活动中第一次得到应用的生产技术和工艺，而将该项创新在人类经济系统中的广泛应用和推广，称为技术扩散。Rogers(1983)将创新扩散的模式定义为"在一个社会体系成员间，经由特定的通路，随时间的演进，散播创新成果的一种过程，创新扩散的过程主要着重在传播通路上。也就是说创新技术在社会体系内或体系之间的散播。一个社会体系内的成员对于不同的传播管道，各有不同的倾向与偏好，而且对扩散过程的速度与形状，具有重要的影响力。"可以看出，Rogers更加强调对扩散过程的研究，将技术扩散认同为创新扩散，并将技术扩散定义为某一创新技术在一定时间过程中，通过系统的各种渠道被系统成员接受的过程。Smith 等(1996)更加专注于技术在地域空间上的转移，他认为技术扩散就是技术从一个地方运动到另一个地方，或从一个使用者手里传到另一个使用者手里。美国学者 Rogers 等(1991)对技术扩散有新的解释，他认为技术扩散就是技术创新扩散，其中创新是被个人或系统中的其他生产单位考虑并采纳的一种新颖观念、时间或事物。而技术扩散是该项创新在这一时间内，在社会系统成员中通过各种渠道进行传播的过程。

国内学者对技术创新也有着一定的研究。魏心镇等(1993)认为，技术扩散的核心是创新，技术扩散中的创新是一种观念上的创新和技术上的创新。因此，技术扩散是创新在空间上的转移和传播的过程。同时，技术创新扩散也包括了该项创新技术的推广，技术的吸收及技术的模仿与改进的过程。曾刚(2002)在研究技术扩散与区域经济发展关系时，提出从地理区域角度上看，技术扩散是创新技术在区域空间上的转移，它由创新技术的提供方、接收方和转移渠道组成。创新技术的提供方是该项创新的发源企业，接受方是该项创新技术的引进者，提供方和接收方可以是科研机构也可以是企业单位等。技术扩散的转移渠道受该区域的经济发展水平、社会体制、区域政策和科技政策的强烈影响。李国武(2009)在研究技术扩散与原发性产业集群的作用时认为，技术扩散发展的一定阶段一定是产业技术扩散，产业技术扩散的内在机制是模仿。创新性产业出现以后，后来者会对先行者进行模仿，这项创新性产业的特定知识就会在该产业的从业者或者潜在的从业者之间扩散，并使更多的企业加入到这项产业中来。

综合以上特征并结合国内外对于技术扩散概念的界定，我们可以看出技术扩散的定位为三个方面：①技术扩散首先是创新扩散，是创新在经济活动中的传播和推广；②技术扩散过程是创新成果经由特定的通路，随时间的演进在一个经济体系成员间散播的过程，是在时间上和空间上转移的过程，转移渠道影响着技术扩散；③技术扩散也是产业技术扩散，其内在机制是模仿，创新性产业的特定知识在该产业的从业者或者潜在的从业者之间扩散，并使更多的企业加入到这项产业中去。

综合国内外的技术扩散理论可以看出，针对某一产业的技术扩散讲述的是这样一个过程：产业中技术扩散的源泉是技术创新，技术扩散是使技术创新获得社会整体经济效益的途径。一个产业的创新，只有通过技术创新获得该产业的新技术，并只有进行大规模的扩散，在该产业中获得大规模的使用，整个产业才会有更大的竞争力。新技术的出现会使使用该项技术的企业获得巨大的经济效应。因此，在该产业中还没有采用新技术的企业会纷纷模仿以获得比原来更大的利益，从而该产业的整体竞争力得到提高。

4.2.3 产业集群的技术扩散理论

综合前文对产业创新集群的理论分析可以得出,产业创新集群现象产生的原因主要是由于产业集群中某企业进行技术创新后产生的知识溢出。知识溢出不仅能够影响集群的规模,而且还决定了集群内部企业之间的产业的相似性和竞争性,这种竞争性的产生决定了产业集群的规模。由此可以得出,技术扩散所产生的知识溢出成为产业集群规模与创新集群形成的重要因素。产业创新集群是建立在该集群中企业技术关联基础上的。地理位置的集中、产业的网格结构和企业间的技术关联为创新集群的企业进行合作创新提供优越的生态环境。

综上,在某产业中通过技术扩散使产业创新技术在该产业中的企业之间传播、使用并推广,从而使该产业集群内各企业的技术水平得以提高,进而也提高该集群内企业的经济效益和竞争能力,促进产业创新集群的形成。徐建敏等(2007)对技术创新在产业集群中的扩散过程进行了详细的描述,技术扩散在产业集群中主要有 4 个阶段,见图 4-1,从最初时刻(t_0)开始,产业集群内的核心企业开始主动进行创新活动,当有一项创新活动成功后,该项成果并不能马上被该产业的其他企业所获知和接受,经过一段时候后开始进入第二过程。第二过程(即 t_1 时刻开始),该产业集群中的其他企业开始获知该项创新,并开始接受这项技术创新,并对其逐渐产生需求,到 t_2 时刻达到需求的最大值进而开始模仿。所以第一过程和第二过程(即 $t_0 \sim t_2$ 的时间间隔)表示从该创新集群的核心企业创新活动产生的新技术开始,到周边企业产生需求并开始模仿的时间间隔。第三过程(即 t_2 时刻开始到 t_3 时刻结束)是产业集群内非核心企业开始模仿核心企业的创新技术并开始使用的时间段,这段时间的长短取决于该项创新技术的知识、核心企业和接受企业之间的差距及其学习的能力。第一、第二和第三过程为创新在集群内扩散的时间。第四过程(即 t_3 时刻开始),随着模仿企业对于创新技术的使用,越来越多的企业成

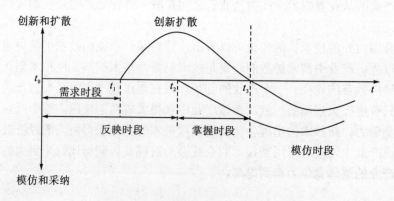

图 4-1 技术创新在产业集群中扩散过程

为该项技术的核心企业，该项创新在产业集群得到充分的技术扩散，产业竞争力整体得到提高，产业创新集群形成。

4.3 海洋产业创新集群培育理论

4.3.1 产业集群相关理论

有关产业集群形成原因的研究很早就开始了，这些可以看作是有关产业集群的培育机理的理论渊源。Marshall 在 1890 年撰写的《经济学原理》所提到的"产业区(industry district)"是可以追溯到的最早与产业集群培育机理的相关理论。Marshall 将"产业区"定义为"一种历史和自然共同限定的区域，其中的中小企业积极地相互作用，企业群与社会趋向融合"。同时，在该书中 Marshall 在谈到企业集聚的原因中首次提出"外部经济(external economic)"的概念。他认为产业集群的培育需要该地区具有"外部经济"，即形成一个产业的地区性聚集需要专门人才的劳动力市场共享、专门机械和原材料提供等中间产品投入、新思想与新主意的传播等外部经济优势来促成企业的地理集中和相互依赖(马歇尔等，2009)。Marshall 在提出关于产业形成后，经济地理、区域经济等不同的学科对产业集群的培育理论取得了更进一步的深入发展。1909 年，Weber 在《工业区位论》中从微观企业的区位选择角度解释了产业集群产生的原因，并为产业集群的培育机理提供了重要的理论支撑(Weber,1909)。他认为企业选择集聚取决于集聚为企业产生的收益和成本的比值。他认为，培育产业集群需要通过企业集聚所产生的收益与成本的对比来分析并量化集聚形成的规则。培育集聚所需的因素可以分成两个阶段：①通过培育企业本身的扩大成长而形成的集聚优势；②培育不同企业彼此之间相互联系所形成的网络而组成的产业联合(Weber, 1929)。Isard 在做了大量的实证研究后提出了企业集聚形成的规则，为产业集群的培育机理奠定了基础(Isard, 1956)。他认为从企业微观的角度上看，企业成本最小原则与收益最大原则的位置与规模选择是促成企业集聚的主要原因。企业会在邻近自然资源产地集聚或相应产品的目标市场集聚，当知识是企业最重要的生产要素时，该企业会集聚在高等院校与科研院所附近。因此，培育产业集群的要素是自然资源、相应产品的目标市场和高等院校与科研院所。1990 年，Porter 在 *The Competitive Advantage of Nations* 一书中正式提出产业集群(industrial cluster)的概念(Porter，1990)。在 1998 年的论著——《簇群与新竞争经济学》中对产业集群有了进一步明确的表述，提出国家竞争优势的"钻石体系"的概念，并认为该"钻石体系"是形成产业集群现象的主要原因。根据该理论看出，产业集群的培育需要"钻石体系"的四大关键要素组成的一个完整系统，培育产业集群的动力源是知识的吸收与创新，它还能对"钻石体系"的四大关键要素中高级生产要素和政府功能起作用(Porter，1998)。

4.3.2 产业创新集群理论

随着我国各种产业集群的不断出现和对产业创新需求的不断增加，以北大教授王缉慈为代表的我国学者也纷纷对产业创新集群进行了理论与实践上的探索，得出了关于创新集群培育机理的相关理论。

王缉慈教授的著作《创新的空间——企业集群与区域发展》是较早对与创新集群培育相关的系统论述，其在我国中关村信息高新技术产业集群的形成机理和西方一些高技术产业集群理论的基础上，提出了一些培育具有创新能力的产业集群的建议(王缉慈，2001)。随后，王缉慈(2004)在关于《发展创新型产业集群的政策建议》的文章中以欧洲成功的产业区和具有创新功能的高新技术产业集群(high-road，innovation-based)为典型案例进行了分析。她认为高新技术产业集群具备以下两个条件：①高新技术产业集群内企业具备良好的工作环境的同时，应具有创新性、高质量性和功能的灵活性；②高新技术产业集群内企业间具有自觉地发展合作关系的意愿。王缉慈认为，高新技术产业集群更具产业创新集群的特征，促进企业创新行为的产生首先要培育产业集群，由于创新行为的不确定性和复杂性、创新产品具有生命周期和能够满足需求追求个性化等原因，单个企业已经很难保证在产品价值链中的各个环节都保持创新的成功，但集群内的企业的创新环境和创新条件具备相互交流和相关作用的功能，因此集群内企业的创新环境优于独立的企业。产业集聚对创新的贡献还在于同行业之间的非正式交流，这种通过各个企业员工之间的非正式的交流使不同的知识、信息和思想在交流中相互融合和交叉而产生新的知识，这也成为产业创新集群形成的重要因素。

除此之外，很多学者对具有创新性质的产业集群的研究给予了高度重视。叶建亮(2001)认为，产业集群现象产生的原因是集群中企业的知识溢出。知识溢出不仅能够影响集群的规模，而且还决定了集群内部企业之间的产业的相似性和竞争性，这种竞争性的产生决定了产业集群的规模，知识溢出与技术的扩散成为扩大产业集群规模与培育创新集群的重要因素。关士续(2002)在对高新技术产业的研究中发现，在高新技术产业的发展中区域创新网络起着重要的作用。技术创新的要素和事件的集中大大增加了创新的机会，促进大量的企业集中在区域技术创新网络中采取创新行为并使其优势得到极大的发挥。宁钟等(2003)学者认为，大学研究开发机构和私营企业间能够促进知识外部性和创新企业集中化，因此认为创新集群具有技术多样性和知识溢出等特征。可以看出，众多的学者都认为技术扩散和技术网络是培育创新集群的重要因素。

另一个研究产业集群创新的视角是"创新系统"。有关创新以及创新集群培育理论的研究最早开始于 20 世纪 20 年代的美籍奥地利经济学家 Schumperter（Schumperter，1912b）。Schumpeter 在 1912 年出版的《经济发展理论》可以说是西方经济学界第一本用"创新"理论来解释和阐述资本主义的产生和发展的专著（Schumperter，1912b）。同时，Schumperter 也注意到创新集群并提出产业集群与创新行为的关系。他认为，"创新并不是一件单独的行为，而是一种不连续的行为"。创新往往都是以集群的形式出现的，因为创新的行为一旦成功地出现以后很多企业会进行模仿，而且创新在整个经济系统中往往会在某些部门或者相关部门趋于集中。1962 年，Enos 在其《石油加工业中的发明与创新》一书中从"行为集合"的角度来解释创新，提出技术创新是"行为集合"，其中包括发明的选择、资本投入保证、组织建立、制定计划、招用工人和开辟市场等。在科学技术高速发展的背景下，国外开始了主要以技术创新为重点的"创新系统"的研究（Enos，1962）。

20 世纪 80 年代末期以后，创新理论与方法大大系统化，很多经济学家开始关注国家创新能力的提升，并将其作为创新集群培育的动机机制。著名管理学家 Drucker 于 1985 年出版的《创新与企业家精神》对创新的主要方面进行了研究，全书认为目前经济已由"管理的经济"转变为"创新的经济"，认为创新有技术创新和社会创新两种，即创新是一种赋予资源以新的创造财富能力的行为（Drucker，1985）。Rothwell（1994）利用"创新过程与政策工具的作用"模型提出"第五代创新"概念，将创新视为多因素过程，这些对创新理论的认识成为培育创新集群的基础。英国经济学家 Freeman（1987）以日本的技术和经济绩效为研究背景首先提出了国家创新系统的概念，他更多地从经济角度考察创新，提出国家角度上的技术赶超是技术经济范式的转变和赶超，其依赖于国家创新系统的培育，对技术创新资源的集成能力、集聚效率和适应性效率的培育。20 世纪 90 年代，以 Cooke 等（1992）和 Asheim 等（2006）为代表的经济学家在 Schumperter 的创新理论的基础上拓展了创新理论，研究了知识经济条件下知识、学习与创新的区域特征，为信息技术高度发达、全球化条件下的创新集群的形成提供了新的解释。Cooke 等主编的《区域创新系统：全球化背景下区域政府管理的作用》提出区域创新体系的概念，对区域创新环境、创新支持体系、企业创新行为等方面进行了广泛的研究（Cooke et al.，1992）。Asheim 等（2006）进一步将区域创新体系分为区域性创新体系和空间一体化的创新体系两种，前者指生产结构与制度环境是区域性的，而作用方式是国家主导的表现为"自上而下"的线性创新模式，如德国的巴登—符腾堡洲地区；后者指生产结构和创新环境与区域融为一体，创新表现为"自下而上"的互动的非线性模式，如意大利的 Eimilia-Romagna 地区。这些创新体系的构建作为重要基础培育了所在国或地区的产业集群，使其产业的发展具有了产业创新集群功能。

部分学者把侧重点放在创新上，从不同的角度分析创新集群的生成动力及形成要素。骆静等（2003）认为，创新集群是创新存在的方式之一，它从整体上为创新个体提供生存范式、需求动力和资源支持，同时，创新集群也是培育创新的最佳发展平台。黄鲁成(2004)认为，创新集群是创新(成果)在时间和空间上成群出现的现象，并且借鉴生态学理论研究了创新群落(创新集群)与产业群(落)的区别。他认为，产业群落的构成是相关公司，创新群落的构成包括技术创新主体(企业)，也包括相关主体(高校、研发机构、政府机构、中介组织)；产业群落寻求的是产业发展，其中包括产业规模的扩大，而创新群落以创新活动为中心和主旨。姚杭永等(2004)在对宁波高新技术产业集群进行实证研究的基础上在文章《解构创新业产业集群》中提出，高新技术产业集群的核心是一些技术密集型或知识密集型的企业，并且科学和技术知识推动了新生企业的发展，一个高新技术产业集群类似于一个地方创新系统，但地方创新系统的重点在于技术，而高新技术产业集群的重点在于企业。高新技术产业集群是一些关注地理范围内社区的本地结构，而不是部门的或会扩展到全国范围内的网络。高新技术产业集群应该产生于高新技术科技园区中。许继琴(2006a)在对产业集群、区域创新系统和宁波地区发展起来的产业集群进行理论和实证分析进行研究后认为，聚集机制是形成产业集群的初始动力。目前，各地区所形成的产业集群正在面临着自身从低成本集群向创新集群的转变，形成产业集群的机制也正从集聚经济向提高技术创新效应转变。因此，许继琴提出聚集经济的概念应从传统的外部规模经济和外部范围经济的复合体拓展到技术创新效应。同时，许继琴(2006b)对创新集群和集群式创新的概念进行辨析的同时提出，创新集群建立在技术关联基础上。地理位置的集中、产业的网格结构和企业间的技术关联为创新集群的企业进行合作创新提供了优越的生态环境。

4.3.3 产业创新集群培育理论

20世纪末至今，随着对产业集群与创新理论研究的深入，直接针对产业创新集群的培育基础和培育条件的研究逐渐得到发展。代表人物主要有 Voyer(1998)、经济合作与发展组织(OECD)[①]、Lynn Mytelka 等[②]学者和研究机构。

Voyer(1998)对近百个大城市的技术中心或较为著名的知识性地区及其边缘区域进行了调研，并总结出产业集群的三个主要特征和创新性产业集群形成的因素。他认为产业集群主要有以下特征：①企业和产业区内应用技术与商业活动的紧密联系有利于创新活动；②企业、教育与研究机构、财经和其他商业机构等的地理聚集提高了创新活动效率；③越来越大产业群规模能够有效地满足内部需求，从而减少对外部提供服务的需求。Voyer 在得出产业集群发展的主要特征后又进一步提出，基于技术中心或知识性地区进行研究的产业集群有着创新的特征，在

---
① OECD.Innovative Clusters:Drivers of National Innovation System［R］.OECD Proceedings,2001
② Mytelka L K, Farinelli F.Local clusters,innovation systems and sustained competitiveness［R］.UNU/INTECH.

此研究的基础上提出了培育创新型产业集群的概念和条件。"创新型产业集群是指一个地区或城市的企业集中，包括来自于一个或多个产业部门的制造者、供应者和服务提供者。这些企业受到大学、研究机构、融资机构、孵化器、商会服务和先进的交通运输系统的支撑"。Voyer 列出了八个当地经济发展权威机构，并清晰地指出把一般性产业集群培育成创新型产业集群需要具备的因素：①当地政府能够准确识别具有潜在创新能力的产业和企业；②具有支撑该产业和企业发展的高校及科研机构；③当地具有充分的信息网络资源的支撑，以加强企业之间的信息交流与合力的形成；④当地具有众多的创业需求和企业家精神的需要；⑤对原产业集群中的领军企业具有巨大影响；⑥能够充分利用众多的投资资本；⑦具有当地的比较优势所确认的资源性资产；⑧保持本地竞争优势的需要。经济合作与发展组织（OECD）在深入研究一些产业集群后发现，具有创新性的产业集群往往是高技术产业集群。这些产业集群在信息科学与信息技术快速发展和经济全球化的共同作用下，技术、信息和知识在企业间快速流动，促使产业集群内的企业紧密合作、新知识和新技术在企业间快速流动、集群的创新能力得到整体提高。经济合作与发展组织（OECD）将这样的产业集群称为创新集群（innovative cluster）。在《创新集群——国家创新体系的推动力》中对主要集中在西班牙、丹麦、芬兰与荷兰等国家的信息与通信技术集群和多媒体集群进行了研究，认为这些产业集群的企业之间具有很广的生产关联度、企业之间信任程度较高而且具有较多的合作与竞争，具有先进创新集群的性质，而相对应地把建筑业集群和农业集群等归入成熟集群（OECD，2004）。Meng 也认为产业集群内部企业相互间具有较强的关联和影响是创新性产业集群的一个重要特征（Meng，2005）。Lynn 等大量学者的研究都认为，培育创新性产业集群的重要条件是促进集群内企业具有较高的创新能力和持续的创新行为，并重点培育这些企业间的关联性（Lynn et al.，1998）。

综合国外众多学者对创新集群培育机理的相关研究，大部分学者的研究都建立在已经形成的具有创新功能的产业集群的基础上，在此基础上对创新集群的概念、特征以及培育创新集群所需要素等方面进行总结，得出了一些重要的结论，但是直接针对创新集群的培养机理的研究并不多见。

4.3.4 海洋产业创新集群培育理论

国外海洋产业创新集群培育机理的相关研究主要集中在两种角度：①海洋产业科技创新的角度；②以国家发展海洋创新体系为基础所进行的理论探索。21 世纪以来，国外研究海洋和海岸利用的专家学者从不同角度提出了海洋产业科技创新的模式，挪威学者 Reve 等（1982）最早提出建设全球海洋知识枢纽。从 Reve（2009）提出的研究报告中可以看出，挪威在建设全球海洋知识枢纽时非常重视产业链的整合。当前，主要围绕四个产业展开研究：航空、能源、海洋开采和食品。同时，Reve 认为全球知识枢纽由公共研究机构、研发基础设施、风险资本、海洋知识企业、海洋产业公司、专业支持服务、海洋和环境政策构成，其中公共研究机构是整个枢纽的核心。全球海洋知识枢纽主要有以下特征：①以海洋技术创新和研发的集群，在集群内部具有良好的沟通网络，外部是一个开发的组织，在集群中既有竞争又能互相合作；②以知识为核心，集中全球最先进的教育、研究人员，并具有功能良好的大学、研究机构、实验室等知识基础设施；③集中了大量的风险投资，产学研一体化，新技术易于商业化；④具有浓厚的创业文化。因此，实践中挪威政府正在努力在挪威世界第三大城市 Trondheim 建设海洋产业研发的超级集群，从而使海洋产业形成合理的空间布局。

从国家政府的角度上看，随着全球各国对海洋的开发和利用的不断升级，世界主要沿海大国纷纷把维护国家海洋权益、发展海洋高科技和发展海洋经济列为重大发展战略。因而对于海洋高科技产业、海洋知识枢纽及海洋创新体系的相关研究成果也在最近几年集中出现。国外海洋产业的发展在物理形态上以海洋科技园、产业园的形式出现，国际上比较著名的海洋产业园区和主要海洋技术主要出现在美国夏威夷海洋科技园、日本海洋科技中心（JAMSTEC）。因此，美国提出了《美国海洋行动计划》、日本制定了《日本海洋开发推进计划》和《海洋科技发展计划》（储永萍等，2009）。新加坡海事及港务管理局（MPA）在 2009 年也提出，到 2025 年把新加坡建设成为全球海洋知识枢纽，同时挪威也把建设全球海洋知识枢纽作为国家战略。加拿大在 2005 年提出推进国家创新体系建设，并着力于在该体系下建设行业产业集群，加拿大国家委员会（NRC）在纽芬兰岛建设的海洋产业集群是典型例证（刘曙光等，2007）。纽芬兰岛海洋产业集群的建设是以国家级海洋研究与发展实验室为基础的，并与国家海洋创新体系建设相结合，具有海洋产业创新集群的模式。加拿大在建设国家创新体系的同时，对海洋创新体系概念做了进一步的解释。海洋创新体系是一个由海洋环境管理、国防安全、信息处理和政府规则以及海洋技术专业和各个海洋产业部门的创新活动所组成的创新系统。海洋创新系统的各个主体需充分认识到自然资本与自然环境知识和信息的重要价值，并建立起多元协调机制，以协调不同产业之间和管辖部门关于海洋环境的各种利用方式[①]。挪威在 2006 年提出建设海洋领域的国家创新体系，皇家科学学会和挪威技术科学院（DKNVS and NTVA）的研究报告《海洋生物资源开发：挪威专业技能的全球机遇》也提出了海洋创新体系的概念，提出提升挪威的国际竞争力的战略举措为建设海洋创新体系，实现向全球输出海洋专业技能[②]。

---

① The national research council. Technology roadmap. http://www.nrc-cnrc.gc.ca.2005
② The Royal Norwegian Society of Sciences and Letters (DKNVS) and Norwegian Academy of Technological Sciences (NTVA).Olafsen T.Exploitation of Marine living Resources: Global Opportunities for Norwegian Expertise. htttp://www.ntva.no2006 【2018-8-14】

综上所述，国外有关海洋产业创新集群的培育机理的重要成果主要体现在：一是从创新行为、海洋知识枢纽和海洋科技产业园的角度分析培育机理；二是从国家海洋高技术发展战略实践角度分析培育海洋产业创新集群的相关政策建议。

第5章 培育我国海洋产业创新集群的经济学分析

5.1 海洋产业创新集群机理的理论模型

本章从系统论角度,对海洋产业创新集群的概念、内涵、特征、系统结构及构成要素等方面进行了界定与分析,将海洋产业与一般产业和创新集群的概念和原理进行了梳理和分析,创新性地给出了海洋产业创新集群的概念、内涵和特征。同时,本章总结了海洋产业创新集群的各组成要素集,它由海洋资源、海洋科技领军人才、充足的资金、高校科研、政府公共机构、创新环境、涉海企业等若干个要素组成。这些系统要素界定将为以后章节中海洋产业创新集群体系构建提供依据。在综合学者们总结的产业及产业创新一般性特征的基础上,本章形成了海洋产业创新集群培育机理的理论模型,为后文分析海洋产业创新集群培育机理的建模与仿真提供理论依据。

5.1.1 海洋产业创新集群的特征描述

1. 海洋产业创新集群的界定

海洋产业最大的特点是具涉海性,海洋产业是人类开发利用海洋、海岸带资源和空间所进行的生产和服务活动,是涉海性人类经济活动。鉴于海洋产业综合性的产业特点,海洋产业的创新内容更加多元化和系统化,其创新内容既具有区域创新系统的特点,又具有产业创新系统的特点,概括来说海洋创新产业是技术创新、知识创新、产品创新、组织管理创新的集成。根据复杂系统论思想,海洋产业创新集群作为一个复杂系统,通过运行,把技术创新内化为产业经济增长,从而促进海洋产业升级和海洋经济高质量增长。

结合以上产业创新概念的核心要义,联系海洋产业的生产特性,在此给出海洋产业创新集群的概念:海洋产业创新集群是指在一个有限的地理范围内,以海洋高新技术企业为主体,以开发利用海洋、海岸带资源和空间所进行的生产和服务活动为主要工作内容,以创新活动为中心,主体之间相互作用与学习,知识的流动频繁,产业中企业之间具有较高的信任度、广泛的生产关联度,企业之间具有较多的合作与竞争,具有持续的创新行为和较高的创新能力,通过产业化生产来创造新产品和企业的组织结构的企业协同体。

以上给出了海洋产业创新集群的定义,在确定概念核心要义的过程中,考虑到研究时需要准确的概念界定,因此概念的确定旨在给出海洋产业创新集群的概念要义,从这个定义可以看出,主要有以下几个内涵。

(1)海洋产业创新集群的主体为涉海企业。海洋产业创新集群主体为涉海企业,有转型升级的需求和基础,即具有潜在的海洋高技术企业的特性。海洋产业创新集群是指以海洋高新技术为主要技术动力,或以海洋高新产品为主要制成品的海洋及其相关产业。

(2)海洋产业创新集群的核心企业为海洋高新技术企业。海洋高新技术是指"863"计划中对我国未来经济和社会发展有重大影响的海洋技术领域内的新技术,包括海洋探测与监视技术、海洋生物技术和海洋资源开发技术。

(3)海洋产业创新集群对海洋资源环境的依赖性。海洋产业创新集群产业环境为海洋产业集聚区,海洋运输业要求有良好的港口条件,海洋渔业要求有良好的生态环境等。基于此,海洋产业企业对海洋资源具有强烈的依赖性,这就造成海洋产业创新集群在地理位置上将向具有良好海洋资源环境的空间聚集。这种聚集在有利于海洋资源共享的同时也造成了使用上的冲突。海洋资源的有限性造成海洋产业间直接性的干扰。

(4)海洋产业创新集群内部环境对技术创新需求无限。海洋产业创新集群同时需要海洋产业紧密联系和海洋知识流通的创新环境。新集群中企业之间具有较高的信任程度、具有广泛的生产关联度,重视企业的互动合作和知识交流,尤其是经验类知识的交流,更重要的还有社会(人脉)网络,不同的海洋产业相关学科、不同相关产业密集互动,源源不断地产出创新的成果,能够促使本地的海洋产业相关企业创新,海洋产业创新集群的形成是一个长期的过程。

(5)海洋产业创新集群是一个海洋产业协同体。海洋产业创新集群集"养、加、创"于一体,依托"产、学、研"的紧密配合,跨越了农、工、商三大产业。鉴于海洋产业的环境依托于产业发展的技术创新,相对于别的产业,政府规制、行业协会、大学和科研院所、标准化机构、职业培训机构等为海洋产业创新集群发展提供信息、研究、技术支持以及政策的机构对于集群的发展尤为重要。海洋产业创新集群是由以海洋研究为特色的大学,以海洋高新技术开发为目标的研究机构,以海洋信息服务为主导功能的公共服务机构,乃至开展海洋文化及科技产品展示功能为主的科技文化展示平台等组成,通过国家以及该区域所推出的具有竞争优势的优惠政策、富于人文气息的人居环境、拥有知识产权严格保护的研发环境以及具有价值的投资环境等因素,吸引区域内外的人才、资本来此集聚,并通过有效的创新环境、创新文化的形成机制,推动集群内部创新的持续性,为海洋产业的发展提供源源不断的动力。

2. 海洋产业创新集群的特征

复杂适应系统是由适应性主体相互作用、共同演化并层层涌现出来的系统。围绕适应性主体这个最核心的概念提出了在复杂适应系统模型中应具备的七个基本特性，分别是聚集、非线性、流、多样性、标志、内部模型以及积木。其中，前四个是复杂适应系统的通用特性，它们将在适应和进化中发挥作用；后三个则是个体与环境进行交流时的机制和有关概念(陈禹，2001)。

1) 聚集(aggregation)特性

霍兰·约翰在解释聚集时，主要使用了黏合(adhesion)的概念(霍兰·约翰，2000)。复杂适应性系统的每个个体"黏合"形成多个聚集体(aggregation agent)。在一定条件下，复杂适应性系统的每个个体彼此之间接受并组成新的聚集体。这个新形成的聚集体就是复杂适应性系统演化形成的新个体，低层次的个体通过聚集结合起来，形成较高层次的个体。聚集不是简单的合并，而是新类型的个体出现，原来的个体在新环境中得到了发展。

海洋产业创新集群在形成的过程中很显然具有了聚集的特性。在初级阶段，数量较少的海洋高新技术企业或以创新活动为中心的海洋产业相关企业，从外地迁移进来或者在本地创业起来，逐渐出现在此区域，随后，具有较高的信任度和广泛的生产关联度，具有较多的合作与竞争的企业在自身利益的驱动下，逐步"黏合"形成具有多个个体的聚集体，不断发展，其适应能力和竞争力不断提高，形成创新产业。

2) 非线性(non-linearity)特性

海洋产业创新集群是一个在有限的地理范围内，基于高度集中的知识交流，具有交互式学习和共享的社会价值，通过集群产业化生产来创造新产品和企业的组织结构。其主体的相互作用与学习以及集群内知识的流动，很难用简单的线性关系来描述，更多的是非线性关系。创新产业内的服务共享、市场共享以及公共产品共享等，导致的成本下降大多是非线性的，而信息共享平台将可能促进效应倍增。这些正体现了创新产业企业间的非线性的相互作用，促成创新产业整体创新优势的涌现，集群的竞争力才能不断提高。

3) 流(flows)特性

流可以看成是有着众多个体之间、个体与环境之间的某个网络上的某种资源的流动。这些资源可以是物质流、能量流和信息流，其流动的渠道是否畅通、流动速度如何，都将对系统的形成和演化产生直接的影响。

海洋产业创新集群中的企业作为系统中的主体,在创新活动中,人才、资金、物质和信息在主体之间流动,促进了企业之间的较高信任度和广泛的生产关联度。这些流动的渠道是否畅通、流动的速度以及企业间彼此的信任度都会直接影响到创新型企业对环境变化的适应能力和创新能力,进而关系到整个创新产业的创新能力和竞争优势。

4) 多样性(diversity)特性

复杂适应系统的多样性是一种动态模式,其多样性是系统不断适应的结果。在适应的过程中,每一次新的适应都使系统中间的个体差异发展并扩大,最终形成分化。复杂适应性系统得到进一步的演进,为进一步的相互作用和新的生态位提供了可能。如果与前面讲到的聚集结合起来看,这就是系统从宏观尺度上看到的结构的涌现。

海洋产业创新集群在逐步形成的过程中,内部企业的个体活动和个体间活动非线性的作用,导致创新产业在形成过程中呈现出丰富多彩的性质和状态,这种多样性的存在提高了创新产业的适应性。

5) 标志(tag)机制

在复杂适应系统理论中,标志是为了聚集和边界生成而普遍存在的一个机制。为了相互识别和选择,标志是隐含在复杂适应系统中具有共性的层次组织结构背后的机制。在聚集体形成的过程中,标志就是始终起作用的一种机制。这种机制能够促进选择性相互作用,设置良好的、基于标志的相互作用,为筛选、特化和合作提供了合理的基础,这就使介主体和组织结构得以涌现。

标志的存在使海洋产业创新集群中不是任意两个企业都可以聚集在一起,只有那些为了共同作用的企业之间才能聚集。这种共同作用需要存在一种可以辨认的具体形式,这个具体形式就是标志。正是这些不同的企业通过标志而进行相互选择进而聚集在一起,进而形成创新产业。例如,海洋产业创新集群的标志为,对海洋资源的共同需求以及对相关技术创新的共同需求等。

6) 内部模型(internal models)机制

霍兰·约翰(2000)用内部模型来定义实现主体实现某项功能的机制。系统中的每个个体都有对未来事物判断的能力,通过这个能力来预知未来某些事情,这需要企业都有复杂的内部机制,而这些模式最终会凝固成具有某项功能的结构,对于整个系统来说,这就统称为内部模型。

在海洋创新产业中,不同层次的主体都有预期未来的能力,企业的决策和各种创新的行为或者对未来的计划以及企业之间的合作与博弈,是创新产业能够实现协同创新效应或者出现涌现现象的关键步骤。

7) 积木块(building blocks)机制

海洋产业创新集群的形成常常是在一些相对简单的海洋高新技术企业发展的基础上，通过改变它们的合作和竞争方式而形成的。概括地说，海洋产业创新集群的形成，是把下一层次的海洋高新技术企业之间的集聚与合作的内容和规律作为内部模型封装起来，合作紧密的海洋高新技术企业作为一个整体参与上一层次的相互作用。这种相互作用和相互影响在上一层次中是起关键性和决定性作用的主导因素。这种思想与计算机领域中的模块化技术以及近年来作为软件设计、开发主流技术的面向对象的方法是完全一致的。

通过描述复杂适应系统七个基本特性，海洋产业创新集群可以看作是以内部模型为积木的复杂适应系统模型，并通过标志进行聚集等相互作用，层层涌现出来的动态系统。在海洋产业创新集群中，企业所做的创新行为或决策往往是建立在过去的知识和经验的积累基础上的。事实上，企业就是将相关的知识或经验的积木重新组合，进而采取适合的行动。海洋产业创新集群作为一个复杂适应系统，最根本的机制就是积木块机制。海洋产业创新集群要想持续不断地产生技术创新并提高竞争力，关键在于寻找到适合自己的好的积木。海洋产业创新集群中的海洋企业的生命力正是一种特定的积木组合带来的创新成果。当一种新的积木被企业发现时，通常会带来集群内部企业一系列的技术创新产生。

综上分析，本书认为海洋产业创新集群的形成过程符合复杂适应性系统的七个基本特性，海洋产业创新集群具有复杂适应性系统的特点。因此，本书将海洋产业创新集群视为一个复杂适应性系统，集群内的企业为海洋高新技术企业，其中，企业、政府、大学及科研机构等是集群整体的子系统和个体。

3. 海洋产业创新集群的轨迹

海洋产业创新集群的最大的特点是科研机构、高校以及中介部门和政府组织对其有深入影响。在以往对产业的研究中，往往强调企业间的关系，特别是企业间的相互作用，而忽略了大学、科研院所以及金融机构等中介部门和政府对企业间相互作用的影响。在复杂系统的研究中，海洋产业创新集群具有与其他产业不同的特点，以及根据众多的产业理论和借鉴判断一般性产业是否存在。本书认为，海洋产业创新集群的生成基本有两个主要过程：①海洋高新技术领域中大量的企业和其他支持性组织在地理上集聚；②海洋高新技术企业之间存在物质资源和非物质资源的知识与信息的联系，即"空间聚集"和"创新环境"。在本书中，海洋高新技术产业的空间集聚的概念借鉴 Joseph 等(1992)提出的空间集聚的概念，将其定义为一群海洋高新技术企业或海洋传统企业以及与海洋高新技术相关的企业在特定地区集聚的现象。

本节的研究主要以海洋产业内高新技术企业、传统海洋企业、科研机构、高校以及中介部门和政府组织之间的相互作用为基础。因此，本书将海洋产业创新集群界定为海洋产业创新集群环境和培育海洋高技术企业空间集聚所需因素作为本节研究的重点内容，进而来探讨海洋产业创新集群的培育机理。基于以上分析，本书认为海洋产业创新集群的培育过程为海洋高新技术企业空间集聚的培育与海洋产业创新集群环境的构建。即，海洋产业创新集群＝海洋高新技术企业空间集聚＋海洋产业创新集群环境构建，见图5-1。

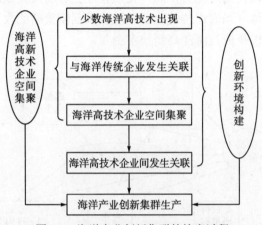

图 5-1　海洋产业创新集群的培育过程

因此，我们把海洋产业创新集群的培育机理主要划分为两个部分：①海洋高新技术产业的生成，即海洋高新技术企业在地理位置上的空间集聚的机理；②海洋产业创新集群的创新环境的形成机理。海洋产业创新集群的培育机理就是这两个机理的有效叠加，即海洋产业创新集群培育的关键要素主要包括政府、金融机构、客户、供应商、高校、中介机构等组成的大系统，以及集群中企业通过与集群内各结点间的往来与联系，提供知识、创新资金、流动人力资本等创新要素。

5.1.2　海洋产业创新集群的行为主体

海洋产业创新集群的行为主体主要包括三个层次（图5-2）：最基础的主体是海洋传统产业企业，可以成为核心主体海洋高新技术企业的客户，或为其提供基本的原材料；核心主体是海洋高新技术企业；外围主体包括对集群发展起协调和规划作用的政府、金融机构、高校和科研机构等。

1. 基础主体

基础主体是海洋产业创新集群所在区域内的海洋传统企业。在海洋产业创新集群内，如果按照技术创新与技术扩散来衡量不同行为主体的作用，那么发挥核心主体作用的一般是海洋高新技术企业,甚至是几个龙头企业,海洋传统企业则是整个系统组织的基础主体。实际上,海洋传统企业是集群产业链的最前端,更多的是海洋高新技术企业(例如海洋生物企业或海洋能源企业等)的客户,或为其提供基本的原材料,其生产能力的大小以及提供的涉海产品质量高低,直接决定着海洋高新技术企业的经济效益。同时,海洋传统企业也是海洋高新技术的潜在使用者和海洋产业创新集群的潜在核心主体。由于海洋产业创新集群具有外部经济性、较低的成本以及信息优势,海洋传统企业更容易成为创新技术的受益者和激发创新活力的主体。当海洋传统企业采取技术创新策略的收益为正且具有较高的增长率时,其会选择成为海洋高新技术企业。

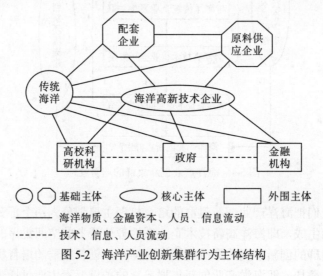

图5-2 海洋产业创新集群行为主体结构

2. 核心主体

海洋产业创新集群的核心主体是海洋高新技术企业。海洋高新技术企业在空间的集聚包含两种情况(图 5-3):①由传统海洋企业向海洋高新技术企业转变;②新的海洋高新技术企业在海洋产业创新集群区域内成立。海洋高新技术企业的概念借鉴我国在"863"计划中提出的对我国未来经济和社会发展有重大影响的海洋技术领域内的新技术,包括海洋探测与监视技术、海洋生物技术以及海洋资源开发技术的概念。即海洋高新技术企业是指能够开发或利用这些海洋高新技术的涉海企业,和能够不断创造新技术并不断进行转型升级的海洋高技术企业。

3. 外围主体

海洋产业创新集群的外围主体或辅助层次是海洋产业主体培育和海洋产业创新集群的支撑体系,主要包括对集群发展进行规划和提供基础设施作用的当地政府、提供资金支持的金融机构、提供技术支持和教育服务的高校和科研机构等。

政府作为海洋产业创新集群的支撑机构，主要为海洋传统企业向海洋高新技术企业转变提供优惠政策鼓励、制度支持和对基础设施环境进行投资等产业支撑政策之外，更重要的是政府是海洋资源与海洋空间管理部门和执行部门，对保证海洋生态环境、海洋资源的可持续利用和海洋产业创新集群的培育起着重要作用。

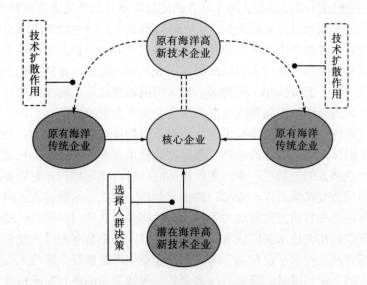

图 5-3 海洋产业创新集群核心主体形成过程

高校和科研机构为海洋产业创新集群提供技术支持和教育服务。海洋产业创新集群培育的重要环节是海洋传统产业向海洋高新技术企业转变和海洋高新技术向周边企业扩散这两个过程的叠加。很显然，海洋高新技术的创新过程与技术扩散过程离不开高校及科研机构提供的智力支持和人才供给。

海洋产业创新集群的培育过程就是海洋高新技术企业的集聚过程，海洋高新技术产业的发展和海洋高新技术的产生都具有高风险和高收益的特征，这必然使海洋产业创新集群的过程需要大量的资金支持，因此，金融机构成为海洋产业创新集群培育不可缺少的外围主体。

5.1.3 海洋产业创新集群的内外环境

1. 主体创新动力

海洋产业和陆域产业有着明显的不同，海洋环境比陆地环境要复杂得多，而且恶劣多变。这就造成海洋资源的开发和利用，以及海洋产业的发展在很大程度上非常依赖海洋技术的创新与发展。纵观全球现代海洋开发技术,其特点是融合了现代的高技术,具有风险高、科技含量高等特点。海洋产业的不成熟以及对海洋资源的依赖性使得海洋产业技术创新中的风险大大上升。海洋开发利用的深度与广度取决于海洋科学技术的创新和产业化程度。现代海洋经济增长越来越依靠技术创新、产品创新和组织管理创新,而不是依靠劳动、资本及土地生产要素来推动产业的发展。特别是当今世界已经进入知识经济时代,知识经济对海洋经济增长具有决定性的作用。因此,海洋产业的发展离不开知识技术密集和资金密集。海洋产业的内部联系以技术联系为主,一项创新技术的产生能够迅速引起海洋产业结构的变化。透过技术扩散理论和前文对海洋产业的分析,本书认为,海洋产业技术扩散是指海洋产业技术创新在海洋产业内部,通过一定的渠道在涉海企业中的潜在使用者之间被获知、被需求、被采用的转移过程。海洋产业技术创新扩散更多地表现为海洋技术创新成果在海洋企业及产业间的传播。

海洋产业特点决定了海洋技术创新依赖于海洋资源环境因素和社会对海洋技术的集合。海洋产业间的距离决定了海洋产业技术水平的不平衡。在海洋产业内任何海洋产业技术的创新在产业内进行模仿的同时,比陆域产业更容易通过产业间的关联作用诱发其他海洋产业部门的技术创新。因此,这种存在于海洋产业的技术扩散作用将更容易把创新动力引导到新的海洋产业部门。同时,海洋产业技术创新不仅仅是相关技术部门或者研发部门的事,而是贯穿海洋企业价值活动的全过程。海洋产业技术不仅存在于海洋创新企业生产经营每一环节,而且也存在于海洋产业的上游和下游。可见,技术创新在海洋产业间更容易形成技术扩散和创新诱发机制,进而推动海洋产业创新集群的形成。

2. 创新环境要素

根据复杂系统理论、创新网络理论及海洋产业理论的综合分析,本书认为,海洋高新技术企业的空间集聚所形成的创新网络符合复杂适应系统的特性。海洋产业创新集群的空间集聚不仅使企业的海洋资源与海洋空间的利用成本、企业的运输成本和企业间的交易成本减少,而且使企业在其中能获得更多的产业信息和市场信息。这是因为在海洋产业创新集群的空间集聚区中存在大量的非正式交流,非正式交流能够丰富信息、知识和促进知识创新(刘婷婷,2007)。非正式交流在海洋产业创新集群空间集聚区中促进企业知识创新方面起着重要的作用。非正式交流之所以得以进行,得益于海洋高新技术企业的空间集聚。海洋高新技术企业的地域集中使得企业间形成网络,加快企业间海洋高新技术扩散速度,形成创新环境。因此,海洋高新技术企业的空间集聚区创新网络的形成模型研究,主要针对高新技术企业进行非正式交流所需要的一些条件(创新环境形成的要素条件)展开分析(方景清等,2008)。

创新环境中的诸多环境要素对企业技术创新有重要影响,参考创新环境理论中对创新环境的划分,从技术创新环境对技术创新的影响、创新环境与企业技术创新之间的互动出发,将创新环境要素归集为三个子环境:企业行业协会的建立、基础服务环境和虚拟组织环境。

3. 创新载体形式

根据前文对海洋产业发展的条件分析,特定的区域是指该地区具有良好海洋资源和海洋空间资源。海洋产业创新集群主要通过工业园区、产业园、创业基地以及科技园区等载体来实现,国际上比较著名的海洋园区见表5-1。

表 5-1 国外海洋产业创新集群载体形式(卢长利,2013)

国家	主要海洋产业园	地理位置	主要海洋技术
日本	日本海洋科技中心(JAMSTEC)	神奈川县,冲绳,青森县	地球变化、海洋图像及数据处理、深潜技术、海洋工程
美国	夏威夷海洋科技园,密西西比海洋科技园	夏威夷,密西西比	海洋热能转换技术、海洋生物、海洋矿产、海洋环境保护
	大西洋海洋生物园	大西洋上的罗德岛	海洋生物和水产
	三角海洋产业园区	德克萨斯州德克萨斯公路	近海油气业
澳大利亚	弗雷泽海岸海洋产业园	马里伯勒市和伯努瓦湾的"弗雷泽岛屿"	游艇和轻型船只的制造、海洋服务和海洋工程的培训
	斯波特(Sydport)海洋产业园	新斯科舍省布列塔尼角的悉尼港湾	海事修理、卡车和海运修理、焊接加工、航运及服务支持
	布里斯班海洋产业园	昆士兰州何曼特市(Hemmant)的布里斯班河畔	修船、海洋仓库和服务

近几年来,我国在发展海洋产业的实践中,也大量地采用了科技园区等形式。例如,天津塘沽海洋科技园就是典型案例,天津塘沽海洋科技园是我国首个海洋高新技术园区,其任务是研究、开发和生产高新技术产品,促进海洋科学成果的商品化和产业化;山东青岛市也正在建立青岛海洋科技园。由此可见,海洋科技园是高新技术区的一种类型,也是海洋产业创新集群形成的重要载体。

5.1.4 海洋产业创新集群的系统结构

1. 产业创新系统要素

北京大学王缉慈等(2001)在《创新的空间》一书中对硅谷、加利福尼亚媒体产业、台湾集成电路产业、北京中关村等地区的高技术产业聚集机理进行了研究。他总结出高新技术产业集聚的四类因素,即产业的本地前后向联系、新企业从现在企业中衍生出来、高技术产业的劳动过程和面对面的知识和信息的交流。

倪外等(2010)提出了创新集群的主要构成要素为知识中心、服务机构、政府支持和行业协会以及内部环境的产业与市场需求。典型地区创新集群的实证研究和部分行业创新集群的实证研究表明：区域创新网络、创新的社会文化环境、独特的社会网络体系、风险投资和成熟的资本市场对于培育创新集群具有重要作用，由创新、发明或内部投资等引起集群的形成。

李恒(2007)在比较研究高新技术产业的发展中提出，发达国家占据世界知识和技术的高点，市场机制在其高新技术集群化发展中具有重要地位，但由于高新技术对于国家在全球战略中意义重大，因此政府在发展高新技术产业中也扮演着极其关键的角色。但是，政府除了在航天、军事等领域外，一般不直接参与，而以公共政策的手段加以引导。

滕堂伟等(2009)从研究集群创新与高新区转型的角度出发，提出高新区或产业的区域内的大学、相关研究机构或有关专业技术服务机构、高新企业是组成创新集群系统的必要要素，这些必要要素能够促进创新集群聚集、利用和开发集群内外的创新资源，并不断产生高新技术同时向集群外推出高技术产品和服务。

本书在综合参考以上各位学者对产业创新集群研究结论的基础上，认为产业创新集群系统要素主要由以下各要素构成：①大学及相关产业的科研院所等研究机构形成的技术创新网络是创新集群的创新中心，也是创新集群的核心。②围绕技术创新中心所形成的公共实验平台、技术开发企业和公共创新服务中心等机构是该集群创新核心的服务机构，也是创新集群的重要组成部分。③创新集群的基本活动主体由产业及相关机构和市场组成，而各级政府部门及行业协会构成了创新集群的外围主体。对于创新集群的战略制定、政策支持、优化创新环境和财政支撑等方面发挥着重要作用。④创新集群的创新机制是集群创新(Miozzo et al., 2001)，即围绕着创新集群在创新活动中所产生的核心技术来实现众多相关技术的同步创新和协同创新。

基于以上各系统要素及功能，创新集群的系统要素构成见图5-4。以大学和相关研究机构为核心的科研体系在创新过程中的位置非常重要。在特定的创新集群基础之上，创新集群内的创新活动通过各种类型的公共实验平台、公共创新服务中心和研究技术开发企业，将核心科研体系的创新技术扩散到该产业下的企业和相关产业下的企业，通过合作、协作、联合应用等，与该产业技术供需双方实现有机联结，而各级政府部门及行业协会构成了创新集群的外围主体，用以制定该集群的发展战略、政策支持、优化创新环境和财政支撑等。

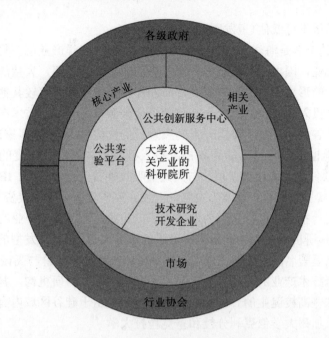

图 5-4 产业创新集群系统结构图

2. 海洋产业创新集群系统要素

根据前文对海洋产业创新集群的界定、特点及结合发达国家的高新技术产业化发展呈现的主要特征，本书认为海洋产业创新集群的形成需要以下要素。

(1) 海洋资源的需求是海洋高新技术产业形成的最基本的原因。众多学者对产业最初在某地产生的原因所持的最普遍的观点是认为产业的形成得益于土地、矿产和地理位置等自然资源方面的差异。从事海洋相关方面活动的企业大都对资源依赖度较高。因此，海洋高新技术产业的发展必然离不开海洋资源及其相关产业的开发和利用。

(2) 海洋科技领军人才是海洋高新技术产业形成的要素。当今是知识经济时代，在全球的各种高新技术产业的发展中可以看出，高技术人才扮演的角色越来越重要，成为其成功的要素。美国的经济学家 Schultz(1972) 指出：经济增长已经不必再必须依赖物质资本和劳动力的增加，人的知识能力、健康状况等人力资本的提高对经济增长的贡献远比物质资本和劳动力数量的增加更为重要。现在的高新技术产业的发展也验证了这一点。研究开发型的产业往往是由于其比较靠近著名的理工类大学，一般性的高新技术产业的发展也往往是由于靠近大学和科研机构。例如，硅谷的发展是由于硅谷区域内有全球著名的斯坦福大学、加州大学伯克利分校和圣克拉拉大学，使硅谷的科技人才中有 6000 多名博士生，当今世界上的物理学诺贝尔奖获得者有近 114 人在硅谷工作。这些科技人才推动了硅谷经济的发展，其力量不可低估(王发明，2010)。

(3) 充足的资金是海洋创新集群形成的重要保证。海洋产业创新集群首先是海洋高新技术产业，国内外高新技术产业发展的成功经验表明，大量的资金投入对高新技术产业的形成和发展至关重要，海洋高新技术产业具有较其他高新技术产业更显著的高投入的特点。因此，充足的资金来源是海洋高新技术产业发展的保障。美国的硅谷大约聚集了美国一半的风险投资机构(总共 600 多家)，就连著名的斯坦福大学也定期将自己的外界捐款投入硅谷的建设中。印度的班加罗尔自 1996 年之后软件工业能迅速发展，与其大量吸收外资是分不开的。IBM 公司投资 2 亿美元建立实验室研究"深蓝"电脑的开发；麻省理工学院也投资 10 亿美元建立亚洲媒体实验室等，这些都有力地促进了班加罗尔高新技术产业的发展。

(4) 高校科研机构是海洋创新集群形成的重要因素。研究开发型的产业往往是由于其比较靠近著名的理工类大学，发达国家的高新技术集群与高校关系很密切，一般性的高新技术产业的发展也往往是由于靠近大学和科研机构，甚至于一些集群就是依托这些高校诞生的。例如，硅谷的发展是由于硅谷区域内有全球著名的斯坦福大学、加州大学伯克利分校和圣克拉拉大学。

(5) 政府公共机构对海洋创新集群的形成起促进作用。就创新产业而言，公共机构是减少创新过程中不稳定因素的重要保障。高新技术产业中公共机构的作用尤为突出，如美国加州多媒体集群，区内有众多的公私联合机构，包括企业家联盟及非政府机构，他们为产业的发展提供诸多有利的条件，如支持研究与开发活动、提供劳动培训、进行市场调查、提供中介机构的职能、促进集群内的联系。类似的情况还有硅谷。高新技术产业中垂直分离趋势明显,公共机构为生产系统的运行提供了能够实现一体化的组织。

(6) 创新环境构建等因素对海洋创新集群的形成起主要作用。国外具有创新能力的产业的发展表明，一个成熟的产业内部的经济主体之间一般都会形成一种相互依存的产业关联和共同的产业文化，经济主体之间相互信任和交流，从而加快了新思想、新观念、新技术以及信息和创新的扩散，节省了集群内部的交易成本。如果集群内部有经济主体违反了这个规则，在成熟的市场作用下，会被集群内部的其他经济主体逐出集群。虚拟组织所产生的非正式交流是创新产业中不可忽视的特征，它营造了创新产业浓厚的创业精神和乐于合作的文化。竞争要求持续的创新,因而合作成为必须。如美国的硅谷,合作过程中体现出人与人之间交流合作的平等性和非正式特征，这种非正式的合作更容易加强人们之间的交流，其相互信任超出想象。这种合作文化所带来的强烈融入性，使知识在不同企业间快速扩散，新的构想在交流中产生，并迅速实施。值得注意的是，这种非正式的交流一方面促进了合作，另一方面也使竞争更趋激烈，形成集群内勇于创新、不断进取的独特思维方式。

3. 海洋产业创新集群系统构建

海洋产业创新集群构成见图 5-5，公共研究机构、研发基础设施、风险资本、海洋技术人才、海洋高新技术企业、海洋产业创新集群文化、海洋和环境政策、海洋自然资源及空间资源组成了海洋产业创新集群的系统的形态。①在该集群中以海洋产业高新技术的技术创新为核心，集中海洋产业中良好的相关海洋产业的大学和研发企业及实验室等相关机构等基础设施；②在该产业中集中了大量的风险资本、风险投资商、多元化海洋产业相关技术和相关政策环境等产学研一体化的创新环境，使新技术易于商业化；③以海洋高新技术企业为核心企业，以良好的海洋产业为基础、在集群内部有良好的沟通环境和创新文化氛围，外部是一个对海洋高新产品需求的市场；④以海洋自然资源和海洋空间资源为需求动因的海洋产业创新集群，造成在创新文化中的涉海企业既有竞争又能相互合作。

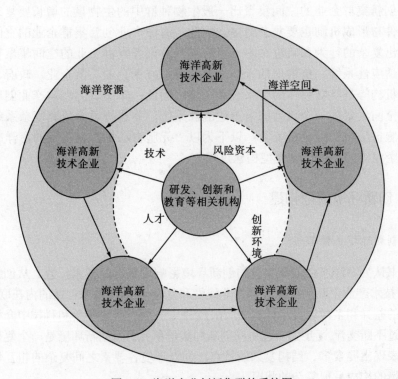

图 5-5 海洋产业创新集群的系统图

5.2 海洋产业创新集群机理的模型仿真

从本质上来看,本书认为海洋产业创新集群是一个有机的具有生命力的产业,本身有一个形成和演化的过程。由于海洋产业创新集群企业的空间集聚、创新环境形成和演化过程中,是由许多生产相同或相似涉海产品的企业在某一区域集聚,并辅之以相关的支持性机构和组织,这些企业、机构和组织相互作用、相互依存,构成一个社会生态系统,它们之间具有类似于生物种群的行为(买忆媛等,2003)。由前文分析得出,海洋产业创新集群具有复杂适应性系统的特点,其企业从空间的简单集聚到稳定状态的产生遵循生态学的基本机制,与其他生命体的增长十分相似,同属 Logistic 发展机制的非线性利益驱动机制。但海洋产业创新集群企业的空间集聚比一般生物种群中的生物量的增长要复杂,其限制条件与形成机制也要复杂得多。因此,海洋产业创新集群企业的空间集聚也呈现出复杂的行为和轨迹。本书将海洋产业创新集群企业的空间集聚视为一个复杂适应性系统,集群内的企业为海洋高新技术企业,其企业、政府、大学及科研机构等是集群整体的子系统和个体。因此,本书认为海洋产业创新集群企业的空间集聚是一个典型的复杂适应性系统,并选择适合研究复杂系统的工具"元胞自动机"为分析工具。以下为以"元胞自动机"为基础的海洋产业创新集群企业空间集聚机理模型构建过程。

5.2.1 创新环境模型构建

1. 创新环境条件假设

本书认为海洋产业创新集群的创新环境影响着集群的技术扩散。从创新视角分析,高技术产业创新的特点表现为非线性和复合化,由于技术创新的内在联系、创新内容的差异和多样以及个体实力所限,企业、大学、研究院所和科技中介机构等主体通过不断交流,逐步建立起协同创新的集群单元。而创新环境是一个复杂的巨系统,表现出要素多、结构复杂的特点。创新环境各要素之间复杂的相互作用使创新环境的构成呈现复杂的状况。

1) 基于企业间彼此信任程度的条件假设

不同的理论传统对信任的理解在具体生活中有所不同。以社会心理学为基础的对信任概念的界定多基于个体的角度,把信任界定为个人心理特质的表达。Zucker(1986)认为,虽然对于信任的预期根本上存在于人与人之间,但是在经济交易中，企业间的信任关系仍然可能存在，并根据信任的产生机制，把信任分为来源于交往过程的信任、来源于特征的信任和来源于制度的信任三种模式。Moorman 等(1993)的研究报告中提出，企业与企业建立了信任以后，相互信任的企业之间比较愿意参与高风险的合作；信任的双方会产生较高品质的互动与交流；信任行动者将采取被信任者的建议作为日后行事的依据；双方会作出维持或延续关系的承诺。

基于以上分析，本书认为，在其他情况不变的情况下，海洋产业创新集群创新网络内成员之间的信任程度越高，海洋高新技术企业获得知识的数量就越多。同时，创新网络内成员的多元性使企业能够获得各方面的知识，并降低了知识的重复性，提高单位知识流通行为的经济效益。由此本书提出以下假说：创新网络内成员之间的信任程度越高，对知识流通的准确性、及时性、全面性都有积极的影响，海洋高新技术企业采取知识创新策略所得到的收益就大。

2) 基于公共产品建设水平的条件假设

科技发展的趋势证明，现代高科技产业的进步越来越需要公众的参与，科技知识不再是从科学家、技术专家到无知的大众的单向传递过程，随着社会化劳动分工的细化，各种专业人才专注于自己熟知的领域，创新过程更表现为不同领域之间的沟通交流、交叉繁殖(郑健壮，2002)。在本书中，公共产品建设水平是指海洋产业创新集群所处区域的创新网络中"自上而下"由政府提供的用于服务创新主体——海洋高新技术企业的公用设施。它可以促进创新主体之间的互动，为人们之间的交流与合作创造条件。从具体的表现来看，公共产品除了是一般性的(例如道路、公共交通、自来水、电力、邮政通讯等这一类的众所周知的公共基础设施)以外，主要是指可以为创新主体服务的各种基础设施，包括公共图书馆、公共实验室、公共信息服务平台、以及举办各种开放的专业研讨会、沙龙的场所等；也包括众多有关相关海洋技术的基础教育、人力资源的技术培训与企业家培训等。在此区域，人们可以通过这些由政府兴建的公共产品来跨越众多的无形障碍，更加快捷方便地接触并吸收到海洋高新技术企业知识创新所需的原材料、技术、信息等。

基于以上分析，本书认为，在其他情况不变的情况下，海洋产业创新集群创新网络所在的区域内的公共产品建设水平较高时，会促进海洋产业创新集群创新主体进行知识创新。由此本书提出以下假说：海洋高新技术企业创新网络内公共产品建设水平越高，对知识流通的准确性、及时性、全面性的积极影响越大，海洋高新技术企业采取知识创新策略所得到的收益就越大。

3) 基于虚拟组织的建设的条件假设

目前，在信息时代下，由于现代交通和信息通信技术的迅猛发展，网络技术的兴起、管理信息系统的完善、集成制造技术的普及和电子商务的发展，使得企业之间跨越时空障碍进行合作日益便利，大大降低了企业协作的交易成本，涌现出新的企业组织形态，即出现了虚拟组织。《商业周刊》在1993年2月8日的封面报道中把虚拟组织定义为一种新的组织形式，其指两个以上的独立的实体运用技术手段把人员、资产、创意动态地联系在一起，相互之间的合作关系是动态的。这种虚拟组织的出现可以突破传统企业间合作与交流需紧邻的地理限制，用"组织接近"的概念代替传统的"地理接近"，利用信息通信技术的进步把企业置于整个创新网络的学习环境当中。这种"组织接近"是虚拟组织形成动力的新来源，虚拟组织的成员企业，分布在不同的地域范围内，以先进的信息技术和网络技术为基础，依托信息化网络平台，通过信息的高效传递与交流来实现企业间的沟通和合作，通过资源互补来营造其竞争优势。

基于以上分析，本书认为，在其他情况不变的情况下，海洋产业创新集群创新网络内成员之间虚拟组织的建设会促使海洋高新技术企业获得知识数量的增加。由此本书提出以下假说：创新网络内海洋高新技术企业虚拟组织的建设对知识流通的准确性、及时性、全面性都有积极的影响，海洋高新技术企业采取知识创新策略所得到的收益就大。

2. 创新环境模型构建

Romer提出的内生增长理论认为，国民经济的持续增长主要源自于知识的积累(Romer，1986)。高新技术产业集群不仅是一个简单的产业网络，在某种程度上可以理解为一种具有地域特征的知识创新体系(郑健壮，2002)。本书所说的海洋产业创新集群知识创新是指在海洋高新技术产业集群内企业对其生产的产品进行创新的行为。一个产业集群创新能力的提高很大程度上取决于集群中众多企业之间知识积累与相互学习的过程(朱勇等，1999)。可以看出，集群内部海洋高新技术企业之间知识的积累、溢出与共享有利于提高海洋产业创新集群的知识创新能力，进而加速我国海洋高新技术建设。

如何更好、更直观地描述海洋产业创新集群知识创新过程中海洋产业创新集群内企业互信程度、公共产品建设水平与虚拟组织的建设与否等因素的作用呢？钱学森明确地指出，凡是不能用还原方法论处理的问题都宜用新的科学方法处理，这类问题就是复杂系统问题，对于复杂系统的研究只有树立整体观，才能突破还原论的局限性(钱学森，1988)。

因此，本书试图借鉴复杂系统与复杂网络的思想，将海洋产业创新集群视为复杂网络，将集群内海洋高新技术企业视为元胞，采用元胞自动机的研究方法，针对产业集群创新环境中的企业之间互信的程度、公共产品建设的水平与虚拟组织的建设与否等要素，来研究海洋产业创新集群内企业知识创新过程。本书选取集群内海洋高新技术企业知识创新数量、企业相互信任程度、企业内部研发投入、集群内公共产品建设水平与创新成本等为主要控制参量,以海洋产业创新集群企业创新过程为研究对象,建立如下元胞自动机模型。

$$A = \oint (\Omega, S(i), Q(i,j), R^t(i,j)) \qquad 式(5\text{-}1)$$

式中,Ω 为元胞的空间,这里 $\Omega = \{(i,j), i,j=1,2,\cdots,n\}$,本书代表海洋产业创新集群所处的区域及公共组织。其中,i 为本书的观察对象;j 为元胞 i 的邻域企业;n 为该产业集群内的企业个数。

$S(i)$ 为元胞 i。其中,i 为本书的观察对象。$S(i)$ 代表为海洋产业创新集群的知识创新过程中,具有独立决策能力的海洋高新技术企业或者法人组织在 t 时刻所采取的策略,记 1 和 0 两种,分别表示产业集群成员已采取知识创新决策和未采取知识创新决策两种状态,在结果中分别用黑和白两种颜色表示。

$Q(i,j)$ 为与元胞 i 交互作用的领域 j。本书分别使用 Von Neuman 型和 Moore 型,定义邻域 j 是集群发展过程中与企业 i 存在某种关联的企业[①]。

$R^t(i,j)$ 为在 t 时刻元胞 i 与周边邻域企业 j 之间的作用。本书定义为企业 i 与周边邻域 j 之间的作用下采取知识创新策略所得到的收益水平。

3. 创新环境基本假设

新增长理论认为(朱勇等,1999),知识创新过程是由集群内企业的知识积累和综合邻域企业的知识溢出共同作用下所产生的新思想的过程。为了模拟分析内外部因素对海洋产业创新集群知识创新过程的影响,引入如下概念。

定义 1 $R_1^t(i)$ 为海洋产业创新集群内海洋高新技术企业 i 依靠自身在内部研发过程中的知识积累所得到的收益水平,Audretsch 等(1996)假定 $R_1^t(i)$ 服从 $[0, r]$ 上的均匀分布,$r \in [0, 1]$。

定义 2 在海洋产业创新集群内,海洋高新技术企业 i 获得周边邻域企业 j 的知识溢出程度可以归结为吸引因子 $K(i,j)$,定义如下:

$$K(i,j) = 1 - \frac{1}{1+e^{N_{t-1}}} \qquad 式(5\text{-}2)$$

式中,$K(i,j)$ 与邻域企业 j 采取知识创新策略的元胞数量 N_{t-1} 呈线性正相关。即邻域企业 j 采取知识创新策略的元胞数量越多,K 的取值越大。其中,N_{t-1} 为产业集群内企业的邻域企业 j 采取知识创新策略的元胞数量的总和,在 Von Neumann 型中 n 为 4,在 Moore 型中 n 为 8。

定义 3 $R_2^t(i,j)$ 为海洋产业创新集群内的企业 i 得到的由邻域企业 j 溢出的知识的收益水平,本书假定企业 i 的知识溢出收益受该企业与邻域企业 j 的互信程度和产业集群的公共产品建设水平以及吸引因子的影响,定义如下:

---

① 关于元胞邻域的定义有多种形式,其中比较著名的有 Von Neumann 型邻域和 Moore 型邻域,如图所示,左为 Von Neumann 型,右为 Moore 型。

$$R_2^t(i,j) = \oint(M(i,j), Y, K(i,j)) \qquad 式(5-3)$$

式中，$M(i,j)$ 为海洋产业创新集群内海洋高新技术企业 i 与邻域 j 之间的信任度（$M \in [0,1]$）。$M=1$ 时，海洋产业创新集群内的企业之间溢出的知识完全被接收企业吸收；$M=0$ 时产业集群内的企业之间溢出的知识完全不被接收企业吸收。

Y 为公共产品建设水平（$Y \in [0,1]$），公共产品建设水平是指海洋产业创新集群中的物流网络、通信网络、信息网络等基础设施的建设水平和政府、法律、社会文化、人脉等与经济相关的各种网络联系水平。$Y=1$ 时，企业之间的交流与沟通没有任何障碍；$Y=0$ 时，企业之间无法进行交流与沟通。

定义 4 $R^t(i,j)$ 为海洋产业创新集群内的海洋高新技术企业 i 与周边邻域 j 之间的作用下采取知识创新策略所得到的收益水平。

$$R^t(i,j) = R_1^t(i) + R_2^t(i,j) \qquad 式(5-4)$$

式中，$R_1^t(i)$ 与 $R_2^t(i,j)$ 含义同上。

定义 5 P 为海洋产业创新集群内企业采取知识创新策略的成本水平（$P \in [0,1]$），假定企业的知识创新过程是一个离散过程，即存在一个成本水平临界值 P，只有每个企业的知识创新收益水平 $R^t(i,j) > P$，企业才可能采取知识创新决策；如果企业的知识创新收益水平 $R^t(i,j) < P$，则放弃创新决策。

4. 创新环境更新规则

规则 1 当元胞状态为 0 时，在 Von Neumann 型邻域周围元胞状态为 1 的元胞数目在[1, 3][①]范围，在 Moore 型时邻域周围元胞状态为 1 的元胞数目在[1, 7]范围，且 $R^t(i,j) > p$，则元胞状态转变为 1；否则，保持不变。

规则 1 表示，当集群内没有采取知识创新策略的企业处在的领域中有 1~3（或 1~7）个其他企业采取了创新策略，且知识创新收益大于由于知识创新给企业带来的成本，则该企业将会采取创新策略，否则不变。

规则 2 当元胞状态为 1 时，在 Von Neumann 型邻域周围元胞状态为 1 的元胞数量和大于或等于 4 时（在 Moore 型时邻域周围元胞状态为 1 的元胞数目大于或等于 8 时），或 $R^t(i,j) < p$，则元胞状态转变为 0；否则，保持不变。

规则 2 表示，根据博弈论，由于市场容量和资源的有限以及知识的更新速度等因素，当集群内已经采取知识创新策略的企业所处的领域中有 4 个（或 8 个）以上的其他企业采取了创新策略，或当集群内已经采取知识创新策略的企业面临着该策略给企业带来的成本大于带来的收益，则该企业将会采取放弃知识创新策略。

---

① 经过实验所得，在 Von Neumann 型在邻域周围元胞状态为 1 的元胞数目[1, 1]，[1, 2]与[1, 3]的 3 种情况下所得规律与在 Moore 型邻域周围元胞状态为 1 的元胞数目在 [1, 1]~[1, 7] 的情况下所得规律基本相同。

5. 创新环境模拟结果

基于以上建立的海洋产业创新集群知识创新模型,可以考察知识创新过程。本书 CA 模型为一个 50×50 大小的矩阵,同时假设在 $t=1$ 的时刻,在元胞空间的中心,存在元胞状态为 1,即表示海洋产业创新集群内部有龙头企业率先进行知识创新。同时知识创新的初始状态、演化规则等均可能对海洋产业创新集群内知识创新的过程产生影响,在模拟当中区别这些不同情形。

1) 实验一,不同创新环境的影响过程模拟

选择数值 $p=0.2$,$r=0.5$,实验次数 $t=1000$ 结果。实验设计见图 5-6。M、Y 取不同值时,海洋产业创新集内知识创新企业的数量影响见图 5-7~图 5-10。

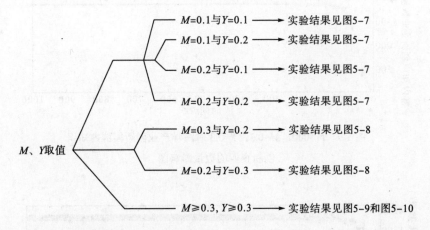

图 5-6 海洋产业创新集群产业内不同的创新环境对知识创新企业的数量影响实验设计图

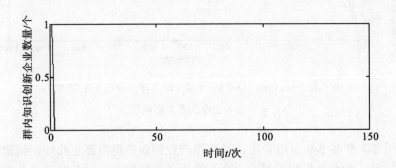

图 5-7 $M=0.1$ 与 $Y=0.1$,$M=0.2$ 与 $Y=0.1$,$M=0.1$ 与 $Y=0.2$,$M=0.2$ 与 $Y=0.2$ 时海洋产业创新集群内知识创新企业的数量影响图

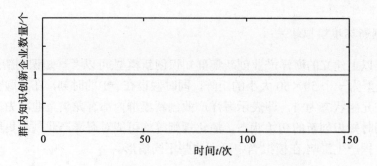

图 5-8　$M=0.2$ 与 $Y=0.3$，$M=0.3$ 与 $Y=0.2$ 时
海洋产业创新集群内知识创新企业的数量影响图

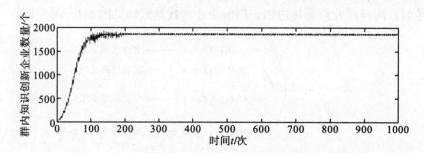

图 5-9　$t=1\,000$，$M=0.3$，$Y=0.3$ 时海洋产业创新集群内知识
创新企业的数量影响图

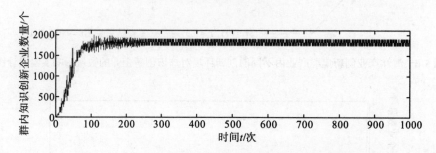

图 5-10　$t=1\,000$，$M=0.9$，$Y=0.9$ 时海洋产业创新集群内
知识创新企业的数量影响图

从图 5-7 和图 5-8 可以看出，当海洋产业创新集群内部企业知识创新收益水平小于 p 时，原本进行知识创新的企业停止了创新行为，只有海洋产业创新集群内部企业知识创新收益水平高于 p 时，长期的知识创新才会发生。而知识创新收益水平主要受企业内知识积累与企业间的知识溢出的影响。知识溢出又由企业互信程度和公共产品建设水平共同影响，可以得出，当企业互信程度和公共产品建设水平共同影响较低时，企业之间的知识溢出很少，企业知识创新主要靠自己的

知识积累。因此,只有提高企业的互信程度和公共产品建设水平使其收益处在 p 以上,长期的创新行为才会发生。

从图 5-7～图 5-10 的对比可以看出,当海洋产业创新集群内企业的互信程度较高和公共产品建设水平较高时,海洋产业创新集群进入了其内部企业进行知识创新的过程,采取知识创新策略的企业数量随着实验次数的增加而增加。因此,可以看出,海洋产业创新集群成员间的信任和公共产品建设有利于知识创新。

2) 实验二,虚拟组织的建立与否对产业内企业的知识创新过程的影响

本书运用采用有 Von Neumann 型邻域的 CA 模型来代表没有虚拟组织建立的海洋产业创新集群(图 5-10),采用有 Moore 型邻域的 CA 模型来代表建有虚拟组织建立的海洋产业创新集群(图 5-11)。在实验次数范围内,两种不同邻域的 CA 模型产业的知识创新过程,选择数值 $p=0.2$,$b=0.5$,实验中,$M\geqslant 0.3$,$Y\geqslant 0.3$,实验次数 $t=1000$,结果见图 5-10 和图 5-11。

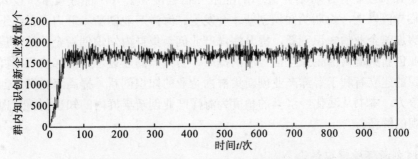

图 5-11　采用有 Moore 型邻域的 CA 模式产业内知识创新企业的数量变化图

根据上述状态演化规则观察结果得出以下结论。

(1) 无论是采用有 Von Neumann 型邻域的 CA 模型还是有 Moore 型邻域的 CA 模型,当实验次数达到 180(或 60)左右时,海洋产业创新集群内进行知识创新的企业数量不再继续增加而是达到了一种相对稳定的状态,数量维持在产业总数量 1700(或 2000)左右。集群中知识创新企业数量不是平滑的曲线增长,在总体上保持 Logistic 增长曲线,并出现局部抖动的现象。这也进一步验证了海洋产业创新集群的知识创新过程存在类似生物系统 Logistic 增长方式,采取知识创新策略的企业数量在一个区域的海洋产业内受市场容量、企业间竞争和环境等因素的影响,不可能长期按指数增长,在没有新的因素影响下会最终趋于稳定,见图 5-10 和图 5-11。

(2) 没有虚拟组织建立的海洋产业创新集群从 $t=1$ 到 $t=180$,图像始终处于无序的动态的演化过程。从 $t=180$ 开始,区域演化出现了相对的有序的演化,见图 5-10。而建有虚拟组织的海洋产业创新集群从 $t=1$ 到 $t=60$,图像处于无序的动态的演化过程。从 $t=60$ 开始,区域演化就处于相对的稳定状态,见图 5-11。因此,

建有虚拟组织的海洋产业创新集群企业比没有建立虚拟组织的海洋产业创新集群企业在时间上更早采取知识创新决策。

(3) 在达到稳定状态后，没有虚拟组织建立的海洋产业创新集群在知识创新过程中采取知识创新策略的企业数量最多时达到 1800 左右，见图 5-10。而建立虚拟组织的海洋产业创新集群在知识创新过程中采取知识创新策略企业的数量最多时达到 2000 左右，见图 5-11。显然建立了虚拟组织的海洋产业创新集群内的企业更容易或更愿意尝试知识创新决策。

通过对海洋产业创新集群内部企业知识创新过程模拟，在建立海洋产业创新集群知识创新仿真模型的基础上，模拟海洋产业创新集群内企业不同互信程度与公共产品建设水平下知识创新的过程，同时也比较了海洋产业创新集群内部虚拟组织的建立与否对产业内知识创新过程的影响。本节得到对现实及其有意义的几点结论，总结如下：海洋产业创新集群内企业不同互信程度、公共产品建设水平与虚拟组织的建设与否对海洋产业创新集群的知识创新起着不可忽视的作用，并且对于知识创新存在着临界值，只有企业互信程度和公共产品建设水平投入处在这个临界值以上，长期的知识创新才会发生。海洋产业创新集群内虚拟组织的建立能够加速企业的知识创新，提升海洋产业创新集群内知识创新企业的数量。海洋产业创新集群内部企业互信程度的提高、公共产品建设水平的加快和集群内虚拟组织的建立有利于海洋产业创新集群内企业的知识创新，提高海洋产业创新集群竞争力。本书从演化经济学的角度为海洋产业创新集群内的知识创新过程提出了直观的解释。

6. 创新环境模拟结论

通过前文的研究，本书认为海洋产业创新集群实质上是由沿海地区范围内的相关海洋高科技的企业、各种与海洋技术相关的大学以及研究机构、中介服务机构和当地政府等各主体要素构成，海洋高新技术企业以空间积聚的方式集中布局，形成海洋产业创新集群。在经济快速全球化，各国科技竞争越发激烈的今天，世界各国都高度重视科技的发展。目前，全球已经形成多个高技术和高国际竞争力的高新技术产业集群。通过对这些高新技术产业集群的研究我们可以看出，这些高新技术产业集群的内部知识创新的过程是通过产业集群的创新网络产生的，创新网络成为高新技术产业集群知识创新过程的重要基础。

美国硅谷的成功来源于大学和研究机构、高技术人才以及企业形成的区域创新网络、创新的社会文化环境、独特的社会网络体系，这是美国硅谷竞争优势形成的重要基础(刘春香, 2005)。印度班加罗尔软件产业创新集群的成功主要以规范、网络、信任以及知识流动构成的社会资本为重要基础，教育科研基础和大量技术人才、转包业务的发展使班加罗尔软件产业取得了巨大成功和长足发展(林元旦等, 2001)。台湾新竹高技术产业集群的成功进一步印证了创新网络与环境重要性(嵇立群, 2006)。同时,在对班加罗尔软件产业的发展和新竹高技术产业集群进行研究时,可以看出政府在企业与集群发展环境方面起着非常重要的支持作用,如政府对班加罗尔软件产业信息产业的扶植和新竹园区的管理体系及其政策法规对于新竹的发展都起着重要作用(王缉慈, 2001)。

1) 创新环境对海洋产业创新集群知识创新和技术扩散作用机理分析

王缉慈(2001)教授提出,创新是很多行为主体通过相互协同作用而创造(生产)技术的过程,因此发展高技术要高度重视创新网络和社会文化的构建。因此,一个至关重要的软要素——区域创新环境对于成功的高技术产业综合体的发展是不可或缺的。越来越复杂的高技术产品需要产业融合和交叉繁殖。只有存在创新环境的地方,才能达到知识的创新和弥漫(不仅是扩散或传播)。只有当相关学科进行交叉、相关产业进行融合、相关的科教机构和人员进行合作,以及产、供、销相关的企业发挥协同效应时,才能发展知识经济,发展真正的高技术产业。众多学者对硅谷这一典型的高新技术产业集群进行研究,认为硅谷形成过程中除了结构性生产要素(信息原料、风险资金、高技能科技劳动力)以外,企业家文化,以及硅谷建立在工作基础上的、在工作以外得到加强的社会网络——"集群企业家"已经成为其创新环境生存和发展的基本要素。

基于此,本书认为创新环境对海洋产业创新集群知识创新过程有很重要的影响,创新网络的形成主要依靠创新主体,即海洋高新技术企业之间形成的企业文化使海洋相关学科进行交叉,使海洋高新技术相关产业进行融合,使海洋高新技术产业相关的科教机构和人员进行合作,而对这些合作有着最大影响的因素为企业彼此的信任程度和公共产品建设水平。并且在企业彼此的信任程度和公共产品建设水平共同的作用下,形成了创新环境。整体影响见表 5-2。

表 5-2 企业互信程度与公共产品建设水平对海洋产业创新集群创新环境的影响

初始设定	知识创新策略成本与知识积累水平($p=0.2$, $r=0.5$)	企业互信程度 M 与公共产品建设水平 Y		
		$M\leq0.1$, $Y\leq0.1$	$M=0.2, Y=0.3$; $M=0.3, Y=0.2$	$M\geq0.3$, $Y\geq0.3$
	集聚区采取知识创新策略初始企业数量 k_0	1	1	1
所得结果	海洋高新技术企业创新行为达到基本稳定所需时间 t	∞	0	100
	知识创新达到基本稳定时海洋高新技术企业数量 K	0	1	1800

(1) 对产生知识创新行为的影响。

本书认为海洋产业创新集群中的知识创新过程是集群内海洋高新技术企业的知识积累和邻域企业的知识溢出共同作用下所产生的新思想的过程。因此,本书认为海洋高新技术企业知识创新收益水平主要由海洋高新技术企业内知识积累水平与海洋高新技术企业间的知识溢出水平组成,而知识溢出水平受由企业互信程度和公共产品建设水平所组成的创新环境共同影响。

通过前面的实验可以得出,若海洋高新技术企业集聚空间内的高新技术企业之间的互信程度很低,或者海洋高新技术企业所在区域的公共产品建设水平较差,造成企业与企业之间的交流非常困难并且成本很高,致使企业之间的知识溢出很少,企业知识创新则主要靠自己进行知识积累。在这种情况下,海洋高新技术企业空间集聚区域内部企业知识创新所需的成本水平高于其所得到的收益水平,则原本进行知识创新的企业将停止创新行为。

当海洋高新技术企业集聚空间内的高新技术企业之间的互信程度有所提高(即当 $M=0.2$ 或 $Y=0.3$ 时),同时海洋高新技术企业所在区域的公共产品建设水平基本可以满足企业之间的交流与沟通的需要(即当 $M=0.2$ 时 $Y=0.3$ 或当 $M=0.3$ 时 $Y=0.2$),造成企业与企业之间有一定的交流,企业之间有一定的知识溢出,但是企业知识创新主要靠自己进行知识积累。在这种情况下,海洋高新技术企业空间集聚区域内部企业知识创新所需的成本水平等于其所得到的收益水平,则原本进行知识创新的企业仍然保持着创新行为,但是没有其他企业采取知识创新策略。

只有当海洋高新技术企业集聚空间内的高新技术企业之间的互信程度达到一定水平(即 $M \geqslant 0.3$ 时),同时海洋高新技术企业所在区域的公共产品建设水平可以满足企业之间的交流与沟通的需要(即当 $M \geqslant 0.3$ 时 $Y \geqslant 0.2$),企业与企业之间有充分的交流,促成企业之间大量的知识溢出。在这种情况下,海洋高新技术企业空间集聚区域内部企业知识创新所需的成本水平远远低于其所得到的收益水平,则原本进行知识创新的企业仍然保持着创新行为,同时也有其他企业采取知识创新策略,在海洋产业创新集群内,长期的创新行为持续发生。

(2) 对技术扩散所需时间的影响。

通过前面的实验可以得出,当海洋高新技术企业集聚空间内的高新技术企业之间的互信程度很低,或者海洋高新技术企业所在区域的公共产品建设水平较差,海洋高新技术企业空间集聚区域内部企业知识创新所需的成本水平高于其所得到的收益水平,则原本进行知识创新的企业将停止创新行为,也就是说,无论多长时间,海洋高新技术企业空间集聚区内企业的持续知识创新行为不会发生。

只有当海洋高新技术企业集聚空间内的高新技术企业之间的互信程度达到一定水平,同时海洋高新技术企业所在区域的公共产品建设水平达到可以满足企业之间的交流与沟通的需要时,在海洋产业创新集群内,长期的创新行为才会持续发生。且当实验次数达到 100 左右时,海洋产业创新集群内进行知识创新的企业数量不再继续增加而是达到了一种相对稳定的状态,数量维持在产业总数量 1700 左右。但是,我们也可以看出,即使海洋高新技术企业集聚空间内的高新技术企业之间的互信程度达到很高水平,且海洋高新技术企业所在区域的公共产品建设水平达也很高(如 $M=0.9$ 且 $Y=0.9$ 时),海洋产业创新集群内进行知识创新的企业数量达到了一种相对稳定的状态时,所需时间也要达到100次左右,并没有明显的变化。因此,可以得出结论,海洋产业创新集群内企业不同互信程度与公共产品建设水平对海洋产业创新集群的知识创新起着不可忽略的作用,并且对于知识创新存在着临界值,只有企业互信程度和公共产品建设水平投入处在这个临界值以上时,长期的知识创新才会发生,但超过这一临界值以后对达到基本稳定所需时间影响不大。可以看出,海洋产业创新集群中知识创新企业数量不是平滑的曲线增长,在总体上保持 Logistic 增长,并出现局部的抖动现象。这也进一步验证了产业的知识创新过程存在类似生物系统 Logistic 增长模型,采取知识创新策略的企业数量在一个区域的产业内受市场容量、企业间竞争和环境等因素的影响不可能长期按指数增长,在没有新的因素影响下会最终趋于稳定。

(3)对采用新技术的企业数量的影响。

通过前面的实验可以得出,当海洋高新技术企业集聚空间内的高新技术企业之间的互信程度很低,或者海洋高新技术企业所在区域的公共产品建设水平较差,则原本进行知识创新的企业停止了创新行为,也就是说,由于海洋高新技术企业空间集聚区域内部企业知识创新所需的成本水平高于其所得到的收益水平,海洋高新技术企业空间集聚区内原本采取知识创新的企业将改变策略不再进行知识创新,采取知识创新的企业数量为零。

只有当海洋高新技术企业集聚空间内的高新技术企业之间的互信程度达到一定水平,同时海洋高新技术企业所在区域的公共产品建设水平达到可以满足企业之间的交流与沟通的需要时,在海洋产业创新集群内,长期的创新行为才会持续发生。且当实验次数达到100左右时,海洋产业创新集群内进行知识创新的企业数量不在继续增加而是达到了一种相对稳定的状态在,数量维持在产业总数量1700左右。但是,我们也可以看出,即使海洋高新技术企业集聚空间内的高新技术企业之间的互信程度达到很高水平,且海洋高新技术企业所在区域的公共产品建设水平达也很高(如 M=0.9 且 Y=0.9 时),海洋产业创新集群内进行知识创新的企业数量达到了一种相对稳定的状态时,数量仍然维持在产业总数量1700左右。

因此,可以得出结论,海洋产业创新集群内企业互信程度与公共产品建设水平对海洋产业创新集群的知识创新起着不可忽视的作用,并且知识创新存在着临界值,只有企业互信程度和公共产品建设水平投入处在这个临界值以上,长期的知识创新才会发生,但当超过这一临界值后对达到基本稳定状态时采取知识创新策略的企业数量影响不大。

2)虚拟组织建设与否对海洋产业创新集群知识创新和技术扩散作用机理分析

(1)对产生知识创新行为的整体影响。

通过实验可以看出,海洋高新技术企业的空间集聚区内无论虚拟组织建设与否,当达到一定时期以后,海洋产业创新集群内进行知识创新的企业数量不再继续增加而是达到了一种相对稳定的状态。而且集群中知识创新企业数量不是平滑的曲线增长,在总体上保持 Logistic 增长曲线,并出现局部抖动的现象。这也进一步验证了产业的知识创新过程存在类似生物系统 Logistic 增长模型,采取知识创新策略的企业数量在一个区域的产业内受市场容量、企业间竞争和环境等因素的影响不可能长期按指数增长,在没有新的因素影响下会最终趋于稳定这一结论。

(2) 对技术扩散所需时间的影响。

通过前面的实验可以得出,当海洋高新技术企业集聚空间内的高新技术企业之间企业互信程度和公共产品建设水平投入处在这个临界值以上,长期的知识创新会发生,在这个条件的基础上,当建立了虚拟组织以后,海洋产业创新集群内进行知识创新的企业数量达到了一种相对稳定的状态所需的时间远远少于没有建立虚拟组织的海洋产业创新集群进行知识创新的企业数量达到了相对稳定的状态所需的时间。

因此,可以得出结论,海洋产业创新集群内虚拟组织的建设可以促进海洋产业创新集群知识创新,且促使海洋产业创新集群内知识创新的企业数量达到了一种相对稳定的状态时所需的时间缩短,建有虚拟组织的海洋高新技术企业比没有建立虚拟组织的海洋高新技术企业在时间上更早采取知识创新决策。

(3) 对采用新技术的企业数量的影响。

通过前面的实验可以得出,当海洋高新技术企业集聚空间内的高新技术企业之间企业互信程度和公共产品建设水平投入处在这个临界值以上时,长期的知识创新会发生,在这个条件的基础上,没有虚拟组织建立的海洋产业创新集群中在知识创新过程中的采取知识创新策略企业数量最多时达到 1800 左右,而建立虚拟组织的产业在知识创新过程中的采取知识创新策略企业数量最多时达到 2000 左右,显然建立了虚拟组织的产业内的企业更容易或更愿意尝试知识创新决策。

因此,可以得出结论,在海洋产业创新集群内虚拟组织的建设可以促进海洋产业创新集群企业进行知识创新,建有虚拟组织的海洋产业创新集群比没有建立虚拟组织的海洋产业创新集群有更多的海洋高新技术企业采取知识创新决策。

5.2.2 创新主体培育模型构建

1. 外部条件假设

根据复杂系统理论、创新集群理论及海洋产业理论综合分析海洋产业创新集群的企业空间集聚过程具有复杂适应系统的特性,且企业主体为海洋高新技术企业。海洋产业具有典型海洋资源及海洋空间依赖性的特点,正如 Sabourin 等(1999)认为的那样,"如果这些资源就在手边,就比较容易做出决策"。海洋空间及海洋资源的有限性和依赖性成为海洋产业创新集群空间集聚不可或缺的外部条件。

买忆媛等(2003)在文章《产业集群对企业创新活动的影响》提出,"产业集群提供了知识、技术创新和扩散的途径。如果发明者和企业从事的是相关行业,地理位置的接近使他们比那些孤立的企业更具有创新性,因为更可能与当地大学和科研机构分享知识,获取科学发现的信息。大量实证研究已证实了这一点,接近著名大学和其他科学发现的企业其创新业绩比较明显。"由于海洋产业创新集群更加具有创新企业的特征,所以技术与人才支撑成为海洋产业创新集群空间集聚不可或缺的外部条件。海洋产业创新集群首先是海洋高新技术产业集群,国内外高新技术产业集群发展的经验表明,大量的资金投入对高新技术产业集群的形成和发展至关重要,海洋高新技术产业集群具有较其他高新技术产业集群更显著的高投入的特点。所以本书认为金融支撑也是海洋产业创新集群空间集聚不可或缺的外部条件。就国外各产业创新集群建立的经验而言,政府所提供的基础设施及制度资源是减少创新过程中不稳定性的重要保障,在高新技术产业集群中公共机构的作用尤为突出。所以本书认为政府所提供的基础设施及制度资源也是海洋产业创新集群空间集聚不可或缺的外部条件。

同时,综合前文中对国内外高新技术产业的分析和海洋高新技术企业特点的总结可以得出,影响海洋高新技术企业空间集聚的外部条件主要有:①高品质海洋科技知识与人力资源;②资本资源;③海洋环境与空间资源;④基础设施与制度资源。海洋产业创新集群企业空间集聚过程具有生物种群和复杂适应系统的特征,各种外部条件对产业企业间互相作用和影响过程为非线性的。

基于以上分析,提出假设:海洋环境与空间资源、资本资源、高品质海洋科技知识与人力资源、基础设施与制度资源为影响海洋产业创新集群培育的主要外部条件,以 Logistic 曲线为基础的有正向影响。

Logistic 曲线为式(5-5)曲线图,见图 5-12。

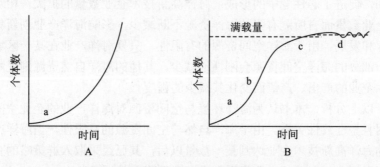

图 5-12 Logistic 曲线图

A. 种群指数生长曲线。在延滞期之后,个体繁殖速度不变,种群生长速度则随个体数目的增多而加快。B. Logistic 曲线。a.延滞期;b. 指数生长期;c. 减速增长期;d. 稳定期。注意稳定期有波动

$$X(t) = \frac{k}{1 + B \times e^{-bt}} \qquad 式(5-5)$$

式中，k 为饱和水平(也被称为环境阻力)；B 和 b 为正常数，可由初始条件确定，B 决定了 Logistic 曲线左右的位置，b 决定了该曲线形状变化快慢或陡峭。

下面从四个方面来分析外部条件对海洋产业创新集群企业空间集聚的影响。

1) 基于海洋环境与空间资源的条件假设

一般意义上，海洋产业创新集群具有海洋产业的基本特性。区域层面上的海洋产业形成的起因当中有一种是由于海洋资源、沿海的地理位置等自然资源特征差异而引起的，随着海洋产业的不断发展，海洋资源和海洋空间被占用，致使海洋资源总是减少，海洋资源作为海洋相关产业的一种生产要素的投入，不断被集群企业转化为生产产品而减少。海洋产业创新集群在企业不断集聚的过程中也会以海洋资源或者利用海洋资源所生产的产品为原料，作为生产要素投入，如海洋生物产业、海洋能源产业等。

在海洋产业创新集群企业不断集聚发展的初期，只有少数海洋高新技术企业控制、开发、经营着特有的海洋自然资源和海洋空间。随着经济的发展和海洋高新技术企业的增多，原来由这些少数海洋高新技术企业控制开发和经营的自然资源禀赋成为群外众多企业争相抢夺的对象。依据跟随效应(也称羊群效应)，他们先后来到这个区域落户，纷纷开发当地资源，使得集聚企业发展迅速。随着海洋产业创新集群内海洋高新技术企业产出的增加，在海洋产业创新集群内部可能出现为了各自利益而产生的企业衍生分化、抢夺、纷争现象，同时海洋产业创新集群外部企业也可能更多地进入群内，这都将进一步激化集群内部企业之间的过度竞争。

当海洋产业创新集群内企业数量和规模快接近当地地区环境资源所能容纳的上限时，企业空间集聚所产生的负面效应将被较大程度地激发：竞争的激烈程度不断增加，促进了恶性竞争的形成；海洋高新技术企业数量的扩大，相对海洋高新技术企业数量而言所剩有限的海洋资源不断减少，影响海洋产业创新集群内企业的生存和发展。由于海洋空间资源的有限性，只要海洋产业在某一区域发展，那里的一部分的海洋空间资源会刚性地减少，其他的海洋自然资源则受海洋产业高新技术企业的产出、产值而变化其减少的程度。

基于以上分析，本书认为海洋环境与空间资源对海洋产业的企业空间集聚有促进作用且呈非线性关系。由于海洋自然与空间资源的有限性，当海洋产业创新集群内的海洋高新技术企业达到某一数量以后，其已经采取入群策略的企业将有可能选择退群或想入群的企业将采取不入群策略，见图 5-13。

2) 基于高品质海洋知识与人力资源的条件假设

美国前国务卿 Dulles 在二战中说过："科学家是高地，科学家是未来，科学家是长期的回报"。海洋产业创新集群的主体是海洋高新技术企业，具有高科技

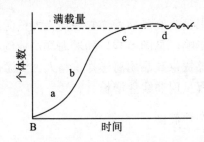

图 5-13 海洋环境与海洋产业资源对海洋产业创新集群空间集聚影响的 Logistic 曲线图

a. 延滞期；b. 指数生长期；c. 减速增长期；d. 稳定期

产业的典型特点，是一个知识、技术、资金、信息密集的产业，显然人力资本、高科技知识是其重要特征。从全球发展成功的高技术产业集群的发展经验来看，许多学者都提出，高品质人力资源和知识资源在高技术产业集群中扮演着关键的角色，起到了促进集聚关系的作用，推动整个高技术产业集群竞争力空间集聚的形成。Porter(1996)认为，高品质智力支持对高技术企业的发展起着重要的作用。高品质智力支持会促使高技术企业拥有良好的技术基础，使其更容易达到规模经济，减少交易与契约成本，提高高技术企业的竞争优势，因而进一步促进高技术企业空间集聚的形成。

高品质海洋知识与人力资源往往来自于大学和研究机构提供给海洋高新技术企业的智力支持。Porter(1998)在研究高科技产业集聚时提出，高品质人力资源和知识资源是促进其形成的重要条件。其中，高品质人力资源和知识资源被认为是高技术公司的最重要资源，促使其发展更有竞争力，大学与研发中心的建立有益于高技术产业空间集聚的发生，大学与研发中心可使该集聚区内的创新活动更容易发生。Bahrami 等(1995)指出，大学与研发中心会促进空间集聚区内潜在的企业建立起一个非正式的网络关系，因而该区域内的空间集聚不断完成并得以成功。

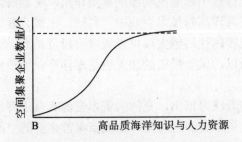

图 5-14 高品质海洋知识与人力资源对海洋产业创新集群空间集聚影响的 Logistic 曲线图

基于以上分析，本书认为高品质海洋知识与人力资源对海洋产业创新集群的企业空间集聚有正向的影响，见图 5-14。随着海洋产业创新集群企业的空间集聚不断形成，集群内对能够提供高品质海洋知识与人力资源的大学及研发中心的需求不断提高，增长的过程呈现非线性增长。

3) 基于资金资源的条件假设

一般意义而言，资本是任何企业的生产要素之一，因而也是任何产业形成过程中的要素之一。Porter(1998)在研究国家竞争力时指出，高科技企业空间集聚形成的必备条件是充沛的资本资源，有效率的资本资源是高科技企业创业的策略资源，也是产业成功的基础，同时，充沛的资本资源也是将智力支持所带来的创新技术成果商业化的推动因素，因而资本资源和智力支持两者具有乘数效果。

海洋高新技术产业的高风险性、多方面性、国际性等特点决定了海洋产业的创新活动是一个技术密集型和资本密集型的产业领域，是高风险、高投入、回收周期长、专业参与性高的产业。尽管在知识经济时代背景下，对高技术产业而言，削弱了资本的重要性。但海洋高技术企业的竞争力往往要依靠大量的资本作为后盾，如海洋高技术企业创业投资、不断后续研发的投入以及创新产品的公开上市，都需要大量资金的支持。同时，由于海洋高技术企业研发风险高，对资金的需求更加强烈，因此，资金资源是海洋产业创新集群形成不可或缺的要素。

目前，我国高新技术产业化迟滞的主要原因是将创新技术成果商业化，而资金缺乏和融资障碍是我国海洋高技术与产业相分离的主要原因。因而，资金资源就是海洋技术创新与海洋高技术产业化互动过程中重要条件，它能有效化解海洋高新技术产业化的资金障碍。海洋高新技术企业的技术创新与技术开发耗资巨大，单靠涉海企业自有资金往往不能解决。而银行在贷款时通常以稳健为原则，强调收益与安全并重，因而普通银行不愿向海洋高新技术企业所从事的高风险的研发项目融资。化解资金缺乏和融资障碍的重要通道就是风险投资。因而风险投资在海洋高新技术产业化过程中起着推动器的重要作用，它是海洋高新技术产业化的重要"孵化器"。在海洋高新技术企业中，科研、中试、开发的每一个环节都需要投入，并且投资规模越往后越大，可以说风险投资是海洋高新技术向商品转化的重要外部条件。所以，风险投资的加大也是海洋产业创新集群企业空间集聚的不可缺少的外部条件。

根据以上学者的看法可推出，充沛的资本资源有益于海洋产业创新集群企业空间集聚的形成，且资本资源与海洋产业创新集群企业的空间集聚规模呈非线性增长，见图 5-15。

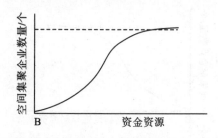

图 5-15　充沛的资金资源对海洋产业创新集群企业空间集聚影响的 Logistic 曲线图

4) 基于基础设施与制度资源的条件假设

产业的发展往往集聚在某个区域，且成为影响该区域竞争力的重要因素。前文分析得出，充沛的资金资源和高品质的海洋科技与人力资源是海洋产业创新集群企业空间集聚的重要外部条件。但是在全球经济一体化的今天，资金资源和人力资源等要素都是流动的，因而一个区域是否有足够的能力吸引资金和海洋科技人才就显得尤为重要。一个地方能不能吸引资金和海洋科技人才与该地区的公共基础设施和良好的制度资源有着直接的关系。

根据 Porter(1990)的国家竞争优势理论的观点，具有竞争优势的地区的基础设施(如交通运输系统、通讯邮政系统、金融保险系统及基础生活设施等)和制度资源(治安环境、自然空气环境、人文政策环境等)等其他一些由政府引导下的产业环境会影响该区域的生活品质及人员的工作意愿，吸引高科技人才进入，进而影响招商引资和人才的流入。Olson 等(1998)在分析空间集聚现象产生的原因时，也提出良好的运输和通讯基础设施与能提供高品质生活是企业发展两项极为重要的条件。运输和通讯等公共基础设施可以降低集聚空间厂商的成本，并可以拓广该厂商经营范围；高品质的生活则是吸引智力支持的关键要素之一。在能够为产业提供基础设施与良好的制度资源上，政府政策扮演重要角色。从现实我国成功的高新园区发展的经验来看，在海洋产业创新集群的企业空间集聚的发展初期，政府制定出各种政策形成综合优势，并建设良好的基础设施，着手招商引资工作，引导产业发展、营造产业环境、建设发达要素市场、提供公共产品和公共服务，这一有力的扶持成为我国高新技术产业基地成功的关键因素。因此，海洋产业创新集群想要形成并充分发挥创新优势，都需要政府在适当的时间和场合制定合适的政策。

根据以上学者的看法可推论出，良好的基础设施对海洋高新技术企业空间集聚程度有正向影响。良好的基础设施与制度资源有益于海洋产业创新集群企业空间集聚的形成，且基础设施与制度资源与海洋产业创新集群企业的空间集聚规模呈非线性增长，见图 5-16。

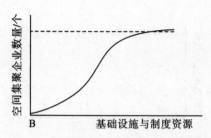

图 5-16 良好的基础设施与制度资源对海洋产业
创新集群企业空间集聚影响的 Logistic 曲线图

Sabourin、Evans 和我国学者在研究国内外成功的高新技术产业集聚的竞争力时指出,高品质人力资源、技术基础设施、知识资源和资本资源在创造集聚关系中扮演关键角色,推动整个高竞争力空间集聚的形成;他们认为这 4 个策略资源具有一个连续路径的因果关系,并使产业集聚取得乘数效果(Sabourin et al., 1997; Evans, 2009)。

海洋产业创新集群的企业空间集聚的外部条件主要有高品质海洋科技知识与人力资源、资金资源、海洋环境与空间资源、基础设施与制度资源。其中,在产业的形成过程中,高校及科研机构成为提供高品质海洋科技知识与人力资源的主体,金融机构及风险投资机构为提供海洋产业创新集群资金资源的主体,而政府机构成为提供海洋产业创新集群基础设施和制度资源的主体。且该四种资源在促进海洋产业创新集群企业空间集聚的过程中彼此互相具有因果关系,并取得乘数效应,见图 5-17。

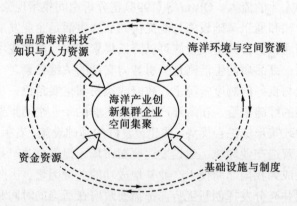

图 5-17 海洋产业创新集群企业空间集聚外部条件构成及作用

2. 仿真模型构建

元胞自动机是一种时间、空间都离散的非线性网络动力学模型,它可以构建简单的局部规则,模拟系统内在的微观机制,直观地体现宏观系统演化的复杂整体行为。CA 实质上是定义在一个具有离散、有限状态的元胞组成的元胞空间上，按照一定的局部规则，在离散的时间维度上演化的动力学系统。它是由大量简单的、具有局部相互作用的基本构件(称为"元胞")所构成的。在每个仿真时间内，各个元胞按照自身及与其直接相邻的元胞在这一时刻的状态和一定的局部规则来确定自己在下一仿真时的状态。选取海洋高新技术企业的入群策略数量、海洋高新技术产业的技术支撑、海洋高新技术产业人才支撑、海洋高新技术产业内中介金融支持、海洋高新技术产业基础建设水平与政府政策等为主要控制参量，以海洋高新技术产业企业数量变化过程为研究对象，建立如下元胞自动机模型。

$$A = \int (\Omega, S(i), Q(i,j), R^t(i,j)) \qquad 式(5\text{-}6)$$

式中，Ω 为元胞的空间，这里 $\Omega = \{(i,j), i,j=1,2,\cdots,n\}$，本书代表海洋高新技术产业所处的区域及公共组织。其中，i 为本书的观察对象；j 为元胞 i 的邻域企业；n 为该产业内的企业个数。

$S(i)$ 为元胞 i。其中，i 为本书的观察对象。本书代表海洋高新技术产业空间集聚过程中具有独立决策能力的企业或者法人组织在 t 时刻所采取的入群策略，记 1 和 0 两种，分别表示海洋高新技术企业已采取入群决策和未采取入群决策两种状态。在结果中分别用黑和白两种颜色表示。

$Q(i,j)$ 为与元胞 i 交互作用的领域 j。本书分别使用 Von Neumann 型和 Moore 型，定义邻域 j 是海洋高新技术产业发展过程中与被观察企业 i 存在某种关联的企业。

$R^t(i,j)$ 为在 t 时刻元胞 i 与周边邻域企业 j 之间的作用下的适应度。本书定义为海洋高新技术企业 i 与周边存在某种关联的企业 j 之间的作用下适应度。$R^t(i,j)$ 大于可生存极限值 p 时，就会吸引新的企业加入到该行业来；否则，企业就退出。

3. 模型基本假设

企业行为既取决于企业自身所具有的内在条件、内在本质和内部结构，这是形成企业行为的微观基础和直接动因；又取决于企业所处的外部环境，这是形成企业行为的外部约束条件(Cohen et al., 2008)，为了模拟分析内外部因素对海洋产业创新集群形成过程的影响，引入如下概念。

假设 1 D 为海洋产业创新集群内企业 i 从企业内部的科研及高校机构所得到的技术支持和人才支撑水平。本书假定企业 i 从集群内部所得到的技术支持受产业产生时间和科研机构及高校个数的影响。定义：

$$D = \int (t, d_0) \qquad 式(5\text{-}7)$$

式中，t 为海洋产业创新集群形成的时间，t 为大于等于 1 的整数；d_0 为海洋产业创新集群形成之初的科研机构及高校的个数的初始值，$d_0 \geq 0$。

假设 2 $R_1^t(i)$ 为海洋产业创新集群内，t 时刻企业 i 依靠海洋产业创新集群内的科研机构及相关高校所得到的科研支持与人才支撑所得到的收益水平。根据前文分析,海洋产业创新集群内的高校及科研机构为科研和人才的主要支撑体,且与高校及科研机构的数量呈非线性正相关关系,定义:

$$R_1^t(i) = \frac{1}{1+100 \times e^{-D}} \qquad 式(5\text{-}8)$$

假设3 本书假定 t 时刻,海洋产业创新集群内企业 i 得到的由邻域企业 j 溢出的技术和人才所得的技术支持与人才支撑水平可以归结为吸引因子 $R_2^t(i,j)$,定义:

$$R_2^t(i,j) = \frac{1}{1+100e^{-N_{t-1}}} \qquad 式(5\text{-}9)$$

式中,$R_2^t(i,j)$ 与邻域企业 j 采取入群策略的元胞数量 N_{t-1} 呈非线性正相关关系。即邻域企业 j 采取入群策略的元胞数量越多,R 的取值越大。其中,N_{t-1} 表示上一时刻海洋产业创新集群内企业 i 的邻域企业采取入群策略的元胞数量的总和,在 Von Neumann 型为 $N_{t-1} \leqslant 4$,在 Moore 型为 $N_{t-1} \leqslant 48$。

假设4 $R^t(i,j)$ 为 t 时刻,企业 i 与周边邻域 j 和海洋产业创新集群内的科研机构及高校之间的共同作用下所得到的技术支持及人才支撑所得到的收益水平,定义:

$$R^t(i,j) = \alpha R_1^t(i) + (1-\alpha) R_2^t(i,j) \qquad 式(5\text{-}10)$$

式中,α 为 $R_1^t(i)$ 与 $R_2^t(i,j)$ 所占比例,$\alpha \in [0,1]$;$R_1^t(i)$ 与 $R_2^t(i,j)$ 含义同上。

假设5 $R(i,j)$ 为 t 时刻,企业 i 在采取入海洋高新技术产业策略时所得到的收益水平。本书假定企业 i 采取入群策略所得到的收益水平受技术支持及人才支撑水平、集群内的相关海洋资源水平、资金支持程度、产业内政府所提供的产业支持水平(其中包括基础设施建设以及各项优惠政策等)影响,定义:

$$R^t(i) = \int (R^t(i,j),a,b) \qquad 式(5\text{-}11)$$

式中,a 为产业内企业 i 所得到的海洋高新技术产业内部的资金支持程度 $[a \in (0,1)]$。$a=1$ 时,表示海洋高新技术产业内的企业所得到的资金支持程度最高,企业所需的资金支持完全能得到满足;$a=0$ 时,表示海洋高新技术产业内的企业所得到的资金支持程度最低,企业所需的资金支持完全不能得到满足。

b 为政府所提供的产业支持水平。$b = \dfrac{A}{\overline{A}}$,$A$ 为海洋高新技术产业内,当地政府所提供的产业支持水平,是指在产业中的各项基础设施的建设水平和政府、法律、社会文化、人脉等与经济相关的优惠政策和各种联系网络建设水平;$\overline{A}$ 为海洋高新技术产业外,该产业多得到的平均产业支持水平。$b \geqslant 1$ 时,入群后企业所得到的基础设施及各种优惠政策和各种联系网络支持优于没有采取入群策略时所得到的产业支持;$b \leqslant 1$ 时,入群后企业所得到的基础设施及各种优惠政策和各种联系网络支持低于没有采取入群策略时所得到的产业支持。

假设6 P 为海洋高新技术企业 i 采取入群策略的成本水平($p \in [0,1]$),假定企业采取入群策略的过程是一个离散过程,即存在一个成本水平临界值 p,只有每个企业采取入群策略收益水平 $R^t(i,j)>p$,企业才可能采取知识入群决策,如果企业采取入群策略收益水平 $R^t(i,j)<p$,则放弃入群决策。

假设 7 η 为海洋高新技术产业内的海洋高新技术企业数量与现有海洋资源丰富程度的情况下可容纳企业数量的比值,$\eta \in (0,1)$。当 $\eta \approx 1$ 时,海洋高新技术产业内的海洋高新技术企业所需的海洋资源可容纳的海洋高新技术企业的数量全部占满,集群内的海洋高新技术企业所需的海洋资源几乎被全部占用开发;$\eta \approx 0$ 时,集群内的海洋高新技术企业所需的海洋及海洋空间资源还没有被开发。

假设 8 n 为海洋高新技术产业内的海洋高新技术企业所需的海洋资源可容纳的海洋高新技术企业的数量的极限水平,$n \in [0,1]$。假定海洋高新技术企业所需的海洋资源被开发的过程是一个离散过程,即存在一个临界值 n,只有海洋高新技术产业内的海洋高新技术企业数量与在现有海洋资源丰富程度的情况下可容纳企业数量的比值 $\eta \leq n$,企业才可能采取入群决策;如果 $\eta > n$,则放弃入群决策。

4. 状态更新规则

受集群外部各种因素影响,集群内部个体企业会按照一定的规则对环境(包括其他个体)的变化做出反应以求得生存和发展,并体现在企业个数的变化上。集群环境如果良好,"优胜劣汰"的自然选择机制会刺激群内企业良性的生长壮大、兼并和衍生出小企业、不断富集资源并吸引外部的企业入群;反之,将使得企业走向衰弱,甚至离群。就目前而言,我国海洋高新技术产业发展相对落后,企业大多为中小企业,整体竞争实力较差。因此,本模型假定,海洋高新技术产业是由少量的、小型的企业逐步发展成为成熟的、具有一定规模的集群。如果集群的外部环境不够良好,群内企业会选择撤离资金;反之,会增加资金的投入,并且所增加的投资资金都能够很好地利用最新的先进技术。

本书规则如下:

(1)规则 1:当元胞状态为 0,在 Moore 型时邻域周围元胞状态为 1 的元胞数目在[1,7]范围,且 $R^t(i)>p$,$\eta \leq n$ 时,产业内的入群企业则元胞状态转变为 1;否则,保持不变。

规则 1 表示当集群内没有采取知识创新策略的企业所处的领域中有 1~7 个其他企业采取了创新策略,且知识创新收益大于知识创新带来的成本,同时,该产业内海洋高新技术企业的数量在海洋高新技术企业所需的海洋资源可容纳数量的范围之内,则该企业将会采取入群策略,否则不变。

(2)规则 2:当元胞状态为 1,在 Moore 型时邻域周围元胞状态为 1 的元胞数目大于或等于 8 时,$R^t(i)<p$ 或 $\eta>n$,则元胞状态转变为 0;否则,保持不变。

规则 2 表示根据博弈论,由于市场容量和资源的有限以及技术的更新速度等因素，当集群内已经采取入群策略的企业所处的领域中有 8 个以上的其他企业采取了入群策略，或当集群内已经采取入群策略的企业如果面临着由于采取该策略给企业带来的成本大于收益，或者产业内海洋高新技术企业的数量超过了海洋高新技术企业所需的海洋资源可容纳数量的范围，则该企业将会放弃入群策略。

5. 仿真实验结果

根据已建立的海洋高新技术企业空间集聚的 CA 模型，并依据设计的状态更新规则，我们利用 MATLAB7.0 软件进行模拟实验。根据系统的输入及对控制变量的调整进行各项模拟实验，观察在不同影响因素作用下海洋高新技术企业采取入群策略的企业总数的变化。本模拟实验的目的不在于精确计算各因素对产业技术发展动力的影响程度，而在于统一参照系下各因素对海洋高新技术企业空间集聚影响的模拟。因此，模拟过程中有关参数的设定均基于相对性原则。模拟实验的系统输入参数主要有：网格空间的大小 n、模拟次数 t、初始状态 I 等，其他参数根据不同的实验内容及要求确定。本书取 50×50 的网格为元胞空间，模拟次数 t 为 200 次，初始状态为在海洋高新技术企业集群内，海洋高新技术企业数量很少，为可容纳数量的 3%，且呈随机分布，即该地区内海洋高新技术企业在模拟开始时很少且是随机分布的。

1) 模拟实验一，不同技术支持和人才支撑情况下，海洋高新技术企业空间集聚情况的模拟

本书中不同的技术支持和人才支撑状况体现为与海洋高新技术相关的科研机构和高校数量 d_0 的不同取值。以下实验改变技术支持和人才支撑，即 d_0 取不同值时，考察不同的收益状况的影响。假设其他系统参数值不变，初始值 $n=0.9$，p 为随机生成数，$a=0.5$，$b=1$，模拟结果见图 5-18～图 5-27。

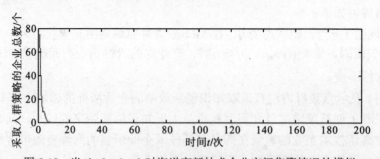

图 5-18 当 $d_0=0$，1，2 时海洋高新技术企业空间集聚情况的模拟

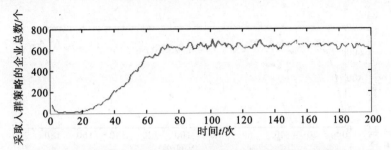

图 5-19 当 $d_0=3$ 时海洋高新技术企业空间集聚情况的模拟

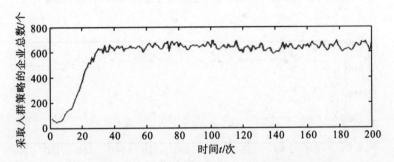

图 5-20 当 $d_0=4$ 时海洋高新技术企业空间集聚情况的模拟

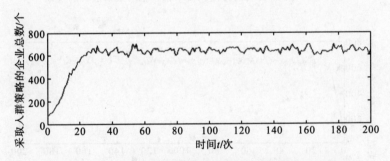

图 5-21 当 $d_0=5$ 时海洋高新技术企业空间集聚情况的模拟

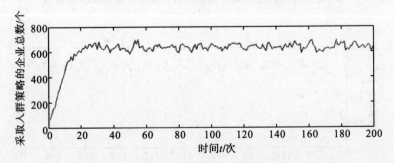

图 5-22 当 $d_0=6$ 时海洋高新技术企业空间集聚情况的模拟

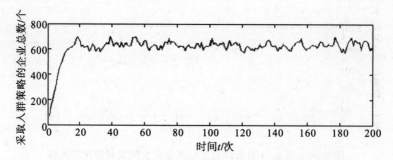

图 5-23　当 $d_0=7$ 时海洋高新技术企业空间集聚情况的模拟

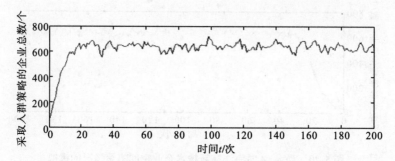

图 5-24　当 $d_0=8$ 时海洋高新技术企业空间集聚情况的模拟

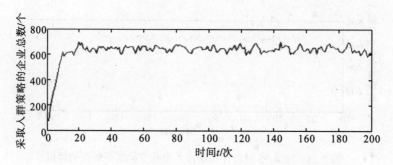

图 5-25　当 $d_0=18$ 时海洋高新技术企业空间集聚情况的模拟

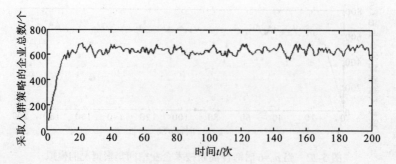

图 5-26　当 $d_0=28$ 时海洋高新技术企业空间集聚情况的模拟

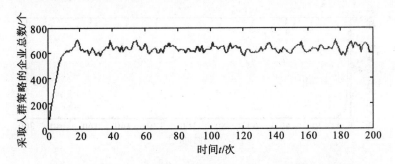

图 5-27　当 $d_0=100$ 时海洋高新技术企业空间集聚情况的模拟

对比图 5-18～图 5-27 可以看出：

(1) 不同科研机构及高校数量的初始值，主要影响着产业形成过程中原有高新技术企业退出集群的数量。d_0 越大，形成过程中退出的海洋高新技术企业数量越少；当 d_0 超过 5(在现实生活中超过某一量)时，不再有海洋高新技术企业退出。

(2) 不同科研机构及高校数量的初始值影响着产业达到相对稳定状态形成的时间。d_0 越大，产业达到相对稳定状态所需的时间越短；当 d_0 超过 7(在现实生活中超过某一量)时，产业达到相对稳定状态所需的时间相对一致，即使 d_0 变得很大(如 $d_0=100$)时间也相对一致。

(3) 从 $d_0=3$ 开始，即产业形成初期的高校及科研机构的数量可以给予企业一定的技术支撑和人才支持，但是并不能满足所有的企业所需，则海洋高新技术产业仍然会形成但是将经历海洋高新技术企业数量减少再增加的过程。从开始形成起到达到稳定状态，无论 d_0 从 3 增加到多大，最后的海洋高新技术企业数量将相对一致(为 700 左右)，不再增加，也就是说，高校及科研机构的数量的初始值对海洋高新技术产业的稳定状态所拥有的企业数量影响较小。

2) 模拟实验二，不同资金支持程度情况下，海洋高新技术企业空间集聚情况的模拟

本书中不同的资金支持程度情况体现为 a 的不同取值($a\in[0,1]$)。a 越大，海洋高新技术产业内的企业所得到的资金支持程度越高，企业所需的资金支持能得到满足度越好；a 越小，海洋高新技术产业内的企业所得到的资金支持程度越低，企业所需的资金支持的满足度越低。以下实验改变资金支持程度，即 a 取不同值时，考察不同的收益状况对海洋高新技术企业空间集聚情况的影响。假设其他系统参数值不变，初始值 $n=0.9$，p 为随机生成数，$d_0=3$，$b=1$。模拟结果见图 5-28～图 5-34。

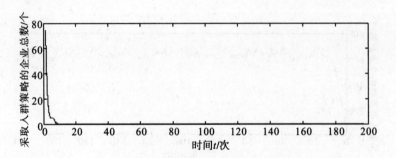

图 5-28　当 $a=0$, 0.1, 0.2, 0.3, 0.4 时海洋
高新技术企业空间集聚情况的模拟

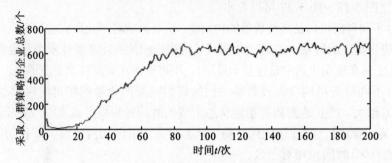

图 5-29　当 $a=0.5$ 时海洋高新技术企业空间集聚情况的模拟

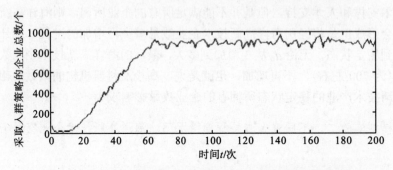

图 5-30　当 $a=0.6$ 时海洋高新技术企业空间集聚情况的模拟

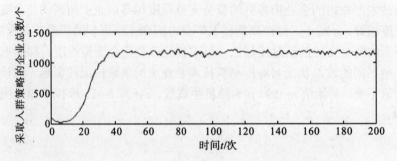

图 5-31　当 $a=0.7$ 时海洋高新技术企业空间集聚情况的模拟

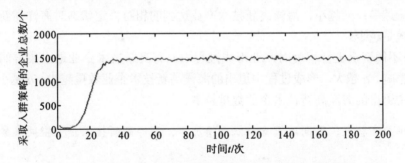

图 5-32　当 $a=0.8$ 时海洋高新技术企业空间集聚情况的模拟

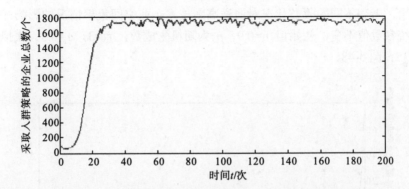

图 5-33　当 $a=0.9$ 时海洋高新技术企业空间集聚情况的模拟

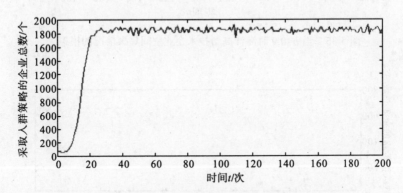

图 5-34　当 $a=1$ 时海洋高新技术企业空间集聚情况的模拟

对比图 5-28～图 5-34 可以看出：

(1) 不同资金支持程度影响着海洋高新技术产业达到相对稳定状态形成的时间。a 越大，海洋高新技术产业达到相对稳定状态所需的时间越短；a 越小，海洋高新技术产业达到的相对稳定状态所需的时间越长。

(2) 不同资金支持程度影响着海洋高新技术产业达到相对稳定状态时高新技术企业的数量。a 越大，海洋高新技术产业达到相对稳定状态时海洋高新技术企业的数量越多；a 越小，海洋高新技术产业达到的相对稳定状态时海洋高新技术企业的数量越少。

(3) 不同资金支持程度对产业形成过程中原有高新技术企业退出集群的数量有一定影响。a 越大，形成过程中退出的海洋高新技术企业数量越少；a 越小，形成过程中退出的海洋高新技术企业数量越多。

3) 模拟实验三，不同政策支持水平情况下，海洋高新技术企业空间集聚情况的模拟

本书中不同的政策支持水平状况体现为 b 的不同取值。由以下实验改变政策支持水平，考察不同的收益状况对海洋高新技术企业空间集聚情况的影响。假设其他系统参数值不变，初始值 $n=0.9$，p 为随机生成数，$d_0=3$，$a=0.5$。模拟结果见图 5-35～图 5-48。

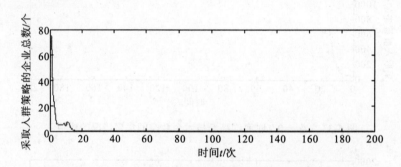

图 5-35　当 $b<0.9$ 时海洋高新技术企业空间集聚情况的模拟

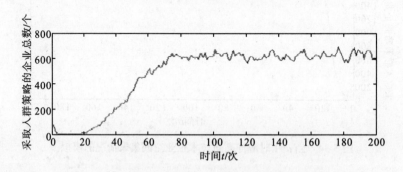

图 5-36　当 $b=1$ 时海洋高新技术企业空间集聚情况的模拟

第 5 章 培育我国海洋产业创新集群的经济学分析

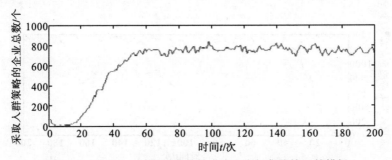

图 5-37 当 $b=1.1$ 时海洋高新技术企业空间集聚情况的模拟

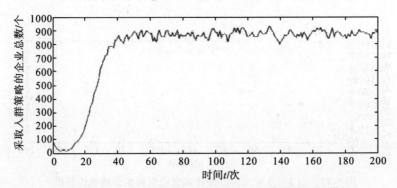

图 5-38 当 $b=1.2$ 时海洋高新技术企业空间集聚情况的模拟

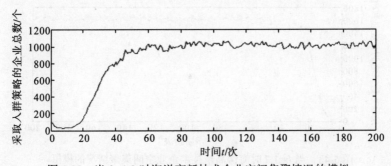

图 5-39 当 $b=1.3$ 时海洋高新技术企业空间集聚情况的模拟

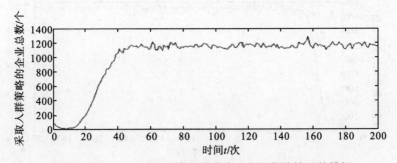

图 5-40 当 $b=1.4$ 时海洋高新技术企业空间集聚情况的模拟

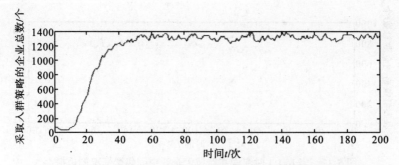

图 5-41　当 $b=1.5$ 时海洋高新技术企业空间集聚情况的模拟

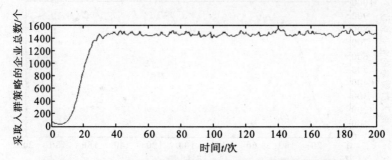

图 5-42　当 $b=1.6$ 时海洋高新技术企业空间集聚情况的模拟

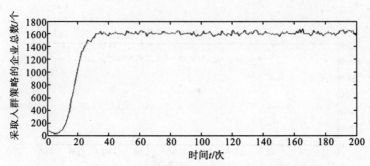

图 5-43　当 $b=1.7$ 时海洋高新技术企业空间集聚情况的模拟

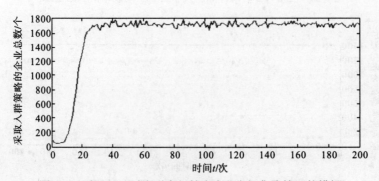

图 5-44　当 $b=1.8$ 时海洋高新技术企业空间集聚情况的模拟

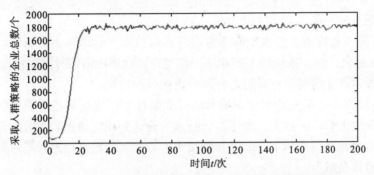

图 5-45　当 $b=1.9$ 时海洋高新技术企业空间集聚情况的模拟

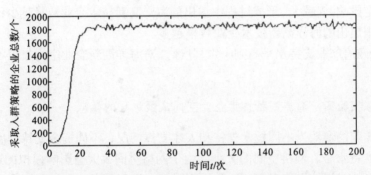

图 5-46　当 $b=2.0$ 时海洋高新技术企业空间集聚情况的模拟

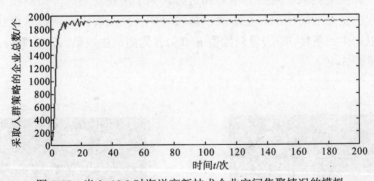

图 5-47　当 $b=10.0$ 时海洋高新技术企业空间集聚情况的模拟

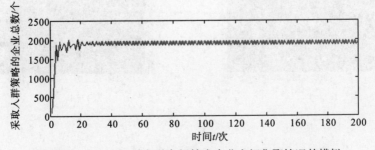

图 5-48　当 $b=100$ 时海洋高新技术企业空间集聚情况的模拟

对比图 5-35~图 5-48 可以看出：

(1) 不同产业政策支持水平影响着海洋高新技术产业达到相对稳定状态形成的时间。b 越大，海洋高新技术产业达到相对稳定状态所需的时间越短；b 越小，海洋高新技术产业达到的相对稳定状态所需的时间越长。

(2) 不同产业政策支持水平影响着海洋高新技术产业达到相对稳定状态时高新技术企业的数量。b 越大，海洋高新技术产业达到相对稳定状态时海洋高新技术企业的数量越多；b 越小，海洋高新技术产业达到的相对稳定状态时海洋高新技术企业的数量越少。

(3) 不同产业政策支持水平对产业形成过程中原有高新技术企业退出集群的数量有一定影响。b 越大，形成过程中退出的海洋高新技术企业数量越少；b 越小，形成过程中退出的海洋高新技术企业数量越多。

(4) 当政府产业支持水平高到一定程度时，对海洋高新企业空间集聚不再产生影响。

4) 模拟实验四，海洋高新技术企业空间集聚过程的模拟

模拟实验的参数为不同技术支持和人才支撑情况、不同资金支持程度、不同政府产业支持水平、网格空间的大小。由于网格空间太大会影响模拟的速度，而太小又会影响模拟结果的观察，因此本书取 50×50 的网格。初始知识发送者的分布位置由计算机随机取在网格的中心和边缘。为了清楚观察海洋高新技术企业空间集聚过程的企业活动情况，在本次模拟试验中，采用海洋高新技术企业空间集聚刚好可以产生的条件，即假设初始值 $n=0.9$，p 为随机生成数，$d_0=3$，$b=1$，$a=0.5$，模拟结果见图 5-49。

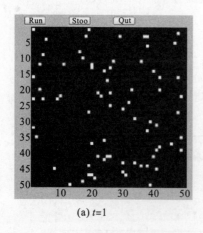

(a) $t=1$

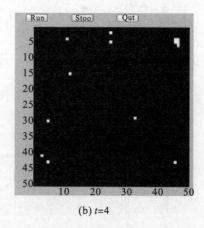

(b) $t=4$

第5章　培育我国海洋产业创新集群的经济学分析

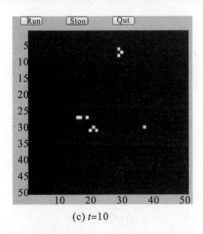
(c) $t=10$

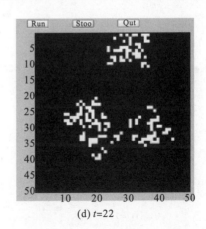
(d) $t=22$

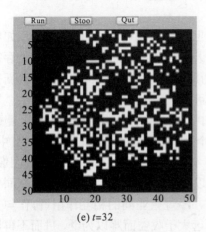
(e) $t=32$

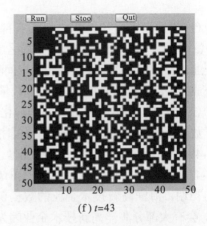
(f) $t=43$

(g) $t=80$

(h) $t=135$

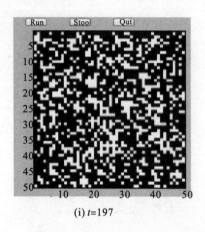
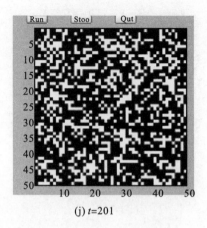

(i) $t=197$　　　　　　　　　(j) $t=201$

图 5-49　当 $d_0=3$，$b=1$，$a=0.5$ 时海洋高新技术企业空间集聚情况的模拟图

(1) 初始设置。在区域内已经有部分企业分布在 50×50 的元胞空间(如图 5-49(a)所示)，其中黑色地带为空白区域(还没有企业进入)，白色区域为初始存在的企业，当处在海洋高新技术企业空间集聚初期，在可以容纳 2500 个海洋高新技术企业的沿海地区，目前只拥有 3%数量的高新技术企业。

(2) 第一阶段。在步长为 10 的演化过程中，从 $t=1$ 到 $t=10$ 左右区域中元胞出现了数量逐渐减少的局面，当到 $t=10$ 时只有个别少数企业存在于该区域内。其中，图 5-49(a)是演化过程中第 1 步的图像，图 5-49 (b)是演化过程中第 4 步的图像，图 5-49 (c)是演化过程中第 10 步的图像。可以看出，在海洋高新技术企业空间集聚的初期，海洋高新技术企业的数量在减少，经过企业间的相互作用(协作与竞争)，会有大部分海洋高新技术企业因为成本远大于收益而难以为继，进而不再选择生产海洋高新技术产品而退出该产业的市场竞争。

(3) 第二阶段。在从步长 10 到 60 的演化过程中，在 $t=10$ 步区域内存在的企业的数量达到了最少，从 $t=10$ 步开始，有海洋高新技术企业分布在区域不同位置，在以这些企业为核心的周围出现了同类企业的集聚，并不断增加。整个元胞空间出现了稳定有序的状态，出现如图 5-49(c)~(f)所示的状态。以上几个图中距离核心企业较远的空间一直处于黑色(没有吸引新的企业入驻)，意味着这些位置的元胞与核心企业附近的元胞相比不存在相对优势。在距离核心企业较近的区域内，如前节所说的聚集的成本效应、人才与科研技术的共享、以及众多小企业对核心企业的依赖等都促使围绕核心企业周围出现了众多小企业的聚集现象。在众多小企业聚集的地方，显现出有序排列的现象。在白色的区域内存在合理均匀分布的黑色区域。这种有序结构的形成不存在外部指令，产业系统按照相互默契的某种规则(状态转化规则)，各尽其责而又协调地自动形成有序结构。

(4) 第三阶段。在从步长 80 到 201 的演化过程中，从 80 步开始就出现了局部的稳定有序。

从图 5-49 可以发现，区域元胞数量从 61 步开始就出现了有序的稳定状态。从元胞演化的图形中同样可以得出相同的结论。80、135、197、201 步的演化图形如图 5-49(g)～(j)所示，从 66 开始，在外部条件不变的情况下，演化出现了重现现象。

6. 实验结果讨论

本书在以上研究基础上，认为海洋高新技术企业空间集聚犹如一个生态有机体，其进化既受系统的内在运行机制影响，也取决于系统外部环境。在现实中，产业的形成和演进有自身的规律与内在机理，并受到外部条件的影响。一般说来，产业的形成和发展往往是内在因素和外在因素共同作用的结果，内在因素指企业自身即"自组织"的要素禀赋，往往通过市场来实现，外在因素指外部环境即"他组织"的推动作用，通常通过政府的行为来实现。两种力量促进产业形成和发展，但在不同的阶段、不同的地域、不同的文化背景下，其相对作用和地位有所差异(韩超群，2007)。结合近年来集群发展的成功经验并遵循上述模拟结果，本书认为海洋高新技术企业产业的形成是通过"自下而上"内生发展和"自上而下"外界条件体系支撑的两种不同的模式共同演进的。因此，在海洋高新技术产业建立初期，海洋高新技术企业空间集聚也主要以"自上而下"的演进模式为主，通常区域内的海洋高新技术企业之间以及海洋高新技术企业和其他组织机构之间的合作关系较弱，创新环境、合作交流氛围尚未形成，这时，外界条件体系的支撑作用就显得十分重要。

1) 科研人才支持水平作用机理

高水平的科研和海洋科技人才对海洋高新技术产业的发展起着重要的作用，见表 5-3。通过前文的实验模拟可以看出，海洋高新技术产业作为我国海洋科技的研发基地和海洋高新技术的孵化器，在不同技术人才支撑情况下，海洋高新技术企业空间集聚情况也显现出了很大的不同。

表 5-3 科研机构和高校数量对海洋产业创新集群主体培育影响

实验初始设定($a=0.5$, $b=1$)		与海洋高新技术相关的科研机构和高校数量								
		$d_0 \leq 2$	3	4	5	6	7	8	18	28	100
实验所得结果	集聚区海洋高新技术集群核心企业数量 k_0	0	3	60	75	75	75	75	75	75	75
	集聚区海洋高新技术企业数量达到基本稳定所需时间 t	∞	75	40	35	25	20	18	15	15	16
	集聚区达到基本稳定时海洋高新技术企业数量 K	0	600	650	630	630	620	630	620	620	632

注：集聚区海洋高新技术集群核心企业是指，在海洋高新技术企业空间集聚的过程中一直没有采取退出策略的原有海洋高新技术企业

(1) 对核心企业数量的影响。

海洋高新技术企业空间集聚初期，高校及科研机构的支撑水平能够影响集聚区海洋高新技术集群核心企业数量，模拟结果见图 5-50。

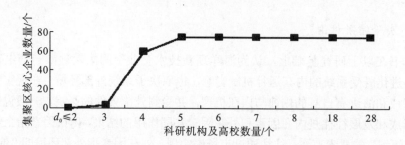

图 5-50　科研机构和高校数量对核心企业数量影响情况的模拟图

当 $d_0 \leqslant 2$ 时，该实验区域内的科研人才支撑水平较低，原有的海洋高新技术企业由于缺乏技术和人才的支撑使其企业发展的成本远大于收益，而选择退出策略，并逐渐从该区域中消失。

当 $d_0=3$ 时，该实验区域内的科研人才支撑水平有限，对于需要大量新科技、新人才的海洋高新技术企业来说，有大部分企业由于缺乏技术和人才的支撑而使其企业发展的成本远大于收益，而选择退出策略，逐渐从该区域中消失。但也有部分海洋高新技术企业利用该实验区域内的科研人才支撑和自身原有的科研力量继续进行着企业的研发而成为该区域的海洋高新技术核心企业。在后续的发展中，随着该区域的科研人才支撑水平的提升以及核心企业对周围企业的技术的外溢和人才的外流，不断有区域外的企业或区域内的非海洋高新技术企业选择在核心企业周围区域选择入群决策而成为海洋高新技术企业。

当 $d_0=4$ 时，该实验区域内的科研人才支撑水平较高，原有的海洋高新技术企业中，有大部分海洋高新技术企业利用该实验区域内的科研人才支撑以及自身原有的科研力量，进行企业的研发而成为该区域的海洋高新技术核心企业。但也有部分企业由于缺乏技术和人才的支撑使其企业发展的成本远大于收益，而选择退出策略，逐渐从该区域中消失。在后续的发展中，随着该区域科研人才支撑水平的提升以及核心企业对周围企业技术的外溢和人才的外流，不断有区域外的企业或区域内的非海洋高新技术企业选择在核心企业周围区域选择入群决策而成为海洋高新技术企业。

当 $d_0 \geqslant 5$ 时，该实验区域内的科研人才支撑水平很高，足以满足原有海洋高新技术企业的科研支撑和人才的需求。不再有企业由于缺乏技术和人才的支撑使其企业发展的成本远大于收益，而选择退出策略。并且在后续的发展中，随着该区域的科研人才支撑水平的提升以及核心企业对周围企业的技术的外溢和人才的外流，不断有区域外的企业或区域内的非海洋高新技术企业选择在核心企业周围区域选择入群决策而成为海洋高新技术企业。

(2) 对达到基本稳定所需时间的影响。

海洋高新技术企业空间集聚初期，高校及科研机构的支撑水平能够影响集聚区海洋高新技术企业数量达到基本稳定所需时间 t，模拟结果见图 5-51。

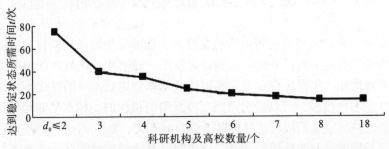

图 5-51　科研机构和高校数量对集群达到稳定时间影响情况的模拟图

当 $d_0 \leqslant 2$ 时，该实验区域内的科研人才支撑水平较低，原有的海洋高新技术企业由于缺乏技术和人才的支撑使其企业发展的成本远大于收益，而选择退出策略，并逐渐从该区域中消失，致使该实验区域不再有海洋高新技术企业。

当 $d_0 \geqslant 3$ 时，高校及科研机构的支撑水平能够促使海洋高新技术企业不断在该区域内进行空间集聚，并最后达到稳定状态。随着实验区域内的科研人才支撑水平的不断增加，达到最后稳定状态所需的时间在不断减少。如当 $d_0=3$ 时，需要 75 步的演化达到基本稳定状态；$d_0=4$ 时，需要 40 步的演化达到基本稳定状态，$d_0=5$ 时，需要 35 步的演化达到基本稳定状态；$d_0=6$ 时，需要 25 步的演化达到基本稳定状态；$d_0 \geqslant 7$ 时，只需要 20 的演化就达到基本稳定状态。

当 $d_0 \geqslant 18$ 时，高校及科研机构的支撑水平很高，能够促使海洋高新技术企业不断在该区域内进行空间集聚，并很快达到稳定状态，达到稳定状态的时间也相同，即当高校及科研机构的支撑水平达到一定程度时，对海洋高新技术企业空间集聚达到稳定状态所需的时间影响很小，以致最后不再有影响。如当 $d_0=18$ 时，需要 15 步的演化达到基本稳定状态；$d_0=28$ 时，需要 15 步的演化达到基本稳定状态；$d_0=100$ 时，也需要 15 步的演化达到基本稳定状态。

(3) 对达到基本稳定状态时的企业数量的影响。

海洋高新技术企业空间集聚初期，高校及科研机构的支撑水平对集聚区海洋高新技术企业空间集聚达到基本稳定状态时的规模的影响模拟结果见图 5-52。

当 $d_0 \leqslant 2$ 时，该实验区域内的科研人才支撑水平较低，原有的海洋高新技术企业由于缺乏技术和人才的支撑使其企业发展的成本远大于收益，而选择退出策略，并逐渐从该区域中消失，致使该实验区域不再有海洋高新技术企业。

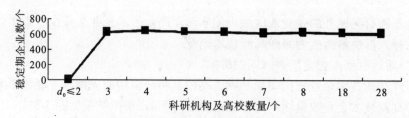

图 5-52 科研机构和高校数量对集群达到稳定期企业数量情况的模拟图

当 $d_0 \geqslant 3$ 时，高校及科研机构的支撑水平能够促使海洋高新技术企业不断在该区域内进行空间集聚，并最后达到稳定状态。随着实验区域内的科研人才支撑水平的不断增加，集聚区企业空间集聚达到基本稳定状态时的变化不大，基本保持在 620 左右的规模。可以看出，当高校及科研机构的支撑水平能够促使海洋高新技术企业空间集聚形成后，对集聚规模影响不大。如当 $d_0=3$ 时，基本稳定状态的海洋高新技术企业的数量为 600；$d_0=4$ 时，基本稳定状态的海洋高新技术企业的数量为 650；$d_0=5$ 时，基本稳定状态的海洋高新技术企业的数量为 630；$d_0=6$ 时，基本稳定状态的海洋高新技术企业的数量为 630；$d_0 \geqslant 7$ 时，基本保持在 620 左右的规模。

2) 资金支持水平作用机理分析

国内外高新技术产业发展的经验表明，大量的资金投入对高新技术产业的形成和发展至关重要，海洋高新技术产业具有较其他高新技术产业更显著的高投入的特点。因此，充足的资金来源是海洋高新技术产业发展的保障（方景清等，2008）。通过前文的实验模拟可以看出，在不同资金支持程度情况下，海洋高新技术企业空间集聚情况也显现出了很大的不同。

表 5-4 资金支持对海洋产业创新集群主体培育影响

	实验初始设定($d_0=3$，$b=1$)	海洋高新技术企业所能得到的资金支持					
		$a \leqslant 0.4$	0.5	0.6	0.7	0.8	0.9	1
实验所得结果	集聚区海洋高新技术集群核心企业数量 k_0	0	5	3	5	3	5	3
	海洋高新技术企业空间集聚达到基本稳定所需时间 t	∞	80	60	40	25	20	18
	集聚区达到基本稳定时海洋高新技术企业数量 K	0	700	900	1100	1400	1700	1900

(1) 对核心企业数量的影响。

海洋高新技术企业空间集聚初期，资金支持水平对采取退出策略的原有海洋高新技术企业数量的影响，模拟结果见图 5-53。

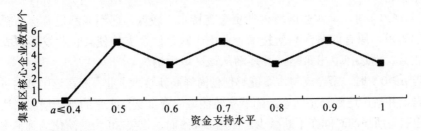

图 5-53　资金支持对集群达到稳定期企业数量情况的模拟图

当 $a \leqslant 0.4$ 时,该实验区域内的资金支持水平较低,远不能满足海洋高新技术企业的需求,原有的海洋高新技术企业由于缺乏资金支持使其企业发展的成本远大于收益,而选择退出策略,并逐渐从该区域中消失。

当 $a \geqslant 0.5$ 时,该实验区域内的资金支持水平可以达到海洋高新技术企业的需求量的一半以上,但是对于需要大量的资金投入的海洋高新技术企业来说,有大部分企业由于资金的需求无法满足使其企业发展的成本远大于收益,而选择退出策略,逐渐从该区域中消失。但也少有部分海洋高新技术企业利用自身雄厚的资金继续进行企业的研发而成为该区域的海洋高新技术核心企业。但是,当实验参数资金支持水平的初始值 a_0 不断增加时,原有海洋高新技术企业中退出策略的企业所占比重变化不大。可以看出,在海洋高新技术企业发展初期,科研与人才支撑水平的影响远大于资金支持的影响,当资金支持可以达到最基本的需求时,科研与人才的支撑水平影响着企业的主要决策;而当科研与人才的支撑水平较低,只能满足部分自身科研与人才力量雄厚的企业时,资金支持水平即使再高,也不能改变原有海洋高新技术企业中采取退出策略的企业的决策。

(2) 对达到基本稳定所需时间的影响。

海洋高新技术企业空间集聚初期,资金支持水平能够影响集聚区海洋高新技术企业数量达到基本稳定所需时间 t,模拟结果见图 5-54。

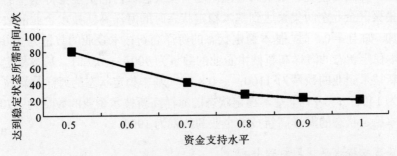

图 5-54　资金支持对集群达到基本稳定所需时间的影响情况的模拟图

当 $a \leqslant 0.4$ 时，该实验区域内的资金支持水平较低，远不能满足海洋高新技术企业的需求，原有的海洋高新技术企业由于缺乏资金支持使其企业发展的成本远大于收益，而选择退出策略，并逐渐从该区域中消失。

当 $a \geqslant 0.5$ 时，资金支持水平能够促使海洋高新技术企业不断在该区域内进行空间集聚，并最后达到稳定状态。随着实验区域内资金支持水平的不断增加，达到最后稳定状态所需的时间在不断减少。如当 $a=0.5$ 时，需要 80 步的演化达到基本稳定状态；$a=0.6$ 时，需要 60 步的演化达到基本稳定状态；$a=0.7$ 时，需要 40 步的演化达到基本稳定状态；$a=0.8$ 时，需要 25 步的演化达到基本稳定状态；$a=0.9$ 时，需要 20 的演化就达到基本稳定状态；$a=1$ 时，只需要 18 的演化就达到基本稳定状态。

(3) 对达到基本稳定状态时的企业数量的影响。

海洋高新技术企业空间集聚初期，资金支持水平能够影响集聚区海洋高新技术企业空间集聚达到基本稳定状态时的规模，模拟结果见 5-55。

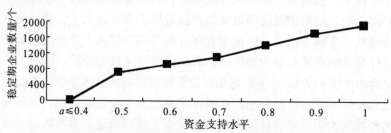

图 5-55　资金支持对集群达到稳定期企业数量的影响情况的模拟图

当 $a \leqslant 0.4$ 时，该实验区域内的资金支持水平较低，远不能满足海洋高新技术企业的需求，原有的海洋高新技术企业由于缺乏资金支持使其企业发展的成本远大于收益，而选择退出策略，并逐渐从该区域中消失。

当 $a \geqslant 0.5$ 时，资金支持水平能够促使海洋高新技术企业不断在该区域内进行空间集聚，并最后达到稳定状态。但是随着实验区域内的资金支持水平的不断提升，该集聚区企业空间集聚达到基本稳定状态时的海洋高新技术企业的数量也在不断增加。如当 $a=0.5$ 时，基本稳定状态的海洋高新技术企业的数量为 700；$a=0.6$ 时，基本稳定状态的海洋高新技术企业的数量为 900；$a=0.7$ 时，基本稳定状态的海洋高新技术企业的数量为 1100；$a=0.8$ 时，基本稳定状态的海洋高新技术企业的数量为 1400；$a=0.9$ 时，基本稳定状态的海洋高新技术企业的数量为 1 700；$a=1$ 时，基本稳定状态的海洋高新技术企业的数量为 1900。

3) 政策支持水平作用机理分析

通过前文的实验模拟可以看出，在不同政策支持情况下，海洋高新技术企业空间集聚情况的也显现出了很大的不同，见表 5-5。

表 5-5 政策支持水平对海洋产业创新集群主体培育影响

实验初始设定(a=0.5, d_0=3)		海洋高新技术企业所能得到的政策支持水平						
		$b≤0.9$	1	1.1	1.2	1.3	1.4	1.5
实验所得结果	集聚区海洋高新技术集群核心企业数量 k_0	0	3	10	18	25	31	38
	海洋高新技术企业空间集聚达到基本稳定所需时间 t	∞	80	60	40	40	40	40
	集聚区达到基本稳定时海洋高新技术企业数量 K	0	600	700	900	1000	1200	1300
实验初始设定(a=0.5, d_0=3)		1.6	1.7	1.8	1.9	2.0	10.0	100
实验所得结果	集聚区海洋高新技术企业数量变化情况 k_0	45	53	60	67	73	75	75
	海洋高新技术企业空间集聚达到基本稳定所需时间 t	30	27	25	22	20	10	5
	集聚区达到基本稳定时海洋高新技术企业数量 K	1500	1600	1700	1800	1850	1900	1990

(1) 对核心企业数量的影响。

海洋高新技术企业空间集聚初期,政策支持水平能够影响采取退出策略的原有海洋高新技术企业数量情况见图 5-56。

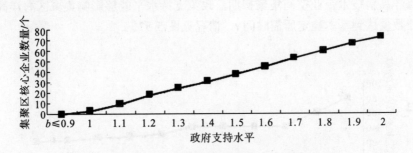

图 5-56 政策支持水平对集群达到稳定期企业数量情况

当 $b≤0.9$ 时,该实验区域内政策支持水平较低,意味着该区域内所得到的基础设施的建设、政策条件、政府的服务能力等较低,由于当地政府提供的产业支持水平低于其他地区或全国的平均水平,原有的海洋高新技术企业由于缺乏产业支持使其企业发展的成本远大于收益,而选择退出策略,并逐渐从该区域中消失。

当 $b=1$ 时,该实验区域内的政策支持水平一般,意味着在该区域内所得到的基础设施的建设、政策条件、政府的服务能力等一般,由当地政府提供的产业支持水平和其他地区或全国的平均水平一样。但对于需要大量新科技、新人才以及政府扶持的海洋高新技术企业来说,有大部分企业由于缺乏技术和人才的支撑而使其企业发展的成本远大于收益,而选择退出策略,逐渐从该区域中消失。但也有部分海洋高新技术企业利用该实验区域内的原有政策条件和自身的实力继续进行着企业的发展而成为该区域的海洋高新技术核心企业。在后续的发展中,随着该区域科研人才支撑水平的提升以及核心企业对周围企业的技术的外溢和人才的外流,不断有区域外的企业或区域内的非海洋高新技术企业在核心企业周围区而成为海洋高新技术企业。

当 $b \geqslant 1$ 时,该实验区域内的政策支持水平较高,意味着在该区域内所得到的基础设施的建设、政策条件、政府的服务能力等较好,当地政府提供的产业支持水平高于其他地区或全国的平均水平。但是仍有大部分企业由于外部需求无法满足而使其企业发展的成本远大于收益,而选择退出策略,逐渐从该区域中消失。有部分海洋高新技术企业利用自身力量进行着企业的研发而成为该区域的海洋高新技术核心企业。可以看出,当试验参数政策支持水平的初始值 b 不断增加时,原有海洋高新技术企业中成为核心企业的数量也在不断增加。$b=1$ 时,原有海洋高新技术企业中成为核心企业数量为 3;$b=1.1$ 时,原有海洋高新技术企业中成为核心企业数量为 10;$b=1.2$ 时,原有海洋高新技术企业中成为核心企业数量为 18;$b=1.3$ 时,原有海洋高新技术企业中成为核心企业数量为 25;当 b 增加到 2.0 时,原有海洋高新技术企业中采取退出策略的企业数量很少,大部分都成为核心企业。

(2) 对达到基本稳定所需时间的影响。

海洋高新技术企业空间集聚初期,政策支持水平能够影响集聚区海洋高新技术企业数量达到基本稳定所需时间 t,情况见图 5-57。

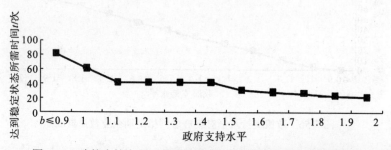

图 5-57 政策支持水平对集群达到基本稳定所需时间的影响情况

当 $b \leqslant 0.9$ 时,该实验区域内的政策支持水平较低,意味着在该区域内的基础设施水平、产业政策支持水平、政府的服务能力等低于其他地区或全国的平均水平,原有的海洋高新技术企业由于缺乏产业支持使其企业发展的成本远大于收益,而选择退出策略,并逐渐从该区域中消失,因而海洋产业创新集群无法形成,达到稳定状态所需时间为无穷大。

当 $b=1$ 时,该实验区域内的政策支持水平一般,意味着在该区域内所得到的基础设施的建设、政策条件、政府的服务能力等一般，由当地政府提供的产业支持水平和其他地区或全国的平均水平一样。但对于需要大量新科技、新人才以及政府扶持的海洋高新技术企业来说，有大部分企业由于缺乏技术和人才的支撑使其企业发展的成本远大于收益，而选择退出策略，逐渐从该区域中消失。但也有部分海洋高新技术企业利用该实验区域内的原有政策条件和自身的力量继续进行着企业的发展而成为该区域的海洋高新技术核心企业。在后续的发展中，随着该区域科研人才支撑水平的提升以及核心企业对周围企业的技术的外溢和人才的外流，不断有区域外的企业或区域内的非海洋高新技术企业在核心企业周围区域选择入群决策而成为海洋高新技术企业，因而海洋产业创新集群逐步形成，达到稳定状态所需时间为80步。

当 $b \geqslant 1$ 时，该实验区域内的政策支持水平较高，意味着在该区域内所得到的基础设施的建设、政策条件、政府的服务能力等较好，当地政府提供的产业支持水平高于其他地区或全国的平均水平，能够促使海洋高新技术企业不断在该区域内进行空间集聚，并最后达到稳定状态。随着实验区域内的政策支持水平的不断提升，达到最后稳定状态所需的时间在不断减少。$b=1$ 时，需要80步的演化达到基本稳定状态；$b=1.1$ 时，需要60步的演化达到基本稳定状态；$b=1.2$ 时，需要40步的演化达到基本稳定状态；$b=1.6$ 时，需要30步的演化达到基本稳定状态；当 b 逐渐增加到2.0，需要20步的演化达到基本稳定状态；当 b 增加到100，达到最后达到一个极端状态只需要5步的演化达到基本稳定状态。

(3) 对达到基本稳定状态时的企业数量的影响。

海洋高新技术企业空间集聚初期，政策支持水平能够影响集聚区海洋高新技术企业空间集聚达到基本稳定状态时的规模即企业数量，情况见图5-58。

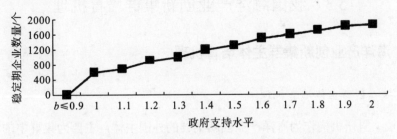

图 5-58　政策支持水平对集群达到基本稳定状态的企业数量的影响情况

当 $b \leqslant 0.9$ 时，该实验区域内的政策支持水平较低，此时高新技术企业能够得到的科研与人才的支撑水平和资金支持程度都非常有限，该区域的基础设施及政策的产业支持政策水平低于周边其他地区，因此造成企业发展的成本远大于收益，而选择退出策略，并逐渐从该区域中消失，海洋产业创新集群无法形成，无法达到稳定状态，企业数量为零。

当 $b \geqslant 1$ 时，该实验区域内的政策支持水平能够促使海洋高新技术企业不断在该区域内进行空间集聚，并最后达到稳定状态。同时随着实验区域内的政策支持水平的不断提升，该集聚区企业空间集聚达到基本稳定状态时的海洋高新技术企业的数量也在不断增加。如当 $b=1$ 时，基本稳定状态的海洋高新技术企业的数量为 600；$b=1.1$ 时，基本稳定状态的海洋高新技术企业的数量为 700；$b=1.2$ 时，基本稳定状态的海洋高新技术企业的数量为 900；$b=1.3$ 时，基本稳定状态的海洋高新技术企业的数量为 1000；$b=1.4$ 时，基本稳定状态的海洋高新技术企业的数量为 1200；$b=2$ 时，基本稳定状态的海洋高新技术企业的数量为 1850；$b=10$ 时，基本稳定状态的海洋高新技术企业的数量为 1900。但是当 b 取到极限值 100 时，基本稳定状态的海洋高新技术企业的数量为 1990，基本稳定状态的海洋高新技术企业的数量的增长速度变慢，可见当政府产业支持水平达到一定程度时，对基本稳定状态的海洋高新技术企业的数量的增长速度的影响不大。

海洋产业创新集群的培育是多种因素综合作用的结果，相当复杂。海洋产业创新集群的培育过程是由多个海洋传统企业向海洋高新技术企业转变的过程和海洋高新技术的知识创新与扩散这两个过程有机叠加而成。在这两个过程中，由海洋传统企业作为基础主体、海洋高新技术企业作为核心主体和高校及科研机构、金融机构、政府等组成的外围辅助主体的相互作用与相互依存的关系中产生海洋高新技术并且随之扩散构成一个海洋产业创新集群系统。因而，本章引入复杂系统概念，并利用复杂系统的典型研究工具——元胞自动机对海洋产业创新集群的主体培育过程和技术创新与技术扩散过程进行建模与仿真，为下文进一步剖析海洋产业创新集群培育的内在机理奠定基础。

5.3 我国海洋产业创新集群培育机理

5.3.1 海洋产业创新集群主体培育机理

1. 核心创新主体培育机理

高校、科研机构作为海洋产业创新集群的外围主体，主要为集群中的海洋产业创新集群中海洋产业传统企业和海洋高新技术企业提供知识、技术支持。高校、科研院所对核心主体海洋高新技术企业培育的影响是建立在知识、技术和人力资源的基础上，二者之间是以海洋技术为纽带的合作关系。由于海洋产业创新集群的产业特性，海洋产业创新集群内企业具有海洋产业的特点，对海洋技术相关高校和科研机构之间有着比其他产业更密切的联系。同时，海洋产业创新集群核心企业具有高新技术的特点，一般而言，高新技术产业大多位于高校及科研机构相对密集的区域，例如美国硅谷、我国的中关村等高新技术企业就是依托于高校及科研机构建立的。在前文的模拟过程和对高新技术产业形成过程的机理探讨基础上,本书对海洋产业创新集群中高校、科研机构对核心主体培育影响机理从直接影响和间接影响两方面来探讨。

1) 直接影响

海洋产业创新集群内的企业与本区域内的海洋相关高校、科研机构之间的直接影响往往以合作的形式来体现,如海洋技术的相关咨询、海洋技术人才的兼职或者人力资源的支持、海洋产业相关项目的合作或相关技术的转让等。在对高新技术产业,例如美国硅谷、我国的中关村的调研过程中,高校和科研机构对集群的影响形式往往是与集群中实力雄厚并具有引领规模的大集团或大企业进行直接合作,而大多数中小企业都通过模仿大企业或者从集群的公共技术服务平台获取新技术。因此,当海洋产业创新集群内的高校与科研机构所提供的科研与人才支持水平能够满足核心企业海洋高新技术企业的需求时,海洋高新技术企业将会保持高效的运作和旺盛的技术创新,并通过多种纽带与基础主体海洋传统企业保持联系,如技术、产权、人际、设备、信息等促进海洋传统企业使用海洋高新技术而变成海洋高新技术企业,加速海洋产业创新集群的形成。

2) 间接影响

间接影响是指海洋产业创新集群所在的地方政府、行业协会、公共技术服务平台等机构与海洋相关的高校和科研机构联合,为集群内的海洋产业企业提供技术、人力资源支持等。因此,海洋高新技术企业与海洋传统企业虽然不与高校、科研机构直接合作,但是通过与地方政府、行业协会、公共技术服务平台等机构的合作,可以受益于海洋产业创新集群内的高校、科研机构。因此,对海洋产业创新集群的基础主体与核心主体而言,地方政府、行业协会、公共技术服务平台等机构与海洋相关的高校和科研机构联合,可以看作是一种间接影响。从海洋产业创新集群的主体网络来看,这种间接影响其实是外围主体共同对基础主体与核心主体提供技术与智力支持。

严格来讲,无论是高校和科研机构对海洋产业创新集群内部企业的直接影响还是外围主体的间接影响,都属于海洋产业创新集群的外围主体对由基础主体和核心主体组成的涉海企业提供的技术与智力支持。而且主要途径是通过对大企业及大集团的影响来影响中小企业或海洋传统企业向海洋高新技术企业转变。因此,当海洋产业创新集群内高校和科研机构达到一定数量,所提供的科研与人才支持水平达到一定程度的时候,既会满足原有海洋高新技术企业对技术创新和智力的需求,也会促进海洋高新技术企业的技术扩散来缩短培育海洋创新集群达到稳定状态所需的时间。

2. 地方政府对主体培育影响机理

地方政府对海洋产业创新集群的影响机理主要是其与海洋产业创新集群企业之间存在利益的交集。地方政府市场经济的条件下介入经济活动影响海洋产业创新集群也正是其职能所需。地方政府作为海洋产业创新集群的外围主体之一，主要通过公共产品供给为海洋产业创新集群的发展营造良好的环境。因此，地方政府对海洋产业创新集群企业的影响并不是针对个体而言的，而是针对集群内的所有企业而言。波特的钻石模型理论认为，政府是通过作用于钻石体系的六要素来影响产业竞争优势(Porter, 1990)。早期主要通过改变基础设施和解决钻石模型的不利因素，而后期主要解决技术创新行为产生和技术扩散时遇到的障碍和限制。对前文的模拟过程和对一般产业高新技术产业形成过程的机理探讨，本书对海洋产业创新集群中地方政府对主体培育影响机理从早期影响和后期影响两方面来探讨。

1) 早期影响

地方政府的经济利益和政治利益都需要由作为基础主体与核心主体的涉海企业的发展来实现。海洋产业创新集群的发展归根结底是企业主体的发展。但在市场经济条件下，地方政府不能直接参与主体企业的生产经营活动，而主要为海洋产业创新集群企业主体的发展营造良好的经营环境。在海洋产业创新集群形成的早期，企业主体的培育主要从两个方面开始：①使海洋产业创新集群存在明显的外部性；②基础主体即海洋传统企业占很大比重，还存在大量的海洋中小企业。此时，地方政府的主要职责包括基础设施的建设、专业市场建业、规范企业行为等。这些工作不仅针对基础主体和核心主体，也针对包括由高校及科研机构、金融机构和政府机构在内的外围主体，即地方政府对主体培育的影响是通过促进产业整体的发展而产生的。

2) 后期影响

海洋产业创新集群主体培育的后期阶段，即核心主体已经处于不断企业集聚的时期，地方政府对主体培育影响途径主要是围绕产业升级，加强海洋产业创新集群的技术创新与公共服务平台建设来促进核心主体的技术扩散，进一步加快周边基础主体向核心主体转变。这也是地方政府对集群内主体培育影响的内在激励。从一般具有创新性产业发展历程来看，集群内的地方政府对企业技术创新的激励措施主要有通过科技项目支持企业技术创新、对技术创新企业进行税收减免等。促进企业间技术扩散的推动措施主要有：集群内鼓励建设科技服务企业，以关键共性技术为突破口，围绕解决技术难题，积极开发和推广有利于技术扩散的共性技术、关键技术及配套技术为产业公共服务。

海洋产业创新集群的培育与海洋生物资源与空间资源的存在、生产和可持续利用密切相关。海洋产业创新集群是基于海洋资源的开发利用而成长的资源型产业，必然面临着海洋资源可持续发展问题。由于对海洋资源依赖的特殊特点，地方政府会将海洋资源无偿使用转向有偿使用，规范企业主体使用海洋资源行为，提高海洋资源利用效率。这改变也会促使海洋产业创新集群内基础主体即海洋传统企业使用海洋高新技术而减少环境成本，进而变成海洋高新技术企业。

总之，地方政府通过建设基础设施、制定各种产业政策和资源可持续发展政策来影响海洋产业创新集群的内部所有主体，缩短了海洋传统企业向海洋高新技术企业的转变时间，使更多的海洋高新技术企业向该地区集聚，增强了集群竞争力。

3. 金融机构对主体培育影响机理

海洋产业创新集群的主体培育离不开金融机构的支撑。资金是海洋产业创新集群核心主体技术创新必备的资源，没有资金的投入，再好的创意也只能埋没于人们的头脑之中，不能形成产品进行商业化，实现其市场价值，始终停留在技术创新阶段，使创新技术仍然是高新技术的胚芽。海洋高新技术企业技术创新活动本身的不确定性决定了其资金投入多、风险大。海洋产业创新集群内的海洋传统企业对于技术创新行为的障碍大多是资金短缺。因此，金融机构对主体培育影响机理主要体现以下两点。

(1) 海洋产业创新集群容易使金融机构内的风险投资家了解海洋产业的发展动态，判定拟投资企业的发展前景，从而降低投资风险。同时，海洋产业创新集群的集聚效应也降低了风险资本家寻找投资项目的信息成本，有利于吸引风险投资。这和本书的模拟结果是吻合的，即在海洋产业创新集群形成初期，金融资源对部分海洋高新技术企业退出集群的行为没有影响。因为这部分企业的退出往往是由于对开发新技术的前景的判定与金融机构不相符合，而没有得到资金支持导致的。

(2) 金融机构所提供的风险资金减少基础主体采用高新技术的资金障碍，促进符合市场发展方向的核心主体企业的技术创新和技术扩散。因此，金融机构的资金支持满足海洋高新技术企业对技术创新和智力的需求，同时也促进海洋传统企业采用海洋高新技术而转变为海洋高新技术企业，缩短了培育海洋创新集群达到稳定状态所需的时间，使更多的海洋高新技术企业向该地区集聚，增强了集群竞争力。

5.3.2 海洋产业创新集群创新环境培育机理

1. 创新环境培育的必要性

海洋产业创新集群的创新环境培育贯穿海洋产业创新集群培育过程始终，主导驱动因子是知识创新和技术扩散，稳定规模是其重要特征。知识创新和技术扩散是海洋产业创新集群竞争优势保持和提升的主要驱动力量。各个产业的形成历史表明，科技进步是其发展的动力源泉，每一次的知识创新都推动了海洋产业变革和海洋经济的增长。

2. 创新环境对创新行为培育的影响机理

从世界高新技术产业的发展实践来看，对知识创新和技术扩散影响最大的是海洋产业创新集群的创新环境水平。本书创新环境水平是指海洋产业创新集群中企业间的互信程度、公共产品建设水平以及虚拟组织建设水平。

随着海洋高新技术企业空间集聚的形成，该区域内的海洋高新技术企业的交往对象增多，而且交往次数也会日益频繁，由此带来交往的互惠性会提高。因此，海洋高新技术企业会逐渐发现，他们之间的知识流通和信息交流的频率、准确性以及及时性都会提高。大量的海洋产业企业聚集在一起，企业间的合作与竞争、相互的交流会逐渐形成一种相似的文化氛围和价值观念。在海洋高新技术企业空间集聚的环境下，会逐渐形成一种创新的氛围。创新构成一种特有的海洋技术交流的文化氛围，又反过来促进创新，并激励集群内的海洋高新技术企业不断追求和积累新知识和新技术。促成这些区域内的海洋企业对研发的投入力度更大，进一步促成更浓的创新氛围。在这种创新氛围的影响下，涉海企业的创新意识和创新理念渗透到海洋产业企业的各个组织、管理模式和企业文化等方面。在海洋高新技术企业空间集聚的环境下，涉海企业由于存在长期的合作和互动关系，能够建立信任的关系，从而形成良好的创新环境。创新环境的形成对海洋高新技术企业知识创新行为有着正向的影响，有利于海洋产业创新集群内部企业间隐含经验类的海洋技术和海洋知识准确地传递和扩散，使海洋高新技术企业能够最大程度地获取技术创新所需的各种知识，促进集群内涉海企业创新活动的开展。海洋产业创新集群内的企业更加具有高新技术产业企业的特征，会产生大量的新知识与新技术。

通过模拟实验可以看出，当海洋高新技术企业集聚空间内的高新技术企业之间的互信程度达到一定水平，同时海洋高新技术企业所在区域的公共产品建设水平达到可以满足企业之间的交流与沟通的需要，企业与企业之间有充分的交流，促成企业之间知识的大量溢出。在这种情况下，海洋高新技术企业空间集聚区域内部企业知识创新所需的成本水平远远低于其所得到的收益水平，则原本进行知识创新的企业仍然保持着创新行为，同时也有其他企业采取知识创新策略，在海洋高新技术产业内，长期的知识创新行为持续发生，并且对于知识创新存在着临界值，只有企业互信程度和公共产品建设水平投入处在这个临界值以上，长期的知识创新才会发生，但当超过这一临界值以后对达到基本稳定状态时采取知识创新策略的企业数量影响不大。同时，在海洋高新技术产业内虚拟组织的建设可以促进海洋高新技术产业企业进行知识创新，建有虚拟组织的海洋高新技术产业比没有建立虚拟组织的海洋高新技术产业有更多的海洋高新技术采取知识创新决策。

3. 创新环境对技术扩散行为培育的影响机理

海洋产业创新集群创新环境的主导因素是能够促进企业间互信水平的企业交流平台和公共建设水平，同时，虚拟组织的建设能够进一步加强企业间的交流与信任。可以看出，要想使提升期的海洋产业创新集群中具有较强创新能力和竞争力的海洋产业高新企业越多，即增强海洋产业创新集群的产业竞争力，则要在加强海洋高新技术企业间的互信水平和交流上加大投入，以促进更多的知识创新行为和技术扩散。

海洋产业创新集群的"创新环境"对海洋高新技术企业之间技术扩散和知识转移的行为的影响，主要分为以下两个部分。

(1) 海洋高新技术企业集聚的空间内的高校和科研机构，创作了新知识和海洋产业发展的技术，并以教育培训和成果转化的方式，为海洋高新技术企业的创新提供技术支持。同时，该集聚区内的中介机构、政府服务机构、企业交流平台及企业间的虚拟组织会及时传递各种海洋产业内的技术信息，推动海洋技术创新，促进企业技术扩散。大量的海洋高新技术企业被吸引采取技术创新策略，而采取技术创新策略者又不断吸引新的创新者，模仿学习机制形成的技术扩散的正反馈作用，导致更多的涉海企业采取技术创新策略，区域内采取海洋高新技术创新策略的企业数量逐步增多，集群也更有创新能力。

(2) 在海洋高新技术企业空间集聚的环境下，随着区域内采取新技术企业数量逐步增多，出现了专业化分工协作。由于在该集群内海洋技术的知识共享、信息和公共设施等资源以及对海洋文化的共同认知，海洋高新技术企业之间的关联日益紧密，并不断吸引各类有关海洋技术扩散和技术创新的辅助性机构进入，海洋高新技术企业、海洋产业相关高校研发、创新和教育等相关机构，中介机构，政府服务机构等由于地理上的集中，彼此间相互关联，无形中形成集群内部的创新环境。海洋产业创新集群环境的出现促使海洋高新技术企业从单一创新到彼此间相互关联，从部分创新到集群整体创新的过渡中，产生了各种非线性作用，有利于持续、稳定的关系的建立和形成。

5.3.3　不同阶段性促进海洋产业创新集群机理

从海洋产业的一般性特点和对生产要素的需求来看，自海洋产业产生以来，大部分国家将海洋产业的统计和发展划分到农业产业的范畴。从世界各发达国家的海洋产业发展的实践来看，海洋产业的形成和发展的决定性因素有：海洋自然资源和资源禀赋、市场的需求状况、海洋产业生产技术水平、经济体制和政府产业政策以及其他社会历史因素。其中，从前文的模拟分析得出的结论可以看出，海洋产业创新集群的形成和发展的主导因素有海洋环境与空间资源、高品质海洋科技知识与人力资源、资本资源、基础设施与制度资源等四个方面，并遵循着极化作用和扩散效应。

从前文的模拟分析结论可以看出，在不同的海洋产业创新集群形成的外部条件作用下，驱动海洋产业创新集群发展的主导因素的作用也在不断变动和演替。按照各个不同主导因素对海洋产业创新集群形成的作用的各个模拟实验来看，培育海洋产业创新集群大致可以划分为三个阶段：①形成期；②扩张期；③稳定期。

1. 海洋产业创新集群形成期

从海洋产业创新集群的模拟过程可以看出，海洋产业创新集群的形成期主要是指在该区域内的原有海洋高新技术企业从原有数量减少到增加的过程。在该过程中，原有的部分海洋高新技术企业会由于收益小于成本而减少，到最后只剩少数实力较强大的海洋高新技术企业，本书将其定义为海洋产业创新集群的核心企业。随着高校与科研机构和核心企业对其周边海洋传统企业的技术扩散与科研和人力资源的支持，以及集群内的资本资源、基础设施与制度资源的共同作用下，其周边的海洋传统企业和潜在的海洋高新技术企业选择向海洋高新技术企业转变，因而在该集群内海洋高新技术企业的数量不断增加，海洋产业创新集群不断形成。

通过模拟实验可以看出，在海洋产业创新集群形成期，在海洋环境与空间资源、高品质海洋科技知识与人力资源、资本资源、基础设施与制度资源四个方面的外部条件中，对形成期影响最大的是海洋科技知识与人力资源。向海洋产业创新集群内部企业提供海洋科技知识与人力资源的主体是海洋产业创新集群区域内部的科研机构及高校。海洋产业创新集群内提供海洋科技知识与人力资源的能力主要影响海洋产业创新集群形成过程中原有高新技术企业退出集群的数量，即影响核心企业的数量。海洋产业创新集群内提供海洋科技知识与人力资源的能力越强，形成过程中退出的海洋高新技术企业数量越少，也就是说剩余的海洋产业创新集群的核心企业数量越多，反之就越少。但是，当海洋产业创新集群内提供海洋科技知识与人力资源的能力达到一定程度时，对海洋产业创新集群的核心企业数量的影响就很小了。同时，海洋产业创新集群内提供基础设施与制度资源能力对海洋产业创新集群形成过程中的核心企业的数量也同样存在着影响。当海洋产业创新集群内提供基础设施与制度资源的能力越强，海洋产业创新集群的核心企业数量越多，反之就越少。

形成期是海洋产业创新集群发展的初级阶段。在该阶段，培育海洋产业创新集群的主导因素是高校及科研机构提供的海洋科技知识与人力资源和政府提供的基础设施与制度资源。其中，影响最大的是政府提供的基础设施与制度资源，可以看出：①政府加大基础设施的投入，在政策上加大对海洋产业创新集群的支持投入力度，才能够使形成期的海洋产业创新集群中具有较强创新能力和竞争力的海洋产业高新技术核心集团企业越多，此时的海洋产业创新集群的产业竞争力越强；②在初期要加大能够对海洋产业创新集群提供海洋科技知识与人力资源的相关海洋科技知识的高等院校和科研机构的投入，为海洋高新技术企业提供海洋科技与人力智力支持，以促进核心企业的形成和海洋传统企业的转变。

2. 海洋产业创新集群扩张期

海洋产业创新集群的扩张期主要是指，该区域内海洋高新技术核心企业周边的海洋传统企业和潜在的海洋高新技术企业选择向海洋高新技术企业转变，即该集群内海洋高新技术企业数量持续增加的过程。在该过程中，原有的海洋传统企业和潜在的海洋高新技术企业认为未来的收益大于成本，而采取海洋技术创新的策略，从而变成海洋高新技术企业。随着高校与科研机和核心企业构对其周边海洋传统企业的技术扩散与科研和人力资源的支持，以及在集群内的资本资源、基础设施与制度资源的共同作用下，其周边的海洋传统企业和潜在的海洋高新技术企业选择向海洋高新技术企业转变，因而在该集群内海洋高新技术企业的数量不断增加，海洋产业创新集群不断形成。

通过模拟实验可以看出，在海洋产业创新集群扩张期，在海洋环境与空间资源、高品质海洋科技知识与人力资源、资本资源、基础设施与制度资源四个方面的外部条件中，海洋科技知识与人力资源、资本资源、基础设施与制度资源对扩张期的影响很大。海洋产业创新集群区域内部的科研机构和高校是向海洋产业创新集群内企业提供海洋科技知识与人力资源的主体。

海洋科技知识与人力资源主要影响海洋产业创新集群扩张成为海洋产业创新集群所需的时间，海洋科技知识与人力资源的能力越强，扩张成为海洋产业创新集群所需的时间就越短，反之就越长。同样，资本资源水平、基础设施与制度资源对海洋产业创新集群扩张成为海洋产业创新集群所需的时间也有着同样的影响。基础设施与制度资源的能力越强，扩张成为海洋产业创新集群所需的时间就越短，反之就越长。资本资源水平对海洋产业创新集群扩张成为海洋产业创新集群所需的时间也有着同样的影响。资本资源水平越强，扩张成为海洋产业创新集群所需的时间就越短，反之就越长。

海洋产业创新集群的扩张期是海洋产业创新集群的发展阶段。在该阶段中，培育海洋产业创新集群的主导因素是高校及科研机构提供的海洋科技知识与人力资源、政府提供的基础设施与制度资源和金融机构提供的资金支持水平。这三个外部条件对海洋产业创新集群的扩张期都有着同样的影响，所需的时间都大体相同。可以看出，要想使海洋产业创新集群在最短的时间内成为稳定的海洋产业创新集群，需要做到以下几点：①政府加大基础设施的投入并在政策制定上加大对海洋产业创新集群的支持投入力度；②在初期要加大能够对海洋产业创新集群提供海洋科技知识与人力资源的相关海洋科技知识的高等院校和科研机构的投入；③要鼓励金融机构加大对海洋传统企业和海洋高新技术企业的资金支持，以促进核心企业的形成和海洋传统企业的转变，进而促进海洋产业创新集群的发展。

3. 海洋产业创新集群稳定期

从海洋产业创新集群的模拟过程可以看出，海洋产业创新集群的稳定期主要是指在该区域形成海洋产业创新集群内企业空间集聚完成的时期。在该过程中，原有的海洋传统企业和潜在的海洋高新技术企业已经完成了向海洋高新技术企业转变的过程。此时，海洋高新技术企业的数量的多少代表海洋产业创新集群的竞争力。

通过模拟实验可以看出，在海洋稳定时期中，在海洋环境与空间资源、高品质海洋科技知识与人力资源、资本资源、基础设施与制度资源四个方面的外部条件中，对稳定期的海洋产业创新集群的竞争力影响最大的是海洋环境与空间资源、资本资源和基础设施与制度资源。①海洋产业对海洋环境与空间资源需求决定了海洋产业创新集群内海洋高新技术企业的数量将维持在一个固定的值而不会持续增加；②当向海洋产业创新集群内部企业提供海洋科技知识与人力资源的主体——海洋产业创新集群区域内部的科研机构及高校数量达到一定数量时，即海洋产业创新集群的海洋科技知识与人力资源的支持水平能够满足需求时，海洋产业创新集群稳定期的海洋高新技术企业的数量则不再发生变化，达到该区域的海洋环境和空间资源能够容纳企业数量的三分之一；③资金支持水平和政府支持水平对海洋产业创新集群稳定期的海洋高新技术企业数量影响较明显。资金支持水平和政府支持水平越高，海洋产业创新集群稳定期的海洋高新技术企业的数量越多，反之则越少。当资金支持水平和政府支持水平达到最高水平时，海洋产业创新集群稳定期的海洋高新技术企业的数量能够达到海洋环境与空间资源所能容纳的最大值。

稳定期是海洋产业创新集群发展的稳定阶段。在该阶段，培育海洋产业创新集群的主导因素是海洋环境与空间资源、资金支持水平和政府支持水平。可以看出，要想使稳定期的海洋产业创新集群中具有较强创新能力和竞争力的高新企业越多，即此时的海洋产业创新集群的产业竞争力越强，除了要保障海洋环境与空间资源的可持续发展以外，还需要加大金融资金的支持水平和政府基础设施的投入力度并在政策制定上加大对海洋产业创新集群的支持力度，以更多地促进核心企业的形成和海洋传统企业的转变。

本章在对海洋产业创新集群系统进行界定的基础上，通过对"自下而上"的海洋产业创新集群的研究理论的分析，利用复杂系统理论所使用的新的研究工具——"元胞自动机"建立海洋产业创新集群形成阶段的测算模型，通过海洋产业创新集群形成阶段的主体决策过程与不同外部条件的作用机理分析，论证海洋产业创新集群的形成与外部条件和创新环境的形成有正相关关系，得出如下结论：海洋产业创新集群的生成是一个复杂大系统的演化发展过程。海洋资源与空间资源、科研与智力支持水平、资金支持水平和政府支持水平影响企业成本与收益的内在需求这一产业动因由萌芽状态开始，通过系统的自组织运作，在生成条件的充分作用下，不断促进海洋产业创新集群演化的有序化，降低海洋高新技术企业的创新成本，最终形成运作良好的海洋产业创新集群的有机体系。

由此，本书假设海洋产业创新集群生成的过程，即在一定区域空间内，通过产业结构不断调整优化，最终海洋高新技术产业得以建立，并以这一产业组织形式为结果这一理论得以证明。本章的创新之处如下。

(1)引入海洋产业创新集群的概念，并利用了全新研究产业的方法对其"自下而上"的演化过程建立了测算模型。

(2)参照系统形成的阶段演化原理，探索性地利用全新的模拟工具——"元胞自动机"对海洋产业创新集群的主体培育过程和技术创新与技术扩散培育过程进行了模拟，直观地模拟了其演变过程，对海洋产业创新集群由萌芽至集群最终形成的过程进行抽象模拟分析，方法为其他学者研究海洋经济提供借鉴。

第6章 培育我国海洋产业创新集群的实证分析

本章以海洋产业资源丰富、海洋产业发展基础较好的浙江省海洋经济发展示范区——宁波市为例,来说明我国海洋产业创新集群培育的可能性和政策建议。

6.1 实证研究

6.1.1 研究对象与样本

本书的主要目的是探讨海洋产业创新集群培育机理。主要通过探讨如何培育海洋产业高新技术企业空间集聚的行为产生和培育海洋高新技术企业的技术创新与技术扩散行为产生,来探讨海洋产业创新集群的培育过程。其中,海洋产业高新技术企业空间集聚是指,在一个特定的地理区域内,海洋传统企业利用海洋高新技术进行转型升级,进而向海洋高新技术企业转变的现象;海洋高新技术企业的技术创新与技术扩散行为是指,通过技术创新获得海洋产业高新技术或与海洋产业高新技术相关的新技术,使得在该产业中还没有采用新技术的涉海企业会纷纷模仿以获得比原来更大的利益,从而该产业的整体竞争力得到提高的行为。

宁波因为地处亚热带季风气候带,气候温暖湿润,成为我国海洋生物资源非常集中的地带。丰富的生物资源造就了发达的渔业,为海洋生物制药产业和水产养殖产业提供了丰富的原材料。《宁波市海洋经济发展总体规划》提出,宁波将重点培育以宁波海洋生物工程院、海洋生物科技园等为主的海洋生物医药产业和海洋能源产业。目前,在宁波已经拥有宁波万联药业有限公司、宁波海纳海洋生物科技有限公司、宁波超星海洋生物制品有限公司、宁波裕祥海洋生物科技有限公司、象山县合力海洋生物有限公司、宁波海浦生物科技有限公司等一批海洋生物企业。这些具有核心企业功能的海洋生物企业主要产品都是基于周边海洋传统渔业企业和生物制药的基础上发展起来的海洋生物制药、海洋功能食品及海洋生物保健品。因此,宁波地区形成了具有集群化发展倾向的海洋生物产业创新集群,正是本章合适的研究对象。

本书的研究对象为海洋生物产业创新集群，宁波地区的海洋生物企业及相关机构成为本书研究的样本。核心主体是海洋生物医药产业企业和海洋生物质能的海洋能源产业企业；基础主体为海洋传统企业，包括海洋传统渔业企业，海水产品加工业企业；外围主体为相关的地方政府、金融机构、科研及高校。

6.1.2 问卷的设计和资料收集

本书的问卷设计包括3个部分（见附录）：第一部分是区域资源情况调查表，主要衡量影响宁波海洋生物制药企业和相关高新技术企业空间集聚的高品质海洋科技知识与人力资源、资金资源、海洋环境与空间资源、基础设施与制度资源四项要素，由于制度资源很难测量，所以本章对其主要采取访谈的形式。第二部分和第三部分主要是通过对企业互信行为和技术流通行为的调查，来衡量在宁波地区内的企业互信程度、公共产品建设和虚拟组织的建设对海洋生物企业和海洋传统企业技术创新与技术扩散行为的影响。

本章采用的社会调查研究收集资料的方法主要有文献调查法、实地观察法、访问调查法、集团访谈法和问卷调查法。①收集了大量的宁波海洋生物资源、海洋生物企业、海洋生物技术等相关文献，以了解前人在调查有关宁波海洋生物产业这一主题时的资料和结论；②除宁波市区外，还到象山、宁海、宁波杭州湾新区、奉化和北仑、镇海等地区进行实地观察，以验证和了解一些基本的资料，尤其是对于区位因素中的基础设施建设状况、制度资源和海洋资源等资料进行了解和验证；③到宁波具有代表性的厂商，例如宁波万联药业有限公司、宁波海纳海洋生物科技有限公司、宁波超星海洋生物制品有限公司、宁波裕祥海洋生物科技有限公司、象山县合力海洋生物有限公司、宁波海浦生物科技有限公司等六家厂商进行访谈，进行问卷预填写并征求厂商的建议；④到宁波大学的海洋生物专业、舟山海洋学院、国家海洋局第二海洋研究所宁波分所等高校及科研机构进行走访，以调查与宁波海洋生物企业的结合情况；⑤到宁波海洋渔业局、象山海洋渔业局、象山港科技兴海示范园区建设领导小组、宁波市发改委、各大银行宁波分行等机构走访，以调查地方政府和金融机构对宁波海洋生物企业的支持程度；⑥对宁波海洋渔业局、宁波市科技局、宁波市检验检疫局等部门利用电子邮件、传真或学生调研等方式发放问卷。

6.1.3 样本分析

研究人员共发放调查问卷及访谈调查表共计150张，回收有效调查问卷84张。根据调查问卷的要素统计和访谈记录中的谈话内容进行综合分析，得出被调查要素的各个评分标准。

1. 海洋科技知识与人力资源的调查情况分析

调查结果为：①能够找到足够的海洋生物专业技术人才，平均满意度为 32.82%；②能够找到足够高学历的海洋生物人才，平均满意度为 42.28%；③能获得大学或科研机构的资源支持，平均满意度为 30.24%。

由调查结果看出，在海洋科技知识与人力资源方面，宁波海洋生物企业获得大学及科研机构资源较少。这是因为具有集群倾向的宁波海洋生物产业创新集群所处的宁波、周边杭州和舟山地区虽拥有一定程度的技术支持和人才支撑，有宁波大学、舟山海洋开发研究院、宁波海洋学院、浙江大学、浙江省医学科学院、国家海洋局第二研究所等和海洋生物产业相关的十多所高校和科研院所，在宁波地区海洋生物产业的研发力量表现突出，但与国际先进水平相比仍然有很大差距。且海洋生物专业在属于综合性高校的宁波大学和浙江大学这些高校中，科研成果及人才的输出占全校比重不大。

2. 资金支持程度的调查情况分析

调查结果为：①能获得短期的足够的资金支持，平均满意度为 65.65%；②能获得长期的资本支持，平均满意度为 43.28%。

可以看出，宁波海洋生物企业对能获得短期资金支持比能获得长期资金支持的满意度要高，这是由于作为中国沿海城市之一的宁波拥有雄厚的经济基础，为海洋高新技术产业的发展提供了有力的支持。特别是宁波民间资本的发展在全国处于领先地位，经过二十多年发展，已发展成为在农村经济、民营经济和海洋产业中扮演着重要角色的金融资本和产业资本，对民营海洋产业技术创新的资金需求起到了巨大的支持作用。但是由于美国次贷危机引发全球性经济衰退，宁波由于经济外向依赖度高，宁波金融机构人民币贷款增速大幅度下降，使宁波许多涉海企业，特别是中小企业和海洋传统产业的资金周转产生严重的困难。在对宁波象山港科技兴海示范园区、宁波杭州湾新区和宁波北仑镇海等海洋生物集聚区的海洋高新技术企业和海洋传统企业进行访谈和调研可以看出，目前海洋高新技术企业和海洋传统企业在技术创新和产业升级的过程中资金需求巨大，融资渠道和途径只能满足其需求的一半，资金缺口巨大。

3. 对政策支持水平情况的调查情况分析

调查结果为：①能获得充沛的水电及土地资源(包括优惠产业支持政策)，平均满意度为 67.43%；②能获得良好的社会服务(包括优惠政策、税收政策和法律服务等)，平均满意度为 58.24%；③能获得良好的生活环境(包括对引进人才的支持等)，平均满意度为 73.44%。

可以看出，企业对基础设施以及政策支持的满意度显然高于其他指标。这是由于宁波是我国经济发达的沿海城市之一，基础设施建设水平和社会保障体系处于我国前列。体制良好，地方政府在国家法律、法规允许的范围内制定了一系列促进经济发展和促进投资的多项政策措施，2010年6月国家发改委正式印发的《长江三角洲地区区域规划》提出，要加快以宁波、舟山为重点的海洋生物产业发展。在《浙江国民经济和社会发展第十五个五年计划纲要》中，浙江省政府提出重点发展生物工程和新医药，大力发展海洋生物食品，强化海洋经济意识，合理开发海洋资源，加快海洋产业，积极发展远洋渔业、养殖业和水产品加工业，努力培育海洋药物、海洋功能食品等新兴产业。浙江省人民政府在2007年制定的《浙江省海洋开发规划纲要》中也高度重视海洋高新技术产业，提出要集中力量扶持海洋化工、海洋生物医药、海洋食品、海洋能利用和海水综合利用等企业的发展，加快形成规模经济，并推出六大政策来促进海洋开发。2008年9月浙江省委第十二届四次会议通过的《关于深入学习实践科学发展观 加快转变经济发展方式 推进经济转型升级的决定》，把大力发展海洋生物产业作为加快建设港航强省的重要内容之一。

4. 企业互信行为和技术流通行为的调查情况分析

对宁波象山港科技兴海示范园区、宁波杭州湾新区和宁波北仑镇海等海洋生物集聚区三个地区的海洋高新技术企业和海洋传统企业进行访谈和调研可以看出，宁波三个地区都没有建立行业协会等社会中介组织，涉海企业之间的交流都属于自己的私下行为，企业之间的互信基本达到一种程度，即虽然可以交流但仍然不够充分，企业之间技术差距较大，集群内海洋高新技术企业知识溢出被接收企业吸收的程度达到一定水平但还没有达到较高水平。海洋生物产业企业对宁波象山港科技兴海示范园区、宁波杭州湾新区和宁波北仑镇海等海洋生物集聚区所在区域的公共产品建设水平较为满意，认为基本达到可以满足企业之间的交流与沟通的需要。

6.1.4 结果判定

基于对宁波地区已经出现的比较具有集群化发展倾向的海洋生物产业创新集群区域的发展现状的分析，可以看出，该区域内都具有核心企业功能的海洋生物企业，其主要生产产品都是基于周边海洋传统渔业和生物制药的基础上发展起来的海洋生物制药、海洋功能食品及海洋生物保健品，在宁波地区海洋生物产业的研发力量表现突出，但与国际先进水平相比仍有很大差距。各主要核心企业和研发机构主体中，核心企业之间及核心企业与研发机构之间的联系较为薄弱，产学研合作有一定交融但处于起步阶段。海洋生物传统产业产业链比较完整，但针对海洋生物高新技术从技术研发到产品生产、专业服务以及教育培训和下游市场开拓都还没有形成体系。

因此，本书判定宁波海洋生物产业创新集群的发展处于形成期阶段，其建设重点应放在科研及科研成果转化，以及科研成果的产业培育上。政府加大基础设施的投入和在政策制定上加大海洋生物产业创新的支持投入力度，能够使形成期的海洋生物产业创新集群中具有较强创新能力和竞争力的海洋产业高新技术核心集团企业越来越多。通过加速海洋生物技术的科研成果转化，催生一批极具市场潜力的海洋生物产品，促进更多的海洋生物企业上规模，尽快形成一批产业结构完整、配套设施相对完善的海洋生物产业创新体系，为海洋生物产业创新集群向更高层次阶段发展奠定基础。

6.2 实证结果分析

6.2.1 基础条件判定

在对企业的问卷调查，以及政府机构、金融机构高校及科研机构的专家咨询的基础上，本书判定宁波海洋生物产业创新集群的发展处于形成期阶段。基于在 Logistic 函数，接下来本书将对其引进的内外部因素以及所构建的相应函数作详细的描述。

1) 对技术支持和人才支撑情况的判定

本书认为宁波海洋生物产业创新集群处于较低阶段。基于以上分析，本书判定宁波海洋生物产业创新集群的技术支持和人才支撑水平处于 $d_0=2$ 或 3 时海洋生物专业的高校和科研院所能够提供的技术支持和人才支撑水平。

2) 对资金支持程度情况的判定

本书认为宁波海洋生物产业创新集群内金融机构对企业主体的资金支持程度为 $a=0.5$，即集群内的企业所得到的资金支持程度较低，企业所需的资金支持只能满足一半。

3) 对政策支持水平情况的判定

本书认为宁波海洋生物产业创新集群内政策支持水平优于我国其他地区，即地方政府所提供的海洋生物产业支持水平 b 大于 1，保守考虑取 $b=1$。

4) 对创新环境情况的判定

本书认为宁波海洋生物产业创新集群内已经建立虚拟企业，且海洋生物产业创新集群内部企业知识创新收益水平高于 p 时，长期的知识创新会发生。

6.2.2 过程分析

根据已建立的海洋高新技术企业空间集聚的 CA 模型，依据设计的状态更新规则和上文初始条件的判定，利用 MATLAB7.0 软件进行模拟实验。

模拟过程有关参数的设定均基于相对性原则。模拟实验的系统输入参数主要有：网格空间的大小 n、模拟次数 t、初始状态 I 等，其他参数根据不同的实验内容及要求确定。本书取 50×50 的网格为元胞空间，模拟次数 t 为 200 次，初始状态为：①宁波海洋生物产业创新集群内，海洋高新技术企业数量很少，为可容纳数量的 3%，且呈随机分布。②地方政府为了保护海洋资源的可持续发展，宁波海洋生物产业创新集群内的海洋高新技术企业所需的海洋资源可容纳的海洋高新技术企业的数量的极限水平 n=0.9。③宁波海洋生物产业创新集群内技术支持和人才支撑水平 d_0=3；地方政府所提供的海洋生物产业支持水平 b=1；宁波海洋生物产业创新集群内金融机构对企业主体的资金支持程度 a=0.5。④考虑到宁波海洋生物产业创新集群的培育仍然会有很多不确定因素，因此本书将海洋高新技术企业采取入群策略的成本水平 P 确定为随机生成数。仿真结果见图 6-1 和图 6-2。

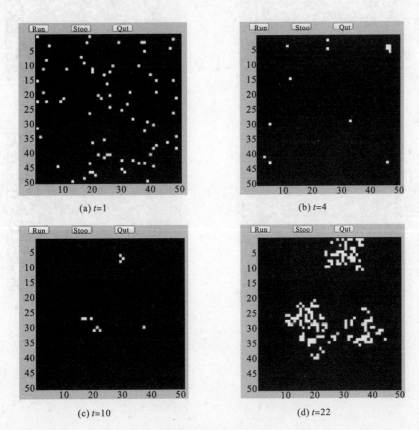

(a) t=1

(b) t=4

(c) t=10

(d) t=22

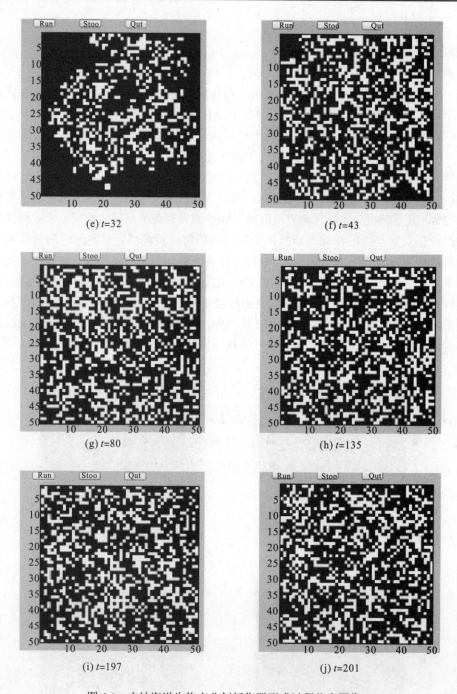

图 6-1　宁波海洋生物产业创新集群形成过程仿真图像一

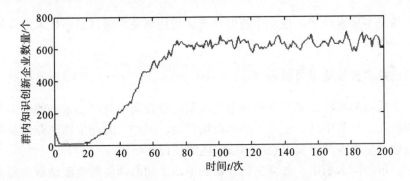

图 6-2 宁波海洋生物产业创新集群形成过程仿真图像二

6.2.3 实证结果讨论

对宁波海洋生物产业创新集群的仿真的整体过程进行观察(图 6-1～图 6-2)，在现有的宁波海洋生物产业创新集群的外部条件作用下，驱动海洋产业创新集群发展的主导因素的作用也在不断变动和演替。按照仿真实验来看，宁波海洋生物产业创新集群能够培育形成，培育海洋产业创新集群大致可以划分为如下三个阶段。

(1) 形成期。从 $t=1$ 到 $t=10$ 左右区域中元胞出现了数量逐渐减少的局面，当 $t=10$ 时只有个别少数企业存在该区域内。在宁波海洋生物产业创新集群的培育初期，海洋高新技术企业的数量在减少，从 $t=20$ 步开始，有海洋生物产业企业分布在区域不同位置，在以这些企业为核心的周围出现了生物产业企业的集聚，并不断增加。

(2) 扩张期。从 $t=20$ 步开始，宁波海洋生物产业创新集群内的海洋高新技术企业即核心主体数量不断持续增长，整个元胞空间出现了稳定的有序状态。当数量增长到 600，演化步骤在 $t=80$ 左右核心主体数量不再增加。

(3) 稳定期。从 $t=81$ 步开始就出现了有序的稳定状态。从元胞演化的图形中可以得出相同的结论。在外部条件不变的情况下，演化出现了重现现象。

6.2.4 培育路径的确定

1) 确定海洋产业创新集群——产业基地

为宁波海洋生物产业创新集群提供适宜的发展环境和集群基础，是宁波海洋生物产业创新集群产业基地的基本功能定位。通过制定相关的政策法规和发展战略，积极引导海洋生物产业企业在宁波安家落户，为企业的健康发展提供优良的政策、资金、人才和基础设施基础环境，以海洋生物技术基础研究和产品研发为起点，充分发挥宁波的海洋科研优势，为宁波海洋生物技术行业发展创造成功产业的各种基本要素环境，推动宁波海洋产业结构调整和海洋高新技术产业的可持续健康发展。

2) 完成产业基地布局规划

一个成功的海洋生物产业创新集群或基地建设离不开产品市场的基本发展链条，即产发、产品中试、企业生产和市场营销。因此，海洋生物产业创新集群的建设也就不免地涉及研发中心和科技园区的建设和布局。

宁波市的海水利用、海洋生物开发利用水平和海洋能源资源储量主要集中在宁波东部的宁波和舟山。宁波舟山港的一体化与宁波舟山大桥的开通，将其优势与中科院海洋研究所(舟山)研究发展中心、中国海洋科技创新引智园区和宁波海洋学院等技术优势相结合，以中国海洋大学和宁波大学为基础，共同构成宁波市海洋生物技术研发中心。通过项目或研发资金纽带有机地结合在一起，分层次、有重点地进行海洋生物技术的应用研究，争取在2020年前在技术层次上有较大突破，实现宁波市海洋产业创新集群的科技保障。

3) 选择主导产业

宁波市在进行宁波海洋生物产业创新集群的主导产业选择时主要考虑：①该海洋生物产业所使用的技术是否相对领先，技术领先是选择海洋生物产业创新集群主导产业的本质性准则；②该海洋生物产业在宁波是否具有良好的关联产业基础，良好的关联产业基础是海洋生物产业创新集群主导产业的重要基础；③市场需求是否广阔，市场需求准则是海洋生物产业创新集群主导产业的通用准则；④是否具有创新能力及可持续发展能力，创新能力及可持续发展能力是海洋创新产业选择的根本出发点。因此，宁波海洋生物产业创新集群的主导产业选择应结合以上四个方面进行综合评价。宁波市海洋生物产业创新集群的主导产业应考虑以下选择。

(1) 宁波市海洋生物产业创新集群的形成期，应以市场价值高、产品研发周期短、见效快的海洋功能食品和海洋基因育种为主导产业类型，海洋药物作为有机补充，形成海洋功能食品、海水育种和海洋药物为主体的基地主导产业。

(2) 宁波市海洋生物产业创新集群的扩张期和整合期，主导产业逐步向海洋药物和海洋活性物质开发主导的基地产业体系转移。

(3) 宁波市海洋生物产业创新集群的提升期，主导产业逐步向海洋生物新兴产业，如海洋生物新材料、海洋生物柴油、海洋生物精细化工和海洋环境产品转移，形成海洋生物新兴产业的基地产业体系。

6.3 结论与建议

海洋生物产业是海洋高新技术产业的朝阳产业,国家和政府都提出了开发海洋资源、促进海洋经济发展的目标。目前,宁波海洋生物产业发展正处于关键时期,采取什么样的发展战略,是一个重要问题。为了更好地利用高新技术,合理开发丰富的海洋生物资源,促进海洋生物产业的健康、快速发展,具体建议有如下几个方面。

6.3.1 政府的指导与协调

尽快制定宁波海洋生物技术产业规划、发展目标和具体的实施步骤。集中有限的财力、物力,重点资助几个具有国际一流水平的海洋生物技术研究项目,并鼓励国内生物技术研究向海洋靠拢,以形成局部优势。由政府协调,有计划地组织高校及科研机构、金融机构、中介机构等各方力量进行海洋生物技术攻关,加速海洋生物技术成果的产业化进程。优先发展一批具有产业引导力的产业类群和大型企业集团,引导海洋生物技术产业和其关联产业以产业方式发展,从而带动整个产业链的发展。

在政府主管部门的指导下,进一步完善和健全科技进步机制,促进海洋生物技术科技创新。积极鼓励和推动企业与企业、企业与科研机构的联合,同时要鼓励科研院所、高等院校的科研人才进入企业,参与企业的产品研发和技术改造,以及合作建立中试基地、工程技术开发中心等。以政府为主导,促进宁波海洋生物企业和相关高校、科研机构及中介机构建立新型合作机制,加速宁波海洋生物技术产业的发展进程。

改变政府无偿投资方式,采用政府资金市场化投资运作方式,具体方式包括采用贴息、担保等政策进行直接投资、成立独立运作的政府风险投资基金、政府投资基金入股风险投资基金等;通过科学的引导和管理,充分发挥各级政府创业投资中心的积极作用;引导、拉动民间资金投入到海洋生物技术产业中来,对具有良好市场发展潜力但风险较高的各种成果转化活动,以政府的财政信用为后盾为交易双方提供担保,保证有足够的资金推动海洋生物技术成果产业化进程;采取多样化的产业税收优惠政策,保护中小型海洋生物技术企业的健康发展;由直接优惠为主向间接优惠为主转变,逐步形成"政策引导市场,市场引导企业"的机制。

6.3.2 基础设施与设备

为了吸引相关产业,推动海洋生物技术产业的增长,保证相关企业技术研究和产品开发的正常进行,政府部门需要在适宜的地点建立科技孵化器和科技园区,提供专门的研究设施和实验室。海洋生物技术企业发展初期行之有效的措施之一,是建立科技孵化园以推动科技创新企业和新企业的增长。在发展初期,海洋生物技术产业以中小企业为主,需要各方面的支持和辅助。而科技企业孵化器是一种有效的选择,提供高效、灵活、高质的产业化转化的空间和氛围,是海洋高科技公司成立初期的最佳选择。

海洋科技企业孵化器成为海洋生物技术企业创业的首选。海洋科技企业孵化器能够促进海洋生物企业先进成果的转化,并提供优良的基础设施和中试设备,为中小海洋生物技术企业成功孵化提供了一个完善的服务平台。

支持科研院校和研究单位的研究设施建设,通过与政府部门共建或政府资助的方式,将政府的研究基金投入到重点院校和研究单位的重点实验室和个人,与国家自然科学基金、国际研究基金、企业及私人基金会的资助研发基金一起为宁波市重点海洋生物技术科研单位提供一个具有国际先进水平的科研条件。

6.3.3 投资渠道与资金来源

加强海洋生物技术的研究和开发,特别是在中小型海洋生物技术企业创业初期,在自有资金有限、银行贷款困难的情况下,设立由政府资助的私有或政府投资基金,由政府出资选择 1~3 家面向生物技术产业的风险投资基金进行投入。建立宁波海洋生物技术咨询专家库,对风险投资基金的项目评价和风险评估给予智力支持。逐步建立健全海洋生物高新技术产业创业投资机制,在创建宁波海洋生物技术创业投资发展中心、成果转化中心、技术产权交易所等一批创业投资服务机构的基础上,更加注重对技术产权交易、技术评估、项目评估、风险投资管理等中介机构的政策支持。制定宁波市海洋高技术产业基金发展计划,鼓励国际资金、民间资本进入海洋高新技术投资领域,鼓励证券公司、各种基金会和具有投资能力的企事业单位创办或联合创办投资公司。对早期投入的风险基金和私有基金实施税收和信贷优惠激励措施,创造良好的投资环境,吸引国内外知名金融机构来宁波创办投资公司。进一步完善创业投资体系,要以资金注入、产权交易和健全退出机制等一系列鼓励和引导风险投资的政策和法规体系为保证,吸引国外的风险投资基金和公司进入宁波,促进宁波市海洋高新技术产业的发展。

依托资本市场,发展海洋生物技术产业。政府应充分发挥银行的支持作用,创办宁波市海洋生物技术产业投资服务公司,为海洋生物技术企业和有关项目的投资贷款担保。逐步培育海洋生物技术企业在国内外资本市场上融资的外部环境，为海洋生物技术企业进入资本市场提供中介服务，培育出具有潜质的优秀海洋生物技术企业，并扶持上市，实现在海内外资本市场上的融资。

6.3.4 人力资源培养与激励

制定适应海洋高新技术产业发展的人才战略和规划，建立适应海洋生物技术产业发展需要的人才开发、引进和激励机制，重点突出海洋生物技术人才培养，在人才培养上调动政府、企业和个人三方面的积极性，改变重引进轻服务的习惯做法，实行引进、跟踪、二次配置全过程服务。加强政府宏观调控，创造人才流动的良好环境，依法保障单位和个人的合法权益，为促进人才自主、合理流动创造条件；加快户籍管理、社会保障和人事管理制度改革，促进人才资源的社会化；健全宁波市海洋高新技术人才储备体系和海内外高新技术人才信息库，建立统一的海洋高新技术人才市场，拓展人才的流动空间；根据海洋生物技术产业的特点，推动科技人才资源向智力资本的转变，积极鼓励海洋生物技术企业实现智力资源向智力资本的转化，明确知识资本权。

建立海洋生物技术优秀人才奖励基金，对在海洋生物技术领域有突出贡献的专家、学者进行奖励。大幅度提高相关领域研究开发人员的收入水平，保持其竞争优势。支持对海洋生物技术学生的鼓励，普及生物技术知识，吸引一批有能力、有志向的相关专业大学毕业生向海洋生物技术领域集聚，强化宁波市海洋生物技术研发力量的梯队建设。评估现有的生物技术培训项目，以市场需求为目的在大学中开展有针对性的生物技术培训。

依托宁波大学海洋学院，充分发挥宁波市海洋开发研究院的作用，建立海洋生物技术企业人才培训制度。通过政府在政策和税收方面的优惠以及财政补贴等方式，调动企业的积极性，对企业现有海洋生物技术研发力量进行有针对性的专业培训。同时针对中小海洋生物技术企业缺乏管理及营销人才的现象，鼓励医药及相关行业的管理及营销人才向海洋生物技术领域转移，通过企—企合作、企—研合作、企—校合作等多种途径，以雇佣、租借、合作经营等多种方式吸引有能力的企业管理和营销人才到海洋生物技术产业领域，与生物技术科技创业人才一起推动宁波市海洋生物技术产业的稳定发展。

6.3.5 知识产权与成果转化

建立海洋高新技术成果市场转化机制，支持科研成果的评价、专利申请以及成果转化，建立面向大众的生物技术产权数据库、专家数据库和科研成果。深化科技体制改革，加快海洋生物技术成果的转化。规范中小企业的成果转化机制，将宁波海洋生物技术产业及相关企业的高科技成果转化纳入政府服务范畴，由技术产权交易所等专业服务机构进行专业化服务运作，减少或避免科技成果转化机制漏洞给企业或科研机构造成不必要的损失和纠纷，加快科研机构及企业的科技成果的转化。

建立海洋高新技术产业知识产权保护机制，使高新技术企业成为保护知识产权的主体。积极鼓励企业建立知识产权管理体系，将知识产权管理纳入企业管理流程，实现规范化管理。海洋高新技术企业应当逐步建立和完善专利、商标、著作权和技术秘密等知识产权方面的管理制度和规范，加强自我保护措施，提高管理水平。建立高科技成果产品纠纷协调机制，提高科技成果转化效率，促进企业科技成果产权的规范化管理。

加强知识产权法律知识的宣传普及和高新技术产业知识产权保护的执法，逐渐使企业领导和管理人员熟知我国知识产权相关法律法规，使广大干部和群众懂得保护知识产权不仅是开放政策的需要，也是激励智力创造的需要。

6.3.6 "官、产、学、研"一体化

科研单位和高等院校有大量的人才和科研实力，但是没有海洋生物研究开发所需要的雄厚经济基础，对市场需求也不太敏感。企业虽然有资金，对市场反应也灵敏，但是缺少科研人员和科技实力。科研单位、高等院校、企业的分离不利于生物产业化的形成。如让宁波海洋开发研究院、宁波大学海洋学院、宁波海力生集团公司合作在一起，就会优势互补，形成良性循环。生物企业与高校、科研单位通力合作，将促进宁波市海洋生物的科研和应用的结合，推动海洋生物的产业化。

第三篇　制度创新篇

第二編　婦人文化論

第 7 章 制度创新的理论基础

海洋资源保护不仅依赖技术的进步，更需要制度对人们的行为进行激励和约束。海洋资源保护制度的建立，一方面激励人们响应市场的需求充分利用资源，另一方面约束人们的行为，使其符合海洋资源可持续利用的规律，为海洋经济的可持续发展提供持续动力和保障。20 世纪 60 年代以来，制度经济学的产生和发展成为经济学领域中不可或缺的内容。20 世纪 90 年代后，旧制度经济学向新制度经济学的演化使其在许多领域得到了应用，为人类经济发展发挥了重要作用。因此，我国海洋资源保护离不开制度经济学的应用，引入制度经济学理论对海洋资源保护过程中的制度供给进行研究显得尤为重要。

7.1 制度的概念

7.1.1 概念和起源

制度的概念是 North 等(1989)提出的，他认为制度就是社会规则，社会规则包括正式规则、非正式规则和实现机制。正式规则是指法律、法规和规章制度等硬性的明文规定；非正式规则是指社会道德、行规、惯例和社会风俗习惯等软性的行为规范和准则；实现机制是指为保证正式规则和非正式规则能够被实现所采取的强制性措施。

Greif(2006)提出，制度是一个社会体系，它包含了人们心中的信仰、价值观、心理预期和社会规范等有关人类行为的元素。制度体系中包含人类行为的元素，也就是社会中人的行为形成制度，同时制度通过影响人对其他人的行为的期望来进一步指导人本身的行为。因此，人的行为和制度是相互选择和影响的。制度体系的创新过程也是人的行为本身和对其他人行为的期望发生变化的过程。

7.1.2 主要内容

资源的开发和利用属于人类社会经济发展过程中的行为，资源的可持续利用需要制度来约束人类的行为。资源开发和利用过程中人类行为相关制度也主要分为正式规则、非正式规则和实施机制。

7.2 非正式制度

7.2.1 非正式制度的概念和起源

非正式规则是指社会道德、行规、惯例和社会风俗习惯等软性的行为规范和行为习惯，主要依赖社会中人们的主观意志而存在并影响其行为。非正式规则对人类行为的影响是巨大的。

首先提出非正式规则的是旧制度经济学创始人 Veblen 和 Commons。Veblen(1899)在《有闲阶级论——关于制度的经济研究》中认为，人类社会中，"广泛存在的社会习惯"和"公认的生活方式"是构成制度的基础，人类社会中的经济制度、法律制度和政治制度等正式制度是在非正式制度的基础上发展起来的，正式制度作用的发挥离不开非正式制度，同时也受非正式制度的制约，因此，正式制度和非正式制度是相互影响相互包容在一起的。Commons(1931)在《资本主义法律基础和制度经济学》一书中，其非正式制度理论研究最核心的内容是工会和集体组织行为，他认为人的自私、不道德、不公平和人与人之间的利益冲突的解决办法是通过集体行为和伦理道德来控制，进而维持人类社会秩序。Commons 的集体行动包括了家庭行动、公司行动、行业协会、工会和国家等，伦理道德包括了人类社会中非正式的风俗、习惯、行规和管理等。他认为非正式的伦理道德和集体行动比正式的法律规整制度更有影响力和普遍性(杰奥佛雷，2005)。

7.2.2 非正式制度的理论

新制度经济学派对非正式制度的研究是以 North 和 Williamson 等人为代表，他们对非正式制度也进行了探讨和研究并提出了一些有价值的理论和观点。North(1990)在《制度、制度变迁与经济绩效》提出，非正式制度约束了人们行为选择的大部分空间，很大程度上正式规则只决定人们行为的一小部分，但是即使在发达国家中，人们对非正式规则的研究的重视程度远远小于对正式规则的控制。非正式制度是可以制约正式制度的，当正式制度与非正式制度存在着矛盾或不相容时，正式制度就会流于形式，或者在执行中变形，甚至无法实施。Williamson(1998)在《治理机制》提出，"制度环境"决定了治理模式，制度环境决定了游戏规则，制度环境既包括风俗、习惯、规章、行规和惯例等非正式规则，也包括产权、契约等正式规则，制度环境的变化导致治理成本的变化也就意味着经济组织重组的发生。

综上所述，非正式制度在不同学派有不同的称呼和理解，旧制度经济学派称之为"思想习惯"或"精神状态"，新制度经济学派称之为"非制度化规则"或"非正式约束"。对于我国海洋资源保护而言，正式制度的建立是非常重要的，但是由非正式规则组成的制度环境对人们行为的影响往往起着至关重要的作用，某种程度上大于正式制度的影响。因而，因地制宜地利用我国沿海区域人们的风俗、习惯、行规和管理来约束人们的行为，减少海洋资源流失，加强海洋资源保护是非常重要的手段。

7.3 正式制度与实施机制

7.3.1 正式制度的概念和理论基础

对于制度功能的论述，从旧制度经济学到新制度经济学，众多学者对正式制度做了许多研究。创始人 Veblen 和 Commons 认为，制度是对人类行动的一种约束，在人类生活中与环境不断相互影响和互动中形成。两个人的区别在于，Veblen 认为制度是人类的一种意识习惯，并随着环境的变化而发生人类行为习惯方式的变化，最终带来社会的发展(Veblen，1899)。Commons 把制度归结为集体行动对个人行为的限制、解放和扩张，也就是说，从无规则的风俗习惯到有规则的运行机构，都是集体对个体的控制，属于制度的范畴(Commons，1931)。

20 世纪 50 年代至今是新制度经济学飞速发展时期，其在继承旧制度经济学派关于制度的概念和功能的基础上，进一步创新和丰富形成了新古典制度经济学派(new institutional school)。

新古典制度经济学派以 Williamson、Coase 和 North 为代表的现代制度学派(或称为新制度学派)，采用理性选择模型的分析方法把制度包含进新古典经济学的分析框架，Coase 和 North 利用新古典经济学思想，利用供给和需求研究框架，认为制度对社会和经济的发展起着决定性作用，制度的创新是人类社会经济发展的动力，提出了制度创新和变迁的动力。他们认为规模经济、经济外部性和交易成本问题是制度创新初始原动力，产权、意识形态和国家政府等因素对制度的变迁起着重要的影响，当现有制度无法继续支撑经济发展时，制度的创新和变迁需求增加，最终制度发生了改变(Coase，1960b)。

新制度经济学理论对海洋资源保护的制度建设起着重要的作用。制度经济学的目标是"从人的实际出发来研究人，实际的人在由现实制度所赋予的制约条件中活动"(科斯，1992)，"研究制度演进的背景下，人们如何在现实世界中做出决定和这些决定又如何改变世界"(诺斯，2008)，可以看出，科斯与诺斯都强调了新制度经济学应该研究人、制度与经济活动以及它们之间的相互关系。结合中国海洋资源开发和利用的实践，减少海洋资源的流失、保护海洋资源，可持续的利用海洋资源等一系列问题都需要以良好的制度为约束，创新海洋资源保护制度，形成有效的海洋资源保护制度是我国海洋资源可持续利用和海洋经济可持续发展的关键。

7.3.2 实施机制的作用

在现实社会生活中，人类海洋资源的开发和利用包含了各种冲突与合作。无论是个人、家庭、社会组织还是政府机构，作为社会行动的主体，总是根据自己的目标和偏好来选择行为，而这些行为选择无不在特定正式制度(法律、法规等)和非正式制度(风俗、习惯、行规和惯例等)约束中，但由于人类行为的有限理性和人类的机会主义行为倾向，实施机制就是在社会互动环境中实现特定目标的社会制度安排的一系列方法，非正式制度的特点说明其的产生是非人为设计的，因此对人们的影响和作用也无法实施机制来实现，但是正式制度的实施结果很大程度上依赖于实施机制的有效性[①]。因此，一国制度的有效性，不仅取决于该国的正式制度和非正式制度的有效性，而且取决于这个国家正式制度实施机制是否健全，离开了实施机制，制度就形同虚设，实施机制就是规则实施的过程和原理。

---

① 1971年诺贝尔经济学奖得主 Kuznets(1971)提出了经济学中有限理性的概念，他认为经济活动中，人会以狡黠的方式追求自身的利益，会随机应变，投机取巧，有目的和策略地利用信息(包括说谎、隐瞒和欺骗等)。

第8章 世界各国海洋资源保护制度的经验借鉴

海洋资源保护问题的解决应该是一个集成化体系,它包含了管理海洋的各个方面,需要多种学科的研究方法,目前应该怎么执行各国都有相对明确的方法(Brady et al., 2009)。

本书以澳大利亚和新西兰海洋产业发展的同时保护海洋资源的政策比较为轴线,以海洋生态系统的相对独立性为逻辑起点,从非正式制度、正式制度和实施机制三个方面比较澳大利亚和新西兰平衡海洋资源开发和保护的政策体系,讨论澳大利亚和新西兰国家制度对海洋资源型产业发展和资源保护的影响,关注澳大利亚和新西兰国家制度对海洋资源型产业发展和资源保护的经验和教训,分析澳大利亚和新西兰海洋产业发展和保护海洋资源的政策,从中获得有益的经验,指导我国如何平衡"海洋产业发展"和"海洋资源保护"。本章主要回答了国家政策如何发展海洋资源性企业行为,如何平衡资源集约利用与产业发展的矛盾,如何利用非正式规则保护海洋资源,如何设计制度来保护海洋资源等问题。

8.1 澳大利亚海洋资源保护制度

澳大利亚海岸线长达 3.7 万千米,东临太平洋,西临印度洋,是世界最长的海岸线,也是最美的海岸线之一。澳大利亚海洋生物种类丰富,拥有 4000 种鱼类和 166 种鲨鱼,南岸有大量的独特海洋生物,北部和亚洲东南部礁群内有 500 多种珊瑚,塔斯马尼亚岛周围和维多利亚州拥有高达 30 米的巨藻群;超过 85%的人口居住在距海岸 100 千米以内,2014 年海洋生物资源为商业渔业创造经济价值高达 25 亿美元,预估计在 2029 年会翻倍;海洋第二产业每年为澳大利亚经济贡献大约 1000 亿美元。澳大利亚在传统方式开发和利用海洋资源的情况下,海洋资源也面临着生物多样性的减少和人为海洋环境的改变,但是,由于海洋资源管理和海洋环境管理框架的建立,海洋资源减少和环境恶化到现在已经有很大的改善。目前,澳大利亚海岸极少遭遇人为围垦、填海、破坏和污染。海洋生物保护区(国家海洋公园),例如大岛礁、海龟保护区、鲍鱼保护区、小企鹅保护区等,严禁人为围垦、填海、污染、滥捕，对保护海洋野生动物，保持海洋特定的自然环境和生物资源及生物的多样性起到了很大的作用①。从澳大利亚对海洋资源和环境的管理框架来看，可以分为正式规则和非正式规则两个部分。

8.1.1 正式规则

澳大利亚很早就意识到保护海洋资源和环境的重要性。从 20 世纪 80 年代至今，澳大利亚政府为了实现海洋资源资源开发利用和海洋环境保护的协调发展，根据自身政治体制特点和目标实施了一系列正式规则，并随着条件的变化不断进行补充和完善，见表 8-1。

表 8-1 澳大利亚海洋资源保护的主要正式规则

时间	背景	名称	内容	意义
1979～1994 年	保护海岸线，保障海洋战略安全为主旋律	《海岸和解书》	确立了联邦政府和各个州之间的海洋管辖权限，联邦政府控制大部分海域	a. 明确了澳大利亚海洋管理模式——海洋综合管理模式②；b. 特定区域保护模式为海洋环境保护提供了新思路；c. 提出海洋废物倾倒的许可证制度
	保护特定区域海洋自然资源	《大堡礁海洋公园法案》	建立大堡礁海洋公园、联邦海洋保护区	
	海洋废物倾倒和人工鱼礁影响严重	《环境保护(海洋倾废物)法案③》	调控海洋倾废、海上废物焚烧和其他物质倾倒海洋相关事宜	
	民事赔偿责任认定	《海洋保护(民事责任)法案》	规定船舶在澳大利亚领土，领海和专属经济区溢油污染的民事赔偿责任	
	防止海上油污事故	《海洋保护(干预权)法案》	为防止澳大利亚水域、沿岸或大堡礁区域污染采取的干预行动	
	防止船舶排放污染等海洋污染物质	《海洋保护(防止船舶污染)法案》	针对船舶硫化物和氮化物排放限制	
1994～2010 年	开发海洋资源，海洋经济发展成为国家战略	加入《联合国海洋法公约》	合理开发利用海洋资源，保护海洋环境	
	平衡海洋经济发展和海洋资源与环境保护	《建立国家级海洋保护区网络准则》和《行动规划》	利用海洋保护区已有成果，重点保护国家级海洋资源丰富区域	

---

① 澳大利亚环境保护部官方网站.https://soe.environment.gov.au/theme/marine-environment 和 https://www.macaudata.com/macaubook/book008/html/06201.htm【2018-8-14】
② 主要内容是澳大利亚各州(领地)对领海水域近海岸 3 海里以内水域拥有管辖权，称为澳大利亚近岸水域(coastal waters)。各州的管辖权适用于在州内近岸水域。在联邦立法与州立法发生重叠时，在发生冲突的范围内联邦立法优先。自领海基线超出 3 海里以外的范围，属于联邦管辖。
③ 《环境保护(海洋倾废)法案》在 1981 年公布，并在 1986 年公布了《环境保护(海洋倾废)法案修正案》，该法案规定属于联邦政府管辖的海域和专属经济区内的海洋倾废、海上废物焚烧和其他物质倾倒海洋的相关事宜都属于 the Department of the Environment, Water, Heritage and the Arts 管辖，其有权对人工鱼礁、海洋上物质装卸、倾倒和焚烧行为进行管理。

续表

时间	背景	名称	内容	意义
	发现海洋环境污染的主要来源是陆地	出台了一系列解决陆域经济发展带来的污染问题计划	沿海地区综合管理法案、珊瑚礁水质保护计划、大堡礁和昆山湿地等	a. 提出经济利益和海洋资源保护平衡发展；b. 海洋生态可持续使用优先原则；c. 阻止保护区自然和文化遗产退化原则；d. 适应气候变化不确定因素原则
	保护澳大利亚独有海洋生物和陆地生物	《环境保护和海洋多样性生物》	切实保护环境、文化遗产和生物多样性	
2012年至今	以海洋环境保护为前提发展海洋经济	全球最大海洋保护区计划①	海洋保护区包含了澳大利亚接近40%的水域；拖网捕鱼活动被禁止；禁止一些区域的石油、天然气勘探和开采；受到影响的经济活动政府给予补贴	a. 新海洋保护区网络计划以法律的形式固定；b. 设计对海洋渔业、矿业影响最小，促进了海洋旅游业；c. 充分论证后保障计划的稳定性
	平衡海洋能源开发与可持续利用的矛盾	《石油和其他燃料报告法案2017版》	确保石油和燃料开发利用的安全管理和可持续利用	
	针对海洋倾废行为对海洋环境的影响	《生产排放标准法案2017版》	针对陆地垃圾排放和回收行为提出严格管控，减少海洋倾废	

资料来源：澳大利亚官方网站和文献资料整理所得 https://www.environment.gov.au/和 https://www.environment.gov.au

综上所述，从正式规则的制定和发展来看，澳大利亚对海洋经济的保护主是从行政上对海洋资源设施进行综合管理，加强联邦政府和州政府（领地）之间，环境能源局、遗产和文化艺术等涉海部门之间在海洋管理上的协调和合作，从而实现海洋资源协调开发利用。同时，澳大利亚联邦政府在不同时期的需求背景下，制定了符合当时国家需求的战略和规划，明确了当时海洋资源保护的思路和政策，不断推出修正法案以健全法律法规，依法实现海洋资源的可持续开发和利用。

8.1.2 非正式规则

澳大利亚海洋经济对国民经济贡献率接近10%，且海洋资源开发和海洋环境保护等方面也取得了巨大的成就，澳大利亚政府能够兼顾海洋经济发展和海洋资源境保护，不仅得益于正式制度的建立，其非正式规则也起到巨大的作用。

（1）澳大利亚非常重视科研研究，促进海洋环境的保护和海洋资源充分利用，其主要研究机构包括联邦科学与工业研究机构（Commonwealth Scientific and

---

① 澳大利亚环境能源部门政府网站.https://www.environment.gov.au【2018-8-14】

Industrial Research Organization,CSIRO)[①],澳大利亚海洋科学研究所(Australian Institute of Marine Science,AIMS)[②]。CSIRO 是澳大利亚最大的国家级科技研究机构,总部坐落在澳大利亚首都特区堪培拉市,有大约 6600 名员工,在澳大利亚、法国及墨西哥拥有逾 50 座研究站,其研究项目由各大高校和研究机构合作,研究内容包括农业和食品生产、健康和生物安全、信息技术、土地和水、制造业、矿业资源、海洋和大气、牲畜和水产养殖、数据平台九大方面。其中,海洋资源,生物多样性和海洋产业是近些年的重要项目,为澳大利亚政府了解其海洋资源、海洋垃圾、海洋渔业可持续性、海洋生态系统等方面工作提供了巨大支持,其中具体工作包括:①南澳发展研究院(the South Australian Research and Development Institute)、阿德莱德大学(University of Adelaide)和佛林德斯大学(Flinders University)合作,了解海湾数据,建立澳大利亚海洋区域和海岸线数据库;②进行了世界领先的海洋垃圾追踪,建立和分享海洋垃圾影响的相关知识;③海洋渔业可持续发展,帮助政府制定海洋渔业可持续发展战略;④绘制渔业地图,建立澳大利亚海洋生物种类、居住地和形象数据库;⑤声学海洋监测,针对弱泳生物的信息收集,加强渔业管理;⑥针对海洋浮游生物加强研究,负责渔业生产、养分循环、天然气生产和气候调节。澳大利亚海洋科学研究所是澳大利亚典型的海洋研究机构,其主要职能是研究海洋资源可持续利用和保护海洋环境,总部位于昆士兰州的弗格森角,占地 207 公顷,周围环绕的国家公园和海洋保护区提供了从海洋到实验室的快速过渡,在海洋资源丰富的西澳大利亚州珀斯和北领地达尔文拥有两个研究点。这个机构通过科学创新和技术研究,帮助提高人们生活、促进工业进步和研究合作。

(2)重视海洋教育,加强中小学生和社区海洋知识的普及。在澳大利亚,中小学海洋教育是重要内容,培养学生积极参与海洋保护行动,在中小学的各个科目的教学中,都有渗透有关海洋的知识,了解过去和现在人类与海洋之间的关系,了解澳大利亚海洋资源的种类和重要性,通过带领学生观察、收集,分析海洋信息,组织学生了解海洋和人类之间的关系。在每年学生的四个假期中,都有各类有关海洋生物、海洋知识和海洋科技的展览,并鼓励学生们参与保护海洋环境的活动。同时澳大利亚各州政府也会通过专门拨款,制定很多社区的海洋知识教育计划,培养居民对海洋环境保护的认识并支持海洋可持续发展[③]。

(3)充分利用海洋环境保护组织和志愿者协会等中介组织的作用,不断提高社会环保观念水平。澳大利亚有许许多多的环保组织和渔民协会,他们一方面积极对政府和渔业管理部门施加影响,要求在制定各项政策时充分体现环境保护的要

---

① CSIRO.Browse by subject.https://www.csiro.au/【2018-6-10】
② AIMS.About AIMS.https://www.aims.gov.au/docs/about/about.html/【2018-6-10】
③ Australian State of the Environment.Planning for sustainable tourism on Tasmania's east coast- east coast Tasmania trail feasibility-assessment.http://www.environment.gov.Au/【2018-6-10】

求，另一方面，他们利用接近渔业生产实践的机会，主动向资源利用者进行宣传教育，要求其保护和爱惜渔业资源(谢子远等，2011)。澳大利亚在每个海岸边允许垂钓的公园都贴有明显标志，在澳大利亚钓鱼，每个垂钓者的鱼证是必备的，捕捞海洋生物或旅游者都必须严格遵守的规定，并不定期会有志愿者巡查和监督，如果违反此规定，将有权将其捕捞或垂钓的海洋生物重新放回海洋，并对违反者处予至少3000澳元的罚金，最高可以被判监禁。以南澳大利亚州为例，在其海域内不能乱捞鲍鱼贝壳，见图8-1，曾经有人因为违反捕捞、垂钓和抓螃蟹规定被判监禁5年，罚款8万澳元。

图 8-1　南澳大利亚州政府对民众捕捞、垂钓和抓螃蟹规定

8.2　新西兰海洋资源保护制度

新西兰独特的海洋环境，使其成为海洋集成化管理系统发展较为成功的国家。新西兰拥有12海里的领海，大约有175000公里海岸线，其专属经济区又进一步延伸了188英里海岸线，覆盖了390万平方公里面积。海洋成为新西兰第四大国家管辖范围。同时，新西兰几乎没有和其他国家共享的海岸线，其海岸线列世界第八位。在新西兰国内拥有尚未开发的海洋自然保护区。另外，新西兰政府总是在不断尝试新的管理方法，国际经济合作与发展组织做出了《新西兰的环境绩效的评论》，认为与其他经济合作与发展组织的其他国家相比，在环境绩效方面，新西兰的成效是突出的(OECD，2007)。2007年，经济合作与发展组织表扬了新西兰政府所用的方法。本书通过分析新西兰在平衡海洋资源开发和海洋环境保护中所用的正式规则和非正式规则，为我国海洋资源保护提供有益的参考与借鉴。

8.2.1　正式规则

新西兰人总是在不断尝试新的管理方法，是第一提出了可转让的《个体配额制度》(ITQs)渔业管理体系的国家，并且颁布了《1991资源管理法案》(RMA)。《1991资源管理法案》也是国际上第一个综合管理土地、空气和水的单一立法。

《1991资源管理法案》应用从海滩（高度在平均低潮面和平均高潮面之间）延伸到领海外延。但是，人们也普遍承认《1991资源管理法案》并没有发挥它全部的潜能。因此，新西兰为了能够综合管理海洋，设计了《海洋政策》(The Oceans Policy)，但是《海洋政策》的发展一直被搁置着，直到在2003年，上诉法院决心处理原住民在海滩和海床是否拥有"习俗权"(customary rights)的法律事件时，《海洋政策》才开始得到人们的重视。在《海洋政策》产生之前，新西兰一直采取在其领海建立生态区的方法，进行有系统有计划地开发鱼类资源和保护海洋生物多样性，但是对于陆域活动对江河口与海洋环境的污染方面却显得尤为不足。面对环境质量的不断下降，历代领导人都采用了很多不同的方法，这些方法可能是自然的、原始的(Dayton et al., 1998)，但它们都能够认真的评估环境改变的状态。

(1) 针对海岸带管理，新西兰政府提出《1991资源管理法案》和《1994新西兰海岸带政策》，两项规则声明，国家对海岸带的管理具有优先权。这些优先权是通过沿海区域计划来实现的。沿海区域计划对新西兰的沿海海洋面积进行了认定，特别在《1991资源管理法案》中进行了确认，其沿海海洋面积包括沙滩到领海边界的外围。"海岸带计划"的目的是帮助实现《1991资源管理法案》中有关禁止海岸带不恰当的分割出卖、使用和发展，来保护海洋环境这一目标。环境部长对批准海岸带计划和资源许可申请拥有自主决策权。海岸带是陆海交界的地方，海岸带管理可以将海域发展计划和陆域发展计划进行整合。

(2) 从渔业资源管理角度看，新西兰渔业管理分为三个阶段，并采取了三种不同的方法。1866~1962年，对于渔业来说，能够涉足该产业的人是非常有限的。1963~1982年，新西兰建立了有规律的渔业开发系统，这个系统支持国内各个水平不同的捕鱼公司，导致近海岸的渔业公司过度开发和渔业资源的过度资本化。19世纪80年代，用市场规律来解决经济问题非常盛行，因此，人们也依靠市场来进行渔业管理(Harding, 1991)。在1986年，政府颁布了《渔业修正法案》(The Fisheries Amendment Bill)。《渔业修正法案》的颁布启动了配额管理系统(QMS)，这个新提出的配额管理系统还没有经过实践检验，但是政府认为这个系统可以通过控制可转让个体配额(ITQs)的分配来进行渔业的可持续管理，并提高经济效益。正是因为启动了配额管理系统，才使渔业修正案在这个动荡的时期对新西兰人具有很大的吸引力(Bess, 2005)。在这个时期，新西兰相对较小的商业捕鱼公司已经从国内供应转变为出口主导。所增加的出口量和出口额，第一是从发展深海渔业而来，第二是通过改善水产养殖管理，例如增加近海物种和提高产量而来(Bess, 2006)。水产养殖是发展最快的部门，每年海水养殖产品出口额都占总出口的15%以上[①]。在过去的十年里，鱼和贝类产品已经成为第四和第五类出口产品。2008年，

---

① Heatley Hon P. Budget support for fisheries and aquaculture. http://www.beehive.govt.nzS.【2018-6-10】.

这两类产品出口总额达近 13.5 亿新西兰元,出口总量达到在 29.7 万吨①。

(3)从油、气和矿产资源管理上看,新西兰近海岸的油气勘探和开采开始于 1960 年。在新西兰海洋管辖权范围内有几个石油和天然气资源,但唯一的商业生产只是在塔拉纳吉盆地,距新西兰北岛西方 35～50 千米。目前,在劳库玛拉盆地的东方,北岛西部的北国盆地位 120000 平方千米处有 25000 平方千米的近海勘探许可证正在招标②。大多数的海洋矿物积聚在新西兰北岛的沙地和浅海床。钛磁铁矿也是沿着西海岸北岛开采的③。《1964 年大陆架行动法案》(The Continental Shelf Act 1964)控制除专属经济区的石油和天然气以外的矿物的勘探和开采。虽然这个法案没有以环境为题,但是环境部长有权力根据环境条件颁发许可证。《1991 资源管理法案》(RMA)将颁发许可证的过程应用于申请领海内石油和天然气的勘探权和开采权。当申请专属经济区内的石油和天然气的勘探和开采的时候,受到《皇冠矿物法 1991 法案》(The Crown Minerals Act 1991)的管理,但是《皇冠矿物法 1991 法案》并不也包括对环境影响的评估④。1982年,《联合国海洋法》76 章规定了沿海国家建立的大陆架外边界。它超越了联合国大陆架委员会(CLCS)的推荐大陆架界限。那么,实际掌控主权的国家就超越了大陆架边界,进行勘探和开发自然资源(例如石油和矿物)和在海床上的生物资源。但是,联合国大陆架委员会推荐的边界对非实际掌控的国家是有约束的。在 2006 年,新西兰政府递交了大陆架的外部边界的坐标。2008 年,联合国大陆架委员会确认了新西兰在专属经济区外围海底 170 万平方千米的权利。但是,由于新西兰的大陆架和澳大利亚、斐济、汤加、法国和新喀里多尼亚的大陆架重叠,因此,新西兰必须和这些国家在海洋边界上达成一致意见。新西兰和澳大利亚在海洋边界的三分之二已经达成了协议⑤。新西兰提出了在南极洲的罗斯属地外围大陆架拥有管辖的权利⑥。

(4)针对海洋环境管理,新西兰公众支持并帮助政府颁布了《1971 海洋储备法案》(The Marine Reserves Act 1971)和《1978 海洋哺乳动物保护法案》(The Marine Mammals Protection Act 1978)。《1971 海洋储备法案》的核心内容是对领海内预留一部分区域,保持自然状态,用以科学研究。《1978 海洋哺乳动物保护法案》的核心内容是保护海洋哺乳动物,包括海豹、鲸鱼和海豚,并规定必须建立海洋哺乳动物保护区。《1971 海洋储备法案》提出,建立海洋保护区的目的为科学研究,用以保护海洋生物的多样性。然而,多年来该法案虽然一直存在,但是

---

① SeaFic. Industry fact file. Wellington: Seafood Industry Council. http://www.seafoodindustry.co.nzS【2018-6-10】
② Brownlee Hon G. Oil and gas exploration opened in East Cape and North-land. http://www.beehive.govt.nzS【2018-6-10】
③ Christchurch.Centre for Advanced Engineering. Economic opportunities in New Zealand's oceans: informing the development of oceans policy. http://www.mfe.govt.nz/sites/default/files/economic-opportunities-oceans-jun03.pdf,【2018-6-10】.
④ Wellington: MFE.Ministry for the Environment. Improving regulation of environmental effects in New Zealand's exclusive economic zone.https://www.mfe.govt.nz/【2018-6-10】.
⑤ MFAT.Ministry of Foreign Affairs and Trade. http://www. mfat.govt.nz.【2018-6-10】.
⑥ ERD Min.Cabinet External Relations and Defence Committee. New Zealand's continental shelf: declaration of outer limit, minute of decision.https://www.dpmc.govt.nz/【2018-6-10】.

由于议会特别委员会还没有建立,因此,当该法案被颁发的时候,还有很多的不确定性。《1996渔业法案》(The Fisheries Act 1996)要求决策者既要考虑到那些没有被人们认识的物种,也要考虑到那些被人们大量利用的物种(Bess et al., 2007)。该法案也要求决策者考虑海洋生物的多样性和那些对保护渔业有特别意义的海洋生物栖息地(Bess et al., 2007)。2000年,政府发布了《新西兰生物多样性战略》(New Zealand Biodiversity Strategy, NZBS),该战略的发布反映了新西兰政府的决心。其通过批准《国际生物多样性公约》(The International Convention On Biological Diversity),帮助遏制全球生物多样性的丧失[1]。目前,大约有领海的7.3%被分成了34个海洋自然保护区进行完全保护(Bess et al., 2007)。另外,在2001年,专属经济区内大约81000万平方千米被禁止拖网,用以保护某些海域和他们的生物群。在2007年颁布实施禁止在深水的栖息地内110万平方千米的水域进行水底拖网和清淤泥。这些"底栖生物保护区"大约占专属经济区的28%。

(5)新西兰提出海洋保护区政策(The Marine Protected Areas Policy, MPA),要想达到新西兰生物多样性保护战略的目标,其中最重要的一步是开发并执行海洋保护区网络政策。在2006年,政府启动并执行了海洋保护区政策。该政策概述了采用非立法,协调方法进行规划并建立代表新西兰海洋生物栖息地和生态循环系统的MPA(海洋保护区)网络。MPA网络旨在根据《渔业法案1996》(The Fisheries Act 1996)进行海洋储备管理和海洋管理控制[2]。MPA政策对领海的海岸带和深海指定了不同的环境保护流程。2013年,专家实行深海环境保护流程,专家小组中包含了不涉及任何利益的代表专家。虽然,在2008年,海岸带的分类和地图方案已经完成。但是,MPA设计的流程需要对海域生物栖息地和生态循环系统进行分类和地图描绘的基础准则。这种分类方法是分层分类法,将第一层领海细分成14个生物区。而MPA政策设想是将论坛讨论后的MPA设计发展应用到每一个生物区中。这些论坛是由相关地方当局和社区的商业代表、习俗和休闲渔业利益代表以及环境利益代表所组成。论坛讨论的目的是向渔业和保护部长提出建议,在这些生物区中需要进一步保护渔业资源和最优化控制,进而保护生态环境。所以,选择潜在的生物区所在地就是非常重要的工作。MPA政策选择的依据是通过减少生物区所带来的影响,其中包括成本、区域的使用面积和条约结算义务等。MPA政策的实施是从两个MPA设计论坛开始的。第一个论坛是关于沿着新西兰南岛的西海岸的地区的扩展到领海的外围新西兰领海的外围[3]。该战略能够管理新西兰南岛西南部的峡湾国家公园的海域[4]。第二论坛的地理范围包括在专属

---

[1] Convention on the Biological Diversity. Decisions adopted by the conference of the parties to the convention on biological diversity at its eight meeting https://www.cbd.int/【2018-6-10】.
[2] Wellington: MFish-DOC,Ministry of Fisheries and the Department of Conservation. Marine protected areas policy and implementation plan.https://www.doc.govt.nz/Documents【2018-6-10】.
[3] Wellington: MFish-DOC,Ministry of Fisheries and the Department of Conservation. Marine protected areas policy and implementation plan.https://www.doc.govt.nz/Documents【2018-6-10】.
[4] Guardians of Fiordland. Fiordland marine conservation strategy.http://www.mfe.govt.nzS.【2018-6-10】.

经济区南部的至南部极地岛屿的领海区域①。在 2009 年中期，新西兰政府共同提出了 10 个禁捕海洋保护区和 3 个其他类型的海洋保护区。

(6)整体海洋政策确立，在 2000 年，政府同意发展海洋政策，用以获得能够对海洋各方面都进行覆盖的整体管理体系②。海洋政策的形成来自于 1990 年后期环境议会专员的提议，特别强调陆上管理的效果在海洋沿海区域也同样适用③。海洋政策的实行主要分为三个步骤：①全国范围进行广泛的咨询来确定满足整体性的海洋管理的需求条件和视域；②关于法律框架的发展；③执行这个框架。2004 年政府颁布了《2004 海床海滩法案》(The Foreshore and Seabed Act 2004)，该法案确立了政府对海滩和海底的立法权和实际所有权。

政府发现，目前在海洋经济专属区内缺乏人类行为对海洋环境影响管理的控制法规，因此，政府重新开始发展海洋政策。人类行为对海洋环境影响中对环境污染的行为包括从船上卸下压舱水，建造海洋石油钻井平台，铺设海底电缆，开展非生物科学研究和探矿。2008 年中期起草了《专属经济区和大陆架环境影响法案》[The Exclusive Economic Zone and Continental Shelf (Environmental Effects) Bill]，该法案对环境有影响的行为进行了分类，分类的内容是定义环境的"门槛效应"和海洋资源开发的申请程序，这些内容填补了现存立法的空白④。该法案和现存的立法同时存在，例如捕鱼属于《1996 年的渔业法案》)(The Fisheries Act 1996)，海洋运输属于《1994 海洋运输法案》(The Maritime Transport Act 1994)，维护和修理行为属于《1996 海底电缆和管道保护法案》(The Submarine Cables and Pipelines Protection Act 1996)。

8.2.3 非正式规则

新西兰作为一个单一的政治体制和单院制的议会，公众对制度的影响远大于其他国家，因此，公众的非正式规则对海洋资源和环境的保护作用具有非常典型的特征。

(1)公众对海洋的关注和热爱远大于其他国家。面对不断恶化的环境，公众越来越愿意检讨过去和承认在自然资源管理中出现的一系列错误。新西兰的公众不断提高对保护环境的支持，公众认为需要持续管理和对油气、矿产开采所产生的"一次性富矿带"。虽然大部分新西兰人认为对沿海水域和海洋的质量或状况的管理是足够的，但是，人们也越来越意识到应该改善海陆表面的管理。

(2)新西兰人通常准备参与政府问题解决方案的设计和方案的执行，政府已经

---

① Sub-Antarctic Marine Protection Planning Forum. Terms of reference.http://www.biodiversity.govt.nzS.【2018-6-10】.
② Cabinet Economic Development Committee. Oceans policy: report of the ad hoc ministerial group. http://www. option4. co.nz/Marine_Protection/【2018-6-10】.
③ Office of the Parliamentary Commissioner for the Environment. Setting course for a sustainable future: the anagement of New Zealand's marine environment https://www.pce.parliament.nz/publications/archive/1997-2006/【2018-6-10】.
④ Ministry for the Environment. Current oceans work, last updated 7 April 2009 /http://www.mfe.govt.nzS.【2018-6-10】.

表示支持任何能够促进经济的方法，但是也认可公众的观点——陆域经济也是影响河口和海洋环境的主要因素。因此，公众很在意环境，但是新西兰目前的经济状态对资源有强烈的依赖性，为重建渔业，尽管新西兰设计的一些最适当的鱼类资源管理工具已经获得承认，但是很少有野生鱼类资源能够被恢复。水产养殖提供了最好的经济增长前景，这给海洋空间的分配带来了新的挑战。政府认为在陆地上和海底里提取油气和矿产储量的不断提高是另外的经济增长机会。鉴于公众的期望，政府在提出利用这些资源的同时，也应该提出保护该区域和维持生物多样性的决策。新西兰独特的环境会使这些决策得以实现。

(3) 公众在过去的一百年里，田园农业作为经济支柱和主要文化，对渔业的支持和保护有着更加积极的参与性。公众对森林—土地—海的连通性、平衡资源利用和环境保护未来的核心决策非常认可，因此森林—土地和海洋的关联性也成为政府平衡经济发展和海洋环境与自由保护下一步决策的核心，这个决策关联着资源的利用和海洋陆地环境的整体协调和保护，进一步完善海洋的完整性。

8.3 经验借鉴

人口增长、消费者需求的不断提高和世界的技术进步将会促进海洋的进一步开发。同时，海洋资源的有限性和生态系统的脆弱性正在被人类不断提高的资源利用与积累效应所威胁(Douvere et al., 2009)。资源利用的压力已经使生物多样性和生态区域环境进一步恶化，这已经损害了海洋为人类可持续发展提供商品和服务的能力(Worm et al., 2006)。虽然人们已经广泛认同海洋的管理应考虑到人类的开发利用，同时也应考虑到海洋生物链不被破坏，但目前人类对海洋资源生态系统的概念仍然模糊不清(Pitcher et al., 2009)。由于海洋资源具有流动性、非可视性等特性及由此引致的监管低效，海洋经济发达国家可通过设计正式制度约束人类滥用海洋资源的行为，或利用非正式制度影响人类海洋资源利用的行为，对海洋资源保护起着非常重要的作用。制度的创新需要成本，先行国家的经验可以降低后发国家的探索成本。

8.3.1 正式制度的经验借鉴

作为世界最发达的海洋国家，澳大利亚和新西兰所经历的发展阶段及碰到的问题，也是我国海洋资源管理和海洋环境保护所面临的问题，其所采取的管理措施和积累的经验值得我国学习。从澳大利亚、新西兰等国家的思路对策来看，其成功经验主要有产权管理体系和法律制度体系两个方面。

产权管理体系的建立方面，澳大利亚和新西兰有很大的不同。澳大利亚实施综合协调管理机制，海洋资源管理既分为联邦政府和州政府（领地）之间的分工与合作，也分为不同部门和产业之间的分工和合作。澳大利亚是一个包括6个州和3个领地的联邦制国家，包括昆士兰州、西澳大利亚州、南澳大利州、维多利亚州、新南威尔士州和塔斯马尼亚州，也包括首领地、北领地和杰维斯湾口地区3个大陆自治地区，澳大利亚每个州的首府都是海边城市，因此，澳大利亚的海洋管理易于在联邦政府和州政府之间进行合理的分工与协作。

新西兰是位于太平洋西南部的一个岛屿国家，议会实行一院制的众议院，被称为"权力一元化机构"或"单极化行政区"。目前，新西兰有5个权力一元化机构的地方政府：奥克兰、吉斯伯恩、塔斯曼、马尔堡、尼尔逊。单一的执政体制和单院制的议会使其海洋资源管理制度不需要不同政府之间分工和协作，根据《地方政府法》及《资源管理法》，海洋资源的管理全部归结为区域议会职权，其中包括：区域可持续发展，水土、空气、海岸及河川管理，减轻土壤侵蚀及防洪管理，区域性应急管理和民防准备，区域运输规划，包客运服务、港湾导航和安全及海域污染管理①。

对比澳大利亚和新西兰的海洋资源法律制度和管理制度（表8-2），可以看出澳大利亚的海洋资源管理制度其优势在于1979年通过的《海岸和解书》将联邦政府和各个州之间的海洋管辖权限进行了清晰的分割，成立的"国家海洋办公室"，加强了对海洋资源的统一领导，用来协调各个涉海部门和各个州之间的矛盾，并通过《环境规划立法》实现海洋环境的综合管理。但是随着经济的发展，各个州管理自然资源的水平和方式的差异越来越明显，根据各个州的实际情况，各州海洋管理规划也存在很大不同，当涉及造船、航道拓宽和海岸线占用等问题时，往往也会出现矛盾，例如在海洋水域的占用上，州管辖水域（内水和三海里）以内主要被个人所用，而联邦政府管辖的水域（包括领海、毗邻区、专属经济区和大陆架）主要由大型企业和国家海军占用。因此，州管辖水域的海洋资源面临着各部门和跨管辖区所带来的责任分散和效率低下等问题。

表8-2 澳大利亚和新西兰正式制度经验与存在问题

国家	管理体系	法律制度	经验	存在问题
澳大利亚	综合管理体系	《海岸和解书》	联邦政府和各个州之间的海洋管辖权限清晰；通过环境规划立法实现综合管理；建立海洋保护区	各个州管理自然资源的水平和方式不同；各州海洋管理规划不同
新西兰	单一管理体系	《资源管理法案》和《海洋政策》	海洋管理具有较高的优先权；第一个提出个体配额制度；全国9.5%海洋面积是各类海洋保护区	环境保护基金最高，但农牧业对环境影响最大；海洋管理论坛成为利益争夺进而权力斗争的新场馆

资料来源：前文资料整理

---

① Department of Internal Affairs.Council's Roles and Functions.http://www.localcouncils.govt.nz.【2018-6-10】

8.3.2 非正式制度的经验借鉴

保护海洋资源的最重要的内容之一就是公众产业,公众的环保意识非常重要,澳大利亚和新西兰的环境保护意识都很强,由于公众积极对污染和损害海洋资源与环境的活动进行监督,大众的理解和参与,澳大利亚和新西兰海洋政策才能得以顺利实施。

(1)澳大利亚和新西兰都非常重视与海洋资源相关的研究,澳大利亚农林渔学科进入世界前50的排名有六所大学[①]。新西兰是一个以农牧业为主的国家,一个三百多万的人口的国家,就有两所以农科为主的大学,林肯大学(Lincoln University)和梅西大学(Missey University),还包括新西兰国立农业工程研究所在内的有关农牧渔业研究机构[②],其研究能力都居于世界前列。

表 8-3 澳大利亚和新西兰农林渔学科在世界前列机构与高校

国家	大学和机构
澳大利亚	澳大利亚国立大学、昆士兰大学、墨尔本大学、西澳大学、悉尼大学、阿德莱德大学
新西兰	林肯大学、梅西大学、新西兰国立农业工程研究所

资料来源:澳大利亚和新西兰政府官方网站

(2)澳大利亚和新西兰重视海洋教育。在澳大利亚和新西兰的中小学生和社区,海洋环境保护和资源节约利用的教育一直都是核心内容。在几十年的努力下,澳大利亚和新西兰从孩子到老人都积极参与到保护海洋保护行动。另外,两个国家都非常充分地利用海洋环境保护组织和志愿者协会等中介组织,不断提高社会环保观念水平。澳大利亚有许许多多的环保组织和渔民协会,他们一方面积极向政府和渔业管理部门施加影响,要求在制定各项政策时充分体现环境保护的要求;另一方面,他们利用接近渔业生产实践的机会,主动向资源利用者进行宣传教育,要求其要保护和爱惜海洋生态环境。

---

① Australia Government.National location informatio .https://www.australia.gov.au/information-and-services.【2018-6-10】
② Newzealand Government. https://www.govt.nz/browse/education/.【2018-6-10】

第 9 章 中国海洋资源可持续利用的制度创新体系

一个国家和地区的海洋经济发展是否具有竞争力,很大程度上取决于其是否具有可持续性。海洋资源的有效利用和海洋环境的友好程度是决定海洋经济可持续发展的重要因素。海洋资源的可持续利用和海洋环境保护既需要相关技术的进步,也需要减少人们行为的有限理性。技术进步和对人们有限理性的约束需要制度创新,通过制度创新对人们的行为进行激励和约束,使其符合海洋资源可持续利用的规律,为海洋经济的可持续发展提供持续动力和保障。我国海洋资源保护的制度创新需要从正式制度、非正式制度和实施机制三个方面来进行系统设计,见图 9-1。

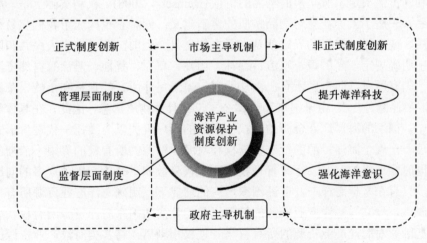

图 9-1 海洋产业资源可持续利用制度创新结构图

9.1 正式制度

政府作为制度的制定者,根据海洋经济发展和海洋产业资源流失规律,从先进国家有意识地引进制度,弥补我国海洋产业资源保护法律法规的上的不足,建立以政府规制为主体的海洋产业资源可持续利用制度,促进海洋产业资源管理工作的顺利进行。因此,对海洋产业资源保护的可持续利用制度可从宏观管理和微观监督两方面入手。

9.1.1 从宏观管理层面看

国家必须通过合理的制度安排,充分调动生产者、消费者、政府监管部门等社会各个方面的积极性,以可持续发展为衡量标准,建立健全海洋产业资源产权相关法律,建立健全海洋产业资源使用权市场化经营的民事法律,理顺各法律之间的关系,明确各自调整的范围,建立具有独立法律主体地位的海洋产业资源管理机构,逐步建立和完善海洋产业资源使用权法律责任制度,尽快出台海洋产业资源综合利用专项资金管理办法,研究完善海洋产业资源补偿征收制度,从产业体制和政策方面对海洋产业发展做出改变和调整,需要明确三方面工作:①需要明确产权平等的民事主体;②建立海洋物权流转制度;③建立海洋资源使用权登记制度。

(1)需要明确平等的民事主体。产权的定义表明,当一种交易在市场中产生时,就发生了两种权利的交换,权利常常依附在一种有形的物品或服务上,但是,正是权利的价值决定了所交换的物品的价值(Demsetz,2008)。权利实际上是一种社会关系,表达了人类社会对物品本质的重新定义;同时它也构成了我们交易行为的实质,或者说,产权的界定就是为了方便交易。当前,在《中华人民共和国宪法》中明确规定,"矿藏、水流、森林、山岭、草原、荒地、滩涂等自然资源,都属于国家所有,即全民所有;由法律规定属于集体所有的森林和山岭、草原、荒地、滩涂除外"[①]。由于国家和全体公民没有具体物质形态,因此,在具体经济生活中,国家的海洋产业资源的产权被不同的管理机关以"委托—代理"形式进行管理,出现了海洋资源的行政管理权和对海洋资源的所有权的界限不清晰的问题,同时管理机构众多,行政管理权和所有权分散和重叠,产生了众多的问题。因此,只有在坚持海洋产业资源国家所有的前提下,明确海洋产业资源所有权的物权属性,设立与海洋产业资源的管理机关相分离的国家海洋资源所有权代表主体,把国家对海洋产业资源的所有权与管理权相剥离,将各类海洋产业资源的所有权与其他物权一样作为平等的民事主体,进行市场交易,这将是海洋产业资源保护的基本前提。

(2)建立海洋物权流转制度。考察澳大利亚和新西兰的海洋资源管理制度,可以看出,海洋资源使用管理比较成熟的国家都在用海洋产权制度来管理海洋产业资源。澳大利亚和新西兰都将海域或大陆架等资源类似为土地不动产进行登记管理,美国、英国和日本等海域资源管理成熟的国家都有其共性,海洋产业资源所

---

① 《中华人民共和国宪法》(1982年)历经1988、1993、1999、2004、2018年五次修订。

有权由国家或者政府所有,以合同或特许合同方式租赁海洋产业资源特别是海域的使用权,承租人享有租赁海洋产业资源经济收益的权利以及合法的处分权,同时使用权可以在一定范围内转让(杨林等,2013)。我国海洋资源所有权归为国家所有,使用权通过划拨、拍卖等方式出让,但是可以再转让的相关法律却未做出明确规定,这造成海洋资源使用权再转让困难,因此,应通过立法明确规定只要海洋资源使用权的再转让不会破坏海洋生态环境,且不会阻碍社会公共利益的实现,就应允许(程功舜,2010)。

(3)要实行海洋资源使用权登记制度,建立海洋产业资源数据库。澳大利亚的海洋管理经验告诉我们,数据平台的建设是清晰确认海洋产业资源产权、交易使用权、追终收益权和处置权的重要基础,积极推进中国"数字海洋"建设。通过海洋产业资源数据库建设,可以进一步确认国家(具体代表是涉海管理机关)对海洋产业资源的所有权和涉海企业经营权的关系,保护国家产权,清晰海洋产业资源的变化和流转,提高所有者利益,促进海洋产业资源的有序合理开发,提高利用效率。

9.1.2 从微观监督层面看

海洋产业资源保护问题的关键是克服人的有限理性和减少外部性。海洋产业资源的产权为国家,由于国家是虚有载体,产权具有集体共有的性质,虽然有的海洋产业资源(例如海域资源等)在使用权上没有明确转让途径,导致资源的使用有很强的外部性,因此,可以看出海洋产业资源具有共有财产的特征,共有财产可能造成的悲剧是众所周知的,解决方案原理都是将外部性内部化,从而控制其演变到不可持续的状况,有两种方案,①转化为市场化,将海洋产业资源的使用权变为私有制;②继续保持公(共)有制,具有明确的公约联盟。

(1)地方从政府需进一步转变政府职能,强化其生态责任和绿色职能,必须以资源运用的代际协调和公平性为基本理念,在尊重海洋经济体系的地方异质性和产业异质性的基础上,满足海洋经济和陆域经济以及社会各领域可持续发展为目标,充分调动政府、涉海企业、消费者和公众的各方利益和积极性,充分考虑国内外经济、政治、社会和环境等因素,全面实现经济和环境整体优化和海洋产业资源的有效配置。具体管理部门和地方政府应该完善海洋产业资源的环境评价制度和健全海洋产业资源使用论证制度,建立专家论证评审制度和规范海洋产业资源使用论证报告的评审,加强对其使用论证工作的监督制度,完善海洋产业资源价值评估体系,编制海洋产业资源保护规划,利用资源消耗补偿资金建立专门环境公司,创新海洋产业资源生态修复与资源养护制度。

(2)针对可以转让使用权的海洋产业资源(例如海域资源、海洋湿地资源和海岛资源等),可以将使用权在一定程度上转化为私有制,减少公地悲剧的发生。

但是转化为私有使用权的监管制度非常重要。我国的海洋产业资源归国家所有，所有权不具备私有化的条件，但是海洋产业资源的使用权可以通过划拨、拍卖等方式给企业或个人使用，因此，建立高效的监管制度，高质量转让使用权是减少海洋产业资源开发利用过程中使用人的有限理性和外部性的有效手段。可以通过以下三种方式：①使海洋产业资源的使用权具有较长的有效期，具有一定的稳定性；②海洋产业资源的使用权受法律保护，其他企业和个人不可侵犯，使用权人享有经济收益的权利以及合法的处分权；③使用权人可在一定范围内将其转让。这样使得海洋产业资源使用权在一定程度上具备了明显的产权特征。然而，通过转化使用权私有制的方式，首先要建立起有效的监督体系，在政府行为实施的前、中、后三个阶段要有全面的监督。监督体系主要从三个方面建设：①全国人民代表大会监督，全国人民代表大会根据国家相应的法律对海洋产业资源进行监督，在全国人民代表大会上就有关的管理部门对海洋产业资源的使用、管理情况进行质询，确保海洋产业资源利用的合法性和合理性；②行政司法监督，充分发挥其强制功能，利用行政、法律手段进行海洋产业资源使用的管理监督；③社会监督，让社会中介机构，如审计、会计部门进入到监督体系中来，重点针对海洋产业资源的使用过程进行监督。还要让各种社会媒体及时准确地报道政府对海洋产业资源的管理使用情况，形成舆论监督(王淼等，2006b)。

(3)针对无法转让使用权的海洋产业资源(例如海洋捕捞资源、海港资源、海洋能资源和海水资源等)，通过公约联盟的形式保护海洋产业资源。这需要建立健全监督法律制度。需要健全行政监管制度，将查处的海洋产业资源的违规使用与行政人员的激励挂钩，行政监督海洋产业资源的主要手段是海域使用许可行政指导和行政处罚。各级海洋行政主管部门及被授权组织是海洋产业资源行政管理的具体执行主体。健全司法监管制度，海洋产业资源作为国有资产，应加强司法监管，国家强制保护海洋产业资源不被侵害和流失，提高资源利用效率。对于共有产权的海洋产业资源使用过程中出现的违规、违法行为，沿海各级人民法院、检察院进行严格监督，对违规、违法行为依法做出处罚，促使有效利用海洋产业资源的同时，最大限度地保护海洋生态环境。

9.2 非正式制度

9.2.1 提升海洋科技水平

海洋产业资源保护离不开海洋产业的技术创新，针对海洋产业资源集约利用的技术体系包括生态环境与生物资源调查评估技术、生态环境修复与优化技术、苗种繁育与技术、鱼类行为驯化与控制技术、生态环境监测与预警技术、生态环境调控技术、选择性生态捕捞技术、综合管理技术等。解决保护海洋生态环境和减轻海洋自然灾害的问题,更离不开先进的科学技术。比如,要常年对广大海域进行环境监测,必须使用各种先进技术和装备,形成立体监测网。对海洋环境进行科学评价,也是很复杂的。为了解决这些问题,需要多方面的力量合作,也要有正确的政策引导(蒋铁民,2015)。

(1)根据不同技术类型支持国内海洋产业技术创新。注意根据不同类型的政策在不同技术领域创新中发挥的效力,综合运用供给推动、需求拉动和规则制定采取全方位政策。海洋产业技术中比较容易实现市场化技术,比如苗种繁育技术、选择性生态捕捞技术、综合管理技术等,政府可以通过研发支持推动这些技术的创新。针对不容易市场化的技术创新,比如海洋信息技术、海洋新能源技术、生态环境与生物资源调查评估技术、生态环境修复与优化技术等,在这些技术的创新伊始,政府从供给和需求两个方面都给予非常关键的支持。

(2)促进"激进式创新",提升我国海洋产业创新力。我国的基础研发主要集中在各高校和研究院等科研机构,采取的方式主要是通过基金项目促进研发成果的生成,例如国家自然科学基金、国家社会科学基金、"星火计划"等一系列形式。当前这些基础研发存在不少问题,主要有两方面:①基础研究项目"重申报轻结题",经费投入"重设备轻人力",这种体系难以激发科研人员自主创新的热情;②虽然我国高校和科研机构每年取得的研究成果很多,但成果转化比率很低,我国科研成果的商业化转化率为10%左右,低于发达国家的40%。虽然各地都采取了由各级政府组织或号召和鼓励等不同的政策促进"产学研结合",可是没有取得预期效果。因此,应优先支持一些高校和科研机构的基础研究成果转化出的企业发展起来,利用这些企业进行技术扩散,为公众提供更好的产品、服务以及就业机会,从而促进公众福利和社会利益的实现。完善资本运作市场经济体制,鼓励私人资本进入"风险投资机构",允许私有企业投资关键核心技术产业,为"激进式创新"提供必要条件。借鉴美国政府放开资本市场的做法,允许私有资本投入"风险投资机构"或独立设立"风险投资机构",通过风险投资业,开放新兴产业的资本投入,允许并鼓励私有企业投资关系核心技术,建设政府接管制,间接参与风险资本管理,引导和支持发展风险投资业。同时,加大对中小企业的投资力度,减少市场保护或偏向性政策,无论对于国有企业还是私有企业或中小企业,有"一视同仁"的政策法规,激发在创新体系内的创新动力源新兴科技型中小企业的创新活力(董楠楠等,2015)。

(3)采用"分步专利保护"制度,在海洋生物技术、海洋新能源等产业上,采用"发明者优先"的专利政策,保护自主知识产权,激励企业自主创新。改革开放以来,我国专利保护制度主要表现出类似于日本的"先注册者优先"的特点,对原创技术或外来技术进行吸收、改进、模仿相对容易,因而企业进行自主创新或原始创新动力不足,同质生产或模仿生产竞争异常激烈。但这种专利保护制度却有利于 FDI 的技术扩散，即有利于本国企业改进外来技术或消化吸收外来技术。对于创新能力低的国家缩小与发达国家差距，追赶创新能力领先国家大有好处，为以后的更大规模的创新活动积累经验和能力。目前，我国的创新能力提升迅速，在生物技术、信息技术等产业与美国和日本等创新能力领先国家的差距逐渐缩小，就是因为采用"前瞻性思维"自主创新技术。因此，我国可从"窄小保护"先注册者优先的专利保护制度逐步过渡到"宽泛包括"技术领先者优先的专利保护制度。如同日本的专利保护体制改革一样，海洋生物技术、海洋信息技术和海洋新能源技术等需要"前瞻性思维"创新的产业，模仿美国的"发明者优先"的专利保护制度，促使对原始创新技术的模仿创新，减小创新企业面临的竞争，获得较大的利润，进一步激励企业自主创新，获得领先的技术创新成果。

9.2.2 强化海洋保护意识

海洋产业资源的保护不仅仅是关于"海"的问题，更是一个关于"人"的问题，保护海洋资源的最重要的方面之一就是强化公众的海洋保护意识。澳大利亚和新西兰等海洋产业资源质量较好的国家的公众海洋保护意识都很强，由于公众积极对污染和损害海洋资源与环境的活动进行监督，大众的理解和参与，澳大利亚和新西兰海洋政策才能得以顺利实施。因此，我国在保护海洋产业资源和海洋产业创新时也需要针对海洋保护意识做工作。

(1) 强化海洋产业资源发展规律的认识。目前，海洋产业资源开发不合理、不科学是海洋产业资源的规律认识不足所导致的。例如，港湾围填修建度假区，减少天然海湾，造成岸线缩短、浅滩和海湾减少或消失，导致很多海洋生物失去繁衍生息场所而数量减少，同时生活在被围填海域中的鱼、虾、贝、蟹、藻类大量减少，大规模港湾围填也加速了港湾、航道的积淤；沿海滨海自然湿地的过度开发造成面积的减少，破坏了沿海生态，为获得更多海洋食物而盲目扩大养殖面积，养殖废水的大量排放对海洋生物和生态环境造成了不良影响。可见，在海洋产业资源开发的过程中，认识规律、尊重规律，并在此基础上利用规律是海洋产业资源保护的重中之重。

(2) 正确树立人的海洋价值观。千百年来，人类走近海洋、探索海洋、开发利用海洋，这一切的涉海活动都源于：海洋是有价值的。正是海洋所蕴含的巨大价值，驱使着人们去占有它、开发它、享用它。对于人类来说，仅仅认识、把握海洋，是远远不够的，重要的是要根据自身的主体尺度，依靠科学技术去影响和改造海洋，以满足人类自身生存和发展的客观需要（王琪，2004）。海洋产业资源是海洋产业发展中利用到的海洋资源，在涉海企业的生产运作的过程中，其表现的是一种资产，它同一般资产不同，海洋产业资源来自海洋，它还包含生态价值和环境价值，因这两种价值还没有被明确的计算在生产成本中，因而常被人们忽略，在涉海企业生产的产品价值中没有得到体现,海洋产业资源的价值补偿难以实现,因而导致海洋资源被无偿使用所招致严重后果。

(3)保护海洋产业资源,从海洋知识教育做起。海洋产业资源管理成熟的国家经验告诉我们,普及海洋知识教育,深化海洋知识初级教育和高等教育改革,培养海洋知识和海洋科技人才,建立全民海洋保护意识,提高海洋知识和科技人才素质,是保护海洋产业资源的重要工作之一。对于各级学校(初级教育和高级教育),需要增设与海洋知识和技术相关的专业课程和普及读物,注重基础课程与海洋资源可持续发展需求的结合,提高各级学生的基本海洋知识和技术水平;对于普通民众,需要从社区的海洋教育抓起,重视强化居民对海洋的了解和保护意识。

9.3 实 施 机 制

实施机制主要指的是正式规则和非正式规则实施的程序和过程,即规则内部各要素之间彼此依存、有机结合和自动调节所形成的内在关联和运行方式。从我国现状和国际经验看,海洋产业资源保护必须建立有效的海洋资源保护实施机制,通过强有力的实施机制将违约行为降到最低,从而保证海洋产业资源可持续利用正式制度和非正式制度的有效实行。

海洋产业资源是一种具有产权性质的资源,《中华人民共和国宪法》规定,海洋产业资源产权归国家所有。因此,海洋产业资源市场运行过程中,供需双方交易的是海洋产业资源的使用权,这种权利的价值大小取决于资源使用权提供的产品和服务,其开发利用过程是资源使用权配置的过程。市场机制与政府机制是资源配置的两种方式,我国的经济发展实践证明,建立市场机制配置资源的基础性地位,以政府机制管理市场失灵的两手合力是有效的资源配置方式。因此,海洋产业资源保护的实施机制一方面需要以市场为基础交易其使用权,达到开发利用效率最大化;另一方面也需要与政府管理和监督的手段相配合对交易活动进行监督和调控。海洋产业资源可持续利用制度的实施机制流程见图9-2。

9.3.1 政府主导机制

海洋产业资源的合理开发利用是海洋产业可持续发展的前提。政府作为国家的代理人重点做到管理和监督两项工作。

(1)包括科学规划、价值评估和方案制定三方面的管理工作。①做好海洋产业资源利用规划。海洋产业资源种类不同,流失的规律也有很大差异,各级沿海地方政府和海洋行政主管部门应对海洋产业资源实行登记制度,根据海洋产业资源类型、分布情况和使用权人情况,进行科学分类,按照海洋产业不同生产方式,做出不同的开发利用规划。将海洋产业资源分为适宜市场化配置的资源和政府规划配置的资源。②准确评估海洋产业资源的价值。各级海洋行政主管部门应做好相关海域资源的调查摸底工作，对于实行市场化配置的海洋产业资源，应进行经济、社会、环境等综合可行性评价，委托有资质的中介机构或组织专家进行价值评估，进而拟定价格，为规范交易行为提供依据。③针对市场化配置的海洋产业资源，应严格做好市场化配置项目的审核工作。按照规划和相关正式制度，征求有关部门意见，制定海洋产业资源使用权招标拍卖工作方案，并要做好协调工作，保证投资者在进行海洋产业资源使用开发时，能得到相关部门的支持。

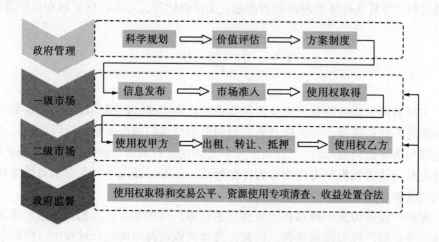

图 9-2　海洋产业资源可持续利用制度的实施机制流程图

(2) 对使用权的取得和交易环境、资源使用情况和收益处置的监督检查工作。①为海洋产业资源的市场运行提供公开透明和公平竞争的环境。公正有序是海洋产业资源配置的客观要求，高效的资源配置是防止海洋产业资源流失的重要手段，因此，对于进行市场配置的海洋产业资源，及时透明地公开发表信息，使涉海企业都能够准确完整地收到信息是利用市场公平竞争，提高海洋产业资源利用效率的重要前提。合理合法建立市场准入条件，规范海洋产业资源使用权的交易流程，使真正具有先进海洋资源利用技术的企业进入海洋产业资源使用权的一级和二级市场，提高海洋产业资源利用效率。②针对海洋产业资源使用过程中的违法行为，要进行严格检查和监管，开展不定期以使用海洋产业资源情况为重点的专项清查工作，保障海洋产业资源高效利用技术的有效使用和落实，对违反正式制度和非正式制度的行为，要依法进行处理。

9.3.2 市场运行机制

所谓市场运行机制是指利用市场中的价格机制达到商品供需平衡的过程。海洋产业资源的市场运行机制是指以海洋产业资源使用权为主要交易对象，发挥市场机制对海洋产业资源开发利用和合理配置的基础性调节作用，通过招标、拍卖、出让和竞价等市场竞争方式进行资源配置的过程。海洋产业资源的市场运行机制核心内容是海洋产业资源的使用权交易的一级市场和二级市场，具体内容如下。

(1) 一级市场内容包括及时公开的信息发布、公正有序的市场准入和公平公正的使用权的获得。一级市场信息的发布要建立相关的公开机制，依照政府制定的相关法律，将信息及时、准确地向社会公布，同时建立市场准入机制，将准入条件、准入标准和企业评价，合理合法地依照相关制度执行。将提高海洋产业资源利用效率的技术引入海洋产业，促进海洋产业资源利用效率高的企业能够获得资源使用权关键的步骤是建立公平公正的竞争机制，企业获得使用权必须通过资源招标、拍卖、挂牌交易等方式，因此，针对可以进行市场化配置的海洋产业资源，必须采取公开招标等方式公平产生。针对不适合市场化配置的海洋产业资源，可以通过行政审批方式，由相关主管部门将海洋产业资源的使用权发放给海洋高技术企业，促进海洋高技术的应用，提高海洋产业的资源利用效率。

(2) 二级市场是海洋产业资源使用权以依法出租、转让、抵押等方式流转的市场。针对已经获得海洋产业资源使用权且想转让使用权的涉海企业可以在二级市场通过出租、转让和抵押的方式依法让渡。前期无法从一级市场获得海洋产业资源使用权的传统涉海企业，当经过技术创新成为海洋高技术企业以后，海洋资源利用效率得到提高，通过二级市场获得海洋资源使用权，借此促进海洋产业资源流向海洋高技术企业，提高海洋产业资源整体利用效率。

总之，通过一级市场和二级市场的公平竞争机制，保证了海洋产业资源的使用权被利用效率高的企业开发，减少了海洋产业资源的流失。

附录 宁波海洋生物产业创新集群部分问卷调查表

尊敬的被访者:

您好!为了提升宁波海洋生物产业的能级与竞争力,宁波市海洋渔业局、宁波大学商学院共同组织了本次调研,您的意见将有助于宁波市政府与相关行业部门的产业支持政策制订,有利于海洋生物企业的发展,谢谢您的支持,所有的被调查资料将会严格保密!

第一部分:区域资源情况调查表

1. 能够找到足够的海洋生物专业技术人才,满意度如下:
A.100%; B.90%; C.80%; D.70%; E.60%; F.40%; G.30%; H.20%; I.10%; J.0
2. 能够找到足够高学历的海洋生物人才,满意度如下:
A.100%; B.90%; C.80%; D.70%; E.60%; F.40%; G.30%; H.20%; I.10%; J.0
3. 能获得大学或科研机构的资源支持,满意度如下:
A.100%; B.90%; C.80%; D.70%; E.60%; F.40%; G.30%; H.20%; I.10%; J.0
4. 能获得短期的足够的资金支持,满意度如下:
A.100%; B.90%; C.80%; D.70%; E.60%; F.40%; G.30%; H.20%; I.10%; J.0
5. 能获得长期的资本支持,满意度如下:
A.100%; B.90%; C.80%; D.70%; E.60%; F.40%; G.30%; H.20%; I.10%; J.0
6. 能获得充沛的水电及土地资源,满意度如下:
A.100%; B.90%; C.80%; D.70%; E.60%; F.40%; G.30%; H.20%; I.10%; J.0
7. 能获得良好的社会服务,满意度如下:
A.100%; B.90%; C.80%; D.70%; E.60%; F.40%; G.30%; H.20%; I.10%; J.0
8. 能获得良好的生活环境,满意度如下:
A.100%; B.90%; C.80%; D.70%; E.60%; F.40%; G.30%; H.20%; I.10%; J.0

第二部分：企业互信行为调查表

1. 企业对宁波地区海洋生物相关企业间的规范很信赖并严格遵守，程度如下：
A.100%；B.90%；C.80%；D.70%；E.60%；F.40%；G.30%；H.20%；I.10%；J.0
2. 企业相信宁波当地政府能公平合理的处理问题，程度如下：
A.100%；B.90%；C.80%；D.70%；E.60%；F.40%；G.30%；H.20%；I.10%；J.0
3. 企业认为海洋生物企业内流通的经营方法、技术等很有用，程度如下：
A.100%；B.90%；C.80%；D.70%；E.60%；F.40%；G.30%；H.20%；I.10%；J.0

第三部分：技术流通行为调查表

1. 企业会与上下游的相关厂商保持密切的联系并能吸收技术，程度如下：
A.100%；B.90%；C.80%；D.70%；E.60%；F.40%；G.30%；H.20%；I.10%；J.0
2. 企业能观察到竞争对手的策略并能学习到相关知识，程度如下：
A.100%；B.90%；C.80%；D.70%；E.60%；F.40%；G.30%；H.20%；I.10%；J.0
3. 企业与政府机构密切联系并能及时注意到相关政策变动，程度如下：
A.100%；B.90%；C.80%；D.70%；E.60%；F.40%；G.30%；H.20%；I.10%；J.0
4. 企业能与创新技术来源机构保持密切联系并能及时获得新技术，程度如下：
A.100%；B.90%；C.80%；D.70%；E.60%；F.40%；G.30%；H.20%；I.10%；J.0
5. 企业很容易在公共建设平台获得和其他企业沟通的机会，程度如下：
A.100%；B.90%；C.80%；D.70%；E.60%；F.40%；G.30%；H.20%；I.10%；J.0
6. 企业间的通信设施完善很容易在虚拟交流平台获得沟通的机会，程度如下：
A.100%；B.90%；C.80%；D.70%；E.60%；F.40%；G.30%；H.20%；I.10%；J.0

参考文献

A·迈里克·弗里曼著[美],2002.环境与资源价值评估——理论与方法.曾贤刚,译.北京:中国人民大学出版社.
安纳利·萨克森宁,1999.地区优势:硅谷和128公路地区的文化与竞争.上海:上海远东出版社.
巴泽尔,方域,费,等,1997.产权的经济分析.上海: 三联书店上海分店.
曾刚,2002.技术扩散与区域经济发展.地域研究与开发,21(3):38-41.
陈理飞,2007.基于复杂适应系统理论的区域创新系统研究.郑州:河海大学.
陈艳,赵晓宏,2006.我国海洋管理体制改革的方向及目标模式探讨.中国渔业经济,(3):28-30.
陈禹,2001.复杂适应系统(CAS)理论及其应用——由来、内容与启示.系统科学学报,9(4):35-39.
程功舜,2010.论海洋资源权属制度创新.广西政法管理干部学院学报,(5):26-29.
储永萍,蒙少东,2009.发达国家海洋经济发展战略及对中国的启示.湖南农业科学,(8):154-157.
戴桂林,王雪,2005. 我国海洋资源产权界定问题探索.中国海洋大学学报:社会科学版,(1):15-18.
道格拉斯·C·诺斯[美],2008.制度、制度变迁与经济绩效.上海:格致出版社.
董楠楠,钟昌标,2015.美国和日本支持国内企业创新政策的比较与启示.经济社会体制比较,(03):198-207.
凡勃伦,2009.有闲阶级论.北京: 商务印书馆.
方景清,张斌,殷克东,2008.海洋高新技术产业集群激发机制与演化机理研究[J].海洋开发与管理,25(9):55-59.
盖尔曼,杨建邺,李湘莲,1998.夸克与美洲豹:简单性和复杂性的奇遇.长沙:湖南科学技术出版社.
龚晓京,1999.人情、契约与信任. 北京社会科学,(4):124-127.
关士续,2002.区域创新网络在高技术产业发展中的作用——产于硅谷创新的一种诠释.自然辩证法通讯,24(2):99-101.
郭国荣,方虹,2006.我国资源产权制度安排的缺陷与优化. 产权导刊,(4):25-27.
韩超群,2007. 基于产业集群的高新技术企业发展研究. 经济师,(2):201-201.
黄鲁成,2004.创新群落及其特征.科学管理研究,22(4):4-6.
霍兰,2001.涌现——从混沌到有序.上海:上海科技出版社.
霍兰.约翰,2000. 隐秩序——适应性造就复杂性.上海:上海科技教育出版社.
嵇立群,2006.政策与法规——新竹园区高科技产业的导向舵.特区经济,(2):361-362.
蒋铁民,2015.中国海洋区域经济研究(当代齐鲁文库·山东社会科学院文库)北京:中国社会科学出版社.
杰奥佛雷·M.霍奇逊,胡平杰,王国顺,2005. 康芒斯与制度经济学的基础.经济社会体制比较,(5):117-124.
康芒斯,2011.制度经济学.北京:商务印书馆.
柯武刚,史漫飞,2001. 制度经济学.北京:商务印书馆.
科斯,1990.企业、市场与法律.上海:三联书店.
孔庆燕,王冀宁,2006.国有资产改革的博弈特征和演化发展研究.现代管理科学,(12):56-57.

李国武,2009.技术扩散与产业聚集.上海:上海人民出版社.

李恒,2007.发展高新技术产业集群的国际比较及启示.科技管理研究,27(2):32-34.

李科静,2016.海洋矿产资源的开发现状与可持续发展策略.大科技,(27):332-332.

林元旦,郭中原,2001.印度硅谷——班加罗尔成功的奥秘——论印度政府对信息产业的扶植.中国行政管理,(8):45-46.

刘春香,2005.美国硅谷高科技产业集群及其对中国的启示.工业技术经济,24(7):35-39.

刘凤义,2002.威廉姆森谈新制度经济学.国家行政学院学报,(1):93-95.

刘和旺,颜鹏飞,2005.诺思的制度演化理论及其特点.上海行政学院学报,6(6):61-67.

刘曙光,张泳,2007. 国家海洋创新体系建设的国际经验及借鉴//中国海洋学会学术年会.

刘曙光,李莹,2008.基于技术预见的海洋科技创新研究.海洋信息,25(3):16-20.

刘婷婷,2007.非正式创新网络及非正式交流空间的实证研究.上海:同济大学.

卢长利, 2013. 国外海洋科技产业集群发展状况及对上海的借鉴.江苏商论,(6):43-45.

鹿守本,1996. 我国海洋资源开发与管理. 海洋开发与管理,14(1):8-11.

路敦海,2009.青岛民企做强海洋生物产业.中华工商时报.

骆静,聂鸣,2003.创新集群及其分类研究.科学学与科学技术管理,(3): 27-30.

马歇尔,张桂玲,黄道平,2009.经济学原理.北京: 中国商业出版社.

买忆媛,聂鸣,2003.产业集群对企业创新活动的影响.研究与发展管理,15(2):6-10.

Mark Dodgson,Roy Rothwell,道格森,等,2000.创新聚集:产业创新手册.北京:清华大学出版社.

莫兰,2001.复杂思想: 自觉的科学.北京: 北京大学出版社.

倪外,曾刚,滕堂伟, 2010.区域创新集群发展的关键要素及作用机制研究——以日本创新集群为例.地域研究与开发,29(2):1-6.

聂鸣,梅丽霞,鲁莹,2004.班加罗尔软件产业集群的社会资本研究. 研究与发展管理,16(2):46-49.

宁钟,司春林,2003.创新集群的特征及产业结构演进过程.中国科技论坛,(05):88-89.

OECD,2004.创新集群——国家创新体系的推动力.北京: 科学技术文献出版社.

普利高津,尼科里斯,2010.探索复杂性.成都: 四川教育出版社.

钱学森,1988.论系统工程.长沙:湖南科学技术出版社.

萨克森宁, 曹蓬, 杨宇光,1999.地区优势.上海: 上海远东出版社.

斯密德,1999.财产、权力和公共选择一对法和经济学的进一步思考.上海: 上海人民出版社.

泰勒尔.张维迎,1998. 产业组织理论.北京: 人民大学出版社.

唐方成,席酉民, 2006.知识转移与网络组织的动力学行为模式(Ⅱ):吸收能力与释放能力.系统工程理论与实践,9:84-87.

滕堂伟,2008.关于创新集群问题的理论阐述.甘肃社会科学,(5):84-87.

滕堂伟,曾刚,2009.集群创新与高新区转型.北京:科学出版社.

田红云,陈继祥,田伟,2006.企业家与产业集群发展的动力——基于复杂系统理论的观点.扬州大学学报:人文社会科学版,10(3):59-64.

瓦尔特·艾萨德,1991.区域科学导论.北京: 高等教育出版社.

王发明,2010.基于生态观的产业集群演进研究.北京:经济管理出版社.

王刚,袁晓乐, 2016.我国海洋行政管理体制及其改革——兼论海洋行政主管部门的机构性质. 中国海洋大学学报(社会科学版), (4):49-54.

王缉慈,2001.创新的空间——企业集群与区域发展.北京：北京大学出版社.

王缉慈,2004.关于发展创新型产业集群的政策建议.经济地理,(07):121-124.

王茂军,栾维新,宋薇,等,2001.近岸海域污染海陆一体化调控初探.海洋通报,(5)：65-71.

王淼,贺义雄,2006a.我国海洋旅游资源资产的产权界定与产权关系探讨.旅游科学,20(4):39-42.

王淼,吕波,2006b.中国海洋资源性资产流失成因与治理对策.资源科学,28(5):102-107.

王淼, 段志, 2006c. 我国海洋资源性资产流失与产权管理问题探讨. 生态经济(中文版), (11):31-34.

王淼,段志霞,2007a.浅谈建立区域海洋管理体系.中国海洋大学学报(社会科学版),(6):1-4.

王淼,刘勤,2007b.海洋生物资源性资产流失原因及治理对策研究.工业技术经济,(26):33-36.

王敏旋,2012.影响海洋经济可持续发展的十大因素.生态经济,(8)：107-111.

王琪,2004.关于海洋价值的理性思考.中国海洋大学学报(社会科学版), (05):23-28.

王振,朱荣林,2003.台湾新竹科学工业园创新网络剖析.世界经济研究,(6):34-39.

魏心镇,王缉慈,1993.新的产业空间——高技术产业开发区的发展与布局.北京:北京大学出版社.

西蒙，武夷山,1987. 人工科学. 北京：商务印书馆.

肖国兴,2000. 论中国资源环境产权制度的架构. 环境保护，(11): 7-9.

谢子远,闫国庆, 2011. 澳大利亚发展海洋经济的经验及我国的战略选择.中国软科学, (09):18–29.

徐锭明,曾恒一, 2010.大力加强我国海洋能研究开发利用.中国科技投资,(3):4-5.

徐建敏, 任荣明, 全林,2007. 集群中知识密集型服务业创新扩散及补偿机制.上海交通大学学报,41(12):2038-2042.

徐志良，潘虹, 2005.中国大洋勘察开发技术战略研讨会提出：进一步加快深海技术发展.中国海洋报.

徐质斌,1998.发展知识经济,促进海洋产业现代化.海岸工程，(4):82-86.

徐质斌,2001.南海特色资源的开发. 海洋开发与管理,18(3):10-13..

许国志,2001.系统科学与工程研究. 上海：上海科技教育出版社.

许继琴,2006a.基于产业集群的区域创新系统研究.武汉:武汉理工大学.

许继琴,2006b.产业集群与区域创新系统.北京：经济科学出版社.

许靖,2012.浙江省海岸带旅游资源CSS评价.金华：浙江师范大学.

杨林,陈书全, 2013.海域资源市场化配置的方式选择与制度推进.北京：经济科学出版社.

姚杭永,吴添祖,2004.解构创新型产业集群.今日科技,(12):32-34.

叶建亮,2001.知识溢出与企业集群.经济科学,(03):33-39.

叶向东,2006.海洋资源与海洋经济的可持续发展.中共福建省委党校学报,(11):69-71.

于英卓，戴桂林, 高金田,2002. 基于可持续发展观的海洋经营新模式——海洋资源资产化管理. 海洋科学, 26(10)：70-72.

郑贵斌, 1999.蓝色战略:新增长点的跨世纪抉择.济南：山东人民出版社.

郑贵斌,2004.海洋新兴产业:演进趋势、机理与政策.山东社会科学,(6):77-81.

郑贵斌, 2006.海洋经济创新发展战略的构建与实施.东岳论丛,27(2):81-85.

参考文献

郑健状, 2002.中小企业集群经济持续发展动因.经济理论与经济管理,(03):31-33.

中国自然资源丛书编撰委员会, 1995.中国自然资源丛书:海洋卷.北京：环境科学出版社.

朱炜,王乐锦,王斌,等,2017.海洋生态补偿的制度建设与治理实践——基于国际比较视角.管理世界,(12):176-177.

朱晓东, 2005. 海洋资源概论.北京：高等教育出版社.

朱晓东, 李杨帆, 吴小根, 等,2005. 海洋资源概论. 北京：高等教育出版社.

朱勇,吴易风, 1999. 技术进步与经济的内生增长——新增长理论发展述评.中国社会科学,(01): 21-39.

Abbott P C, Thompson R L. 1987. Changing agricultural comparative advantage. Agricultural Economics, 1(2): 97-112.

Adams R M, Hurd B H, Lenhart S, et al, 1998. Effects of global climate change on agriculture: an interpretative review. Climate Research, 11(1): 19-30.

Adams R M, Rosenzweig C, Peart R M, et al, 1990. Global climate change and US agriculture. Nature, 345(6272): 219.

Anderson K, 1983. Economic growth, comparative advantage and agricultural trade of pacific rim. Review of Marketing and Agricultural Economics, 51(3)：231-248.

Antle J M, 1996. Methodological issues in assessing potential impacts of climate change on agriculture. Agricultural and Forest Meteorology, 80(1): 67-85.

Arthur C P,1920. The Economics of Welfare.New Brunswick & Londres: Transaction Publishers.

Asheim B T , Coenen L,2006.Contextualizing regional innovation systems in a globalizing learning economy: on knowledge bases and institutional frameworks.Journal of Technology Transfer,(12):231-233

Asheim B T, Isaksen A, 2002. Regional innovation systems: the integration of local 'sticky' and global 'ubiquitous' knowledge. The Journal of Technology Transfer, 27(1): 77-86.

Audretsch D B, Feldman M P, 1996.R&D spillovers and the geography of innovation and production.American Economic Review,86(3):630-640.

Bahrami H, Evans S,1995.Flexible re-cycling and high-technology entrepreneurship. California Management Review,37(3):62-89.

Baker C E.1986.Property and its relation to constitutionally protected liberty. Journal of Penn Law Review,(134):741-816.

Baldwin R E, 2008. The Development and Testing of Heckscher-Ohlin Trade Models: a Review. Cambridge:MIT Press.

Bess R, 2005.Expanding New Zealand's quota management system. Marine Policy, 29(4):339-347.

Bess R, 2006.New Zealand seafood firm competitiveness in export markets: the role of the quota management system and aquaculture legislation. Marine Policy, 30:367-78.

Bess R,Rayapudi R, 2007.Spatial conflicts in New Zealand fisheries: the rights of fishers and protection of the marine environment. Marine Policy,31(6):719-729.

Bhagwati J,1964.The pure theory of international trade: a survey.The Economic Journal,74(293):1-84.

Braczyk H J, Cooke P, Heidenreich M, 1996. Regional Innovation Systems:the Role of Governances in a Globalized World. London: UCL.

Brady M,Waldo S, 2009.Fixing problems in fisheries—integrating ITQs, CBM and MPAs in management. Marine Policy, 33(2):258-263.

Coase R H, 1960a. The Problem of Social Cost. London:Palgrave Macmillan.

Coase R H,1960b. Classic Papers in Natural Resource Economics. London: Palgrave Macmillan.

Cohen A S, Minor K S, 2008. Emotional experience in patients with schizophrenia revisited:meta-analysis of laboratory studies. Schizophrenia Bulletin, 36(1), 143-150.

Commons J R, 1931. Institutional economics. The American Economic Review, 648-657.

Cooke P N, Braczyk H J, Heidenreich M H, 1992. Regional Innovation Systems: the Role of Governance in the Globalized World. London: UCL Press.

Copeland B R, Taylor M S, 2013. Trade and The Environment: Theory and Evidence. Princeton :Princeton University Press.

Costanza R, Groot R, Farber S, et al, 1998. The value of the world's ecosystem services and natural capital. Ecological Economics, 25(1): 3-15.

Darwin R, 1995. World agriculture and climate change: economic adaptations. Agricultural Economic Report (USA): 703-756.

Dayton P K,Tegner M J,Edwards P B,et al, 1998.Sliding baselines,ghosts,and reduced expectations in kelp forest communities.Ecological Applications, 8(2):309-322.

Deardorff A V,1984. Testing trade theories and predicting trade flows.Handbook of International Economics,1:467-517.

Demsetz H, 1967.Toward a theory of property rights. The American Economic Review, 57(2):347-359.

Demsetz H, 2008.Frischmann's view of 'toward a theory of property rights': review of law & economics. Review of Law & Economics, 4(1):127-132.

Douvere F, Ehler C, 2009. Ecosystem-based marine spatial management: an evolving paradigm for the management of coastal and marine places//Ocean Yearbook. Paris: United Nations Educational, Scientific and Cultural Organization, (23):1-26.

Drucker P F,1985. The discipline of innovation. Harvard Business Review, 63(3): 67-72.

Dunmore J C, 1986. Competitiveness and comparative advantage of US agriculture. Increasing Understanding of Public Problems and Policies: 21-34.

Echevarria C, 2008. International trade and the sectoral composition of production. Review of Economic Dynamics, 11(1): 192-206.

Enos J L, 1962. Invention and innovation in the petroleum refining industry. Nber Chapters, 27(8):786-790.

Enos J L,1962. Petroleum, Progress and Profits: a History of Process Innovation. Cambridge: MIT Press.

Ethier W J,1984. Higher dimensional issues in trade theory.Handbook of International Economics,1:131-184.

Evans G,2009. From Cultural Quarters to Creative Clusters–creative Spaces in the New City Economy. Stockholm: Institute of Urban History.

Feenstra R C, 2015. Advanced International Trade: Theory and Evidence. Princeton: Princeton University Press.

Findlay R, Grubert H, 1959. Factor intensities, technological progress, and the terms of trade. Oxford Economic Papers, 11(1): 111-121.

Freeman C, 1995. The 'national system of innovation' in historical perspective. Cambridge Journal of Economics, 19(1):

5-24.

Freeman, 1987.Technology Policy and Economic Performance Lessons from Japan. London: Frances Pinter.

Garnaut R, 2008. The Garnaut climate change review. Cambridge, 08(32): 263-291.

Greif A, 2006.Institutions and the Path to the Modern Economy: Lessons from Medieval Trade.Cambridge: Cambridge University Press.

Grubel H, 1976.Some effects of environmental controls on international trade: the heckscher-ohlin model//Walter.Studies in International Environmental Economics. New York: John Wiley and Sons.

Gunasekera D, Kim Y, Tulloh C, et al, 2007. Climate change-impacts on australian agriculture. Australian Commodities: Forecasts and Issues, 14(4): 657-676.

Hardin G, 1968. The tragedy of the commons. Science, 162(3859): 1243-1248.

Harding R J, 1991.New Zealand Fisheries Management: a Study of Bureaucratization.Victoria: Victoria University of Wellington.

Henry L A, Douhovnikoff V, 2008. Environmental issues in russia. Annual Review of Environment & Resources, (33):437-460.

Heyhoe E, Kim Y, Kokic P, et al, 2007. Adapting to climate change-issues and challenges in the agriculture sector. Australian Commodities: Forecasts and Issues, 14(1): 167-177

Isard W, 1956. Location and Space Economy. New York: John Wiley.

Jackson J B C, 2001.What was natural in the coastal oceans?. Proceedings of the National Academy of Sciences of the United States of America,98(10):5411-5418.

Jones R W, 1975. Income distribution and effective protection in a multicommodity trade model. Journal of Economic Theory, 11(1): 1-15.

Joseph Alois Schumpeter, 1990.The Theory of Economic Development—An Inquiry into Profits, Capital, Interest, and the Business Cycle. Beijing: The Commercial Dress.

Joseph D C, Alan R M, 1992. Business networks for international competitiveness. Business Quarterly, 56(4):101-107.

Juana J S, Strzepek K M, Kirsten J F, 2008. Households' welfare analyses of the impact of global change on water resources in South Africa. Agrekon, 47(3): 309-326.

Julia R, Duchin F, 2007. World trade as the adjustment mechanism of agriculture to climate change. Climatic Change, 82(3-4): 393-409.

Kane S, Reilly J, Tobey J, 1992. An empirical study of the economic effects of climate change on world agriculture. Climatic Change, 21(1): 17-35.

Kemp M, 2008. International Trade Theory: A Critical Review. London :Routledge.

Kuznets S,1971. Economics Growth Of Nations.Cambrige: Harvard University Press

Leamer E E, 1980. The leonteif paradox, reconsidered. The Journal of Political Economy, 88(3): 495-503.

Leamer E E, 1984. Sources of International Comparative Advantage: Theory and Evidence. Cambridge: MIT Press.

Leamer E E, 2007. Linking the theory with the data: that is the core problem of international economics. Handbook of Econometrics, 6: 4587-4606.

Lynn M, Fulvia F, 1998. Local clusters, innovation systems and sustained compositeness. Fulvia Farinelli, 9: 231-267.

Marshall A, 1890. "Some aspects of competition." the address of the president of section economic science and statistics of the british association, at the sixtiet meeting, held at leeds. Journal of the Royal Statistical Society, 53 (4): 612-643.

Mayer W, 1974. Short-run and long-run equilibrium for a small open economy. Journal of Political Economy, 82(5): 955-967.

McGuire M C, 1982.Regulation, factor rewards, and international trade. Journal of Public Economics,17(3):335-54.

Mendelsohn R, Nordhaus W D, 1999. The impact of global warming on agriculture: a Ricardian analysis. American Economic Review, 89(4): 1046-1048.

Meng H C, 2005. Innovation cluster as the national competitiveness tool in the innovation driven economy. International Journal of Foresight and Innovation Policy, 2(1): 104-116.

Minable N, 1967. Theory of trade pattern and factor price equalisation: the case of the many commodity, manyfactor countrys. The Canadian Journal of Economics and Political Science, 33(3): 401-419.

Miozzo, 2001.Internationalization of services:a technological perspective. Technological Forecasting & Social Change,67(23):159-185.

Moorman C, Deshpandé R, Zaltman G, et al, 1993. Relationships between providers and users of market research : the role of personal trust. Marketing Science Institute,29(3): 314-328.

Mullen J, 2007. Productivity growth and the returns from public investment in R&D in Australian broadacre agriculture. Australian Journal of Agricultural and Resource Economics, 51(4): 359-384.

Mussa M, 1974. Tariffs and the distribution of income: the importance of factor specificity, substitutability, and intensity in the short and long run. Journal of Political Economy, 82(6): 1191-1203.

Neary J P, 2003. Competitive versus comparative advantage. The World Economy, 26: 457-470.

North D C, Weingast B R.1989.Constitutions and commitment: the evolution of institutional governing public choice in seventeenth-century england. Journal of Economic History, 49(4):803-832.

North D C, 1990. Institutions and a transaction-cost theory of exchange. Perspectives on Positive Political Economy, 182:191.

OECD, 2007.Organisation for economic Co-operation and development. Paris:Environmental Performance Reviews.

Olson K, Brehmer B,1998. Understanding farmers' decision making processes and improving managerial assistance. Agricultural Economics, 18(3): 273-290.

Pejovich S, 1994. A property rights analysis of alternative methods of organising production. Communist Economies and Economic Transformation, 6(2): 219-230.

Pethig R, 1976. Pollution, welfare, and environmental policy in the theory of comparative advantage. Journal of Environmental Economics and Management, 2(3): 160-169.

Pitcher T J, Kalikoski D, Short K,et al, 2009. An evaluation of progress in implementing ecosystem-based management of fisheries in 33 countries.Marine Policy, (33):223-32.

Porter M E, 1990. New global strategies for competitive advantage. Planning Review, 18(3): 4-14.

Porter M E,1990. The competitive advantage of nations. Competitive Intelligence Review, 1(1): 14.

Porter M E,1996.Competitive advantage, agglomeration economies, and regional policy. International Regional Science Review, 19(1-2):85-90.

Porter M E,1998. Clusters and the New Economics of Competition. Boston: Harvard Business Review.

Raa T, Chakraborty D, 1991. Indian comparative advantage vis-a-vis Europe as revealed by linear programming of the two economies. Economic Systems Research, 3(2): 111-150.

Reilly J, Hohmann N, Kane S, 1994. Climate change and agricultural trade: who benefits, who loses? Global Environmental Change, 4(1): 24-36.

Reve T, Johansen E, 1982. Organizational buying in the offshore oil industry. Industrial Marketing Management, 11(4):275-282.

Rogers E M, 1983.Diffusion of Innovation.New York: Free Press.

Rogers E M,Valente T W, 1991.Technology Transfer in High-Technology Industries.New York: Oxford University Press.

Romer P M, 1986.Increasing Returns and Long-Run Growth. Journal of Political Economy, 94(5):1002-1037.

Rosenzweig C, Parry M L, 1994. Potential impact of climate change on world food supply. Nature, 367(6459): 133-138.

Rosenzweig C, Parry M L, Fischer G, et al, 1993. Climate Change and World Food Supply Research Report. Oxford: University of Oxford.

Rothwell R, 1992. Successful industrial innovation: critical factors for the 1990s. R&D Management, 22(3): 221-240.

Rothwell R, 1994. Towards the fifth-generation innovation process. International Marketing Review, 11(1): 7-31.

Rybczynski T M, 1955. Factor endowment and relative commodity prices. Economica, 22(88): 336-341.

Sabourin V, Pinsonneault I,1997. Strategic formation of competitive high technology clusters. International Journal of Technology Management, 13(2):165-179.

Samuelson P A,1971. Ohlin was right.The Swedish Journal of Economics,73(4):365-384.

Schumpeter J A, 1912a. The Theory of Economic Development. State of New Jersey: Transaction Publishers.

Schumpeter J A,1912b. The Economic Theory of Development. Oxford:Oxford University Press.

Siebert H,1977. Environmental quality and the gains from trade.Kyklos,30(4): 657-73.

Simon H A, 1962. New developments in the theory of the firm. The American Economic Review, 52(2): 1-15.

Smith B R, Barfield C E,1996.Technology, R&D and the Economy. Washington: The Bookings Institution and American Enterprise Institute.

Sorensen J, Mc Creary S, 1990. COASTS Institutional Arrangements for Managing Coastal Resources and Environments. Narragansett :Coastal Resources Center.

Stern N, Peters S, Bakhshi V, et al, 2006. Stern Review: The Economics of Climate Change. London: HM Treasury.

Stolper W F, Samuelson P A, 1941. Protection and real wages. The Review of Economic Studies, 9(1): 58-73.

Stoneman P.1981.Innovative diffusion, bayesian learning and probability. Economic Journal,(91): 375-388

Tol R S J, 2002. Estimates of the damage costs of climate change, Part II: dynamic estimates. Environmental and Resource Economics, 21(2): 135-160.

Torger R, 2009.Norway-a global maritime knowledge hub. Research Report,BI Norwegian School of Management,(05):78-82

Trefler D, 1993. International factor price differences: Leontief was right!. Journal of political Economy, 101(6): 961-987.

Trefler D,1995. The case of the missing trade and other mysteries.The American Economic Review,85(5):1029-1046.

Vanek J, 1968.The factor proportions theory: the factor case. Kyklos, 21(4): 749-56.

Veblen T, 1899. The theory of the leisure class. Journal of Political Economy, 8(1): 106-117

Voyer R,1998. Knowledge-based industrial clustering: international comparisons //Local and Regional Systems of Innovation.Boston: Kluwer Academic Publishers.

Watson D, Lawrence C, Becker,1980. Property Rights. London:Philosophic Foundations,Routledge and Kegan Paul.

Weber A, Friedrich C J,1929. Alfred Weber's Theory of the Location of Industries. London: Forgotten Books.

Weber A, 1909. Theory of Industrial Location.Chicago:University of Chicago Press.

Williamson O E,1998. The institutions of governance. The American Economic Review, 88(2): 75-79.

Worm B, Barbier E, Beaumont N, et al, 2006.Impacts of biodiversity loss on ocean ecosystem services. Science,(314):787-90.

Zucker L, 1986. Production of trust: institutional sources of economic structure, 1840-1920. Research in Organizational Behavior, 8: 53-111.